Physical Properties of
Inorganic Nonmetallic
Materials

无机非金属材料
物理性能

刘志锋 鄂磊 赵丹 编著

化学工业出版社

·北京·

内容简介

本书系统阐述了无机非金属材料的各种物理性能，包括无机非金属材料的受力形变、脆性断裂与强度、热学、电导、介电、磁学和光学等性能。掌握这些性能的有关物质规律，可为判断材料优劣，正确选择和使用材料，优化材料性能，探索新材料、新性能、新工艺奠定理论基础。

本书可供从事无机非金属材料研究的各类技术人员，大专院校师生等参考。

图书在版编目（CIP）数据

无机非金属材料物理性能 / 刘志锋，鄂磊，赵丹编著.
—北京：化学工业出版社，2022.7
ISBN 978-7-122-41150-1

Ⅰ.①无… Ⅱ.①刘… ②鄂… ③赵… Ⅲ.①无机
非金属材料-物理性能 Ⅳ.①TB321.32

中国版本图书馆 CIP 数据核字（2022）第 057367 号

责任编辑：赵卫娟
文字编辑：王文莉
责任校对：田睿涵
装帧设计：刘丽华

出版发行：化学工业出版社
　　　　　（北京市东城区青年湖南街 13 号 邮政编码 100011）
印　　装：北京科印技术咨询服务有限公司数码印刷分部
710mm×1020mm　1/16　印张 13　字数 272 千字
2022 年 5 月北京第 1 版第 1 次印刷

购书咨询：010-64518888
售后服务：010-64518899
网　　址：http://www.cip.com.cn
凡购买本书，如有缺损质量问题，本社销售中心负责调换。

定　　价：58.00 元

　　材料一般是指具有满足指定工作条件下使用要求的形态和物理性状的物质，即人类用以制造生活和生产所需的物品、器件、构件和其它产品的物质。人类的历史可以说是材料的历史，连续不断地开发和使用新材料构筑了今天的文明。材料是人类生存、社会发展、科学进步的物质基础，是现代科技革命的先导。

　　材料性能是一种用于表征材料在给定的外界条件下的行为的参量。材料性能的研究，既是材料开发的出发点，也是其重要归属。本书系统地阐述了无机非金属材料（包括陶瓷、玻璃、耐火材料、建筑材料等）的各种物理性能，包括无机非金属材料的受力形变、脆性断裂与强度、热学、电导、介电、磁学和光学等性能。这些性能基本上都是各个领域在研制和应用无机非金属材料时对它们提出的一系列技术要求，即所谓材料的本征参数。本书重点介绍了上述各类本征参数的物理意义、来源以及在实际应用中的作用；各种性能的原理及微观机制；材料性能与材料的组成、结构的关系；材料各种性能间的相互联系、影响与变化规律。掌握这些性能的有关物质规律，可为判断材料优劣，正确选择和使用材料，优化材料性能，为探索新材料、新性能、新工艺奠定理论基础。

　　本书共分为7章，其中第1章、第2章由刘志锋编写；第3章、第7章由赵丹编写；第4章、第5章、第6章由鄂磊编写。

　　由于编者学识和经验所限，书中的不妥之处在所难免，敬请读者批评指正。

编　者

2021 年 12 月

目　录

第5章　无机非金属材料的介电性能　/120

第**1**章
无机非金属材料的受力形变

在载荷作用下，材料在宏观上会发生形状和大小的变化，微观上内部质点之间会发生相对位移，称为形变或变形。任何材料在外力作用下都会发生形变甚至断裂，不同材料(无机非金属材料、金属材料、高分子材料)的这种形变或断裂规律是不同的。对于无机非金属材料而言，受力形变是其重要的力学性能，也是研究强度、脆性、断裂等性能的基础，在无机非金属材料的设计、制造、加工和应用等方面有着重要的实际意义。

1.1 应力与应变

1.1.1 应力

应力是指材料单位面积所受的力，一般用 σ 表示，应力的单位为 Pa。

$$\sigma = \frac{F}{S} \tag{1.1}$$

式中，F 为外力；S 为面积。

作用于材料某一平面的外力，可分解为两个相互垂直的外力，其中垂直于作用面的定义为正应力，平行于作用面的定义为剪切应力。

此外，由形变定义可知，材料在外加载荷作用下，会发生形状和大小的变化，故在式(1.1)中，S 的大小会随着力的作用而发生改变。如果式(1.1)中面积 S 为材料受力前的初始面积 S_0，则 $\sigma_0 = F/S_0$，为名义应力。如果式(1.1)中的 S 为载荷作用后的真实面积，则 σ 称为真实应力。由于 S 随载荷变化情况比较复杂，在实际应用中一般都采用名义应力。无机非金属材料相对于金属材料和高分子材料而言，其形变一般很小，因此真实应力与名义应力在数值上一般相差不大，只有在高温(发生高温蠕变)下才有显著差别。

为了进一步分析应力情况，如图 1.1 所示，围绕材料内部任意一点取一体积单元，体积元的 6 个面均垂直于坐标轴 x、y、z，在这 6 个面上的作用应力可分解为法向应力 σ_{xx}、σ_{yy}、σ_{zz} 和剪应力 τ_{xy}、τ_{xz}、τ_{yx}、τ_{yz}、τ_{zx}、τ_{zy} 等分量，每个面上有一个法向应力 σ 和两个剪应力 τ。法向应力导致材料的伸长或缩短，剪应力引起材料的剪切畸变。

法向应力 σ 和剪应力 τ 分量下有两个下标，分别代表的含义为：第一个字母表示应力作用面的法线方向，第二个字母则表示应力作用的方向。而关于应力分量的正负号

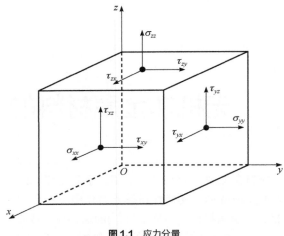

图 1.1 应力分量

则规定为：对于正应力而言，拉应力为正，压应力为负；对于剪应力，若体积元任一面上的法向应力与坐标轴的正方向相同，则该面上的剪应力指向坐标轴的正方向者为正；若该面上的法向应力指向坐标轴的负方向，则剪应力指向坐标轴的负方向者为正。

根据平衡条件，体积元上相对的两个平行平面上的法向应力应该是大小相等、方向相反；而作用在体积元上任一平面上的两个剪应力则应互相垂直，剪应力作用在物体上的总力矩等于零。因此，材料内部任意一点处的应力状态可以由 6 个应力分量决定，即：σ_{xx}、σ_{yy}、σ_{zz}、τ_{xy}、τ_{yz}、τ_{zx}。

1.1.2　应变

应变是指在外力作用下材料内部各质点之间的相对位移。应变可分为正应变和剪切应变两类。

若一根长度为 l_0 的杆在单向拉应力作用下，长度变为 l_1，则正应变定义如下：

$$\varepsilon = \frac{l_1 - l_0}{l_0} = \frac{\Delta l}{l_0} \tag{1.2}$$

正如在讨论应力那样，材料在外力作用下，形状和大小等会随时变化，故应力分为名义应力和真实应力。同理，按照式(1.2)计算出的 ε 称为名义应变。如果考虑到杆的长度随外力作用不断发生变化，其真实长度为 l，则真实应变 $\varepsilon_{\text{ture}}$ 为：

$$\varepsilon_{\text{ture}} = \int_{l_0}^{l_1} \frac{\mathrm{d}l}{l} = \ln \frac{l_1}{l_0} \tag{1.3}$$

在实际应用中通常也都采用名义应变。由应变公式可知，应变是一个无量纲的物理量。

材料在剪应力作用下会发生剪切应变。和研究应力状态一样，研究材料体中任意一点(如 O 点)的应变状态，也需要在物体内围绕该点取出一体积元。剪切应变则定义为材料内部体积元上的两个面元之间夹角的变化。如图 1.2 所示，在剪应力作用下，线元 OA 及 OB 之间的夹角由 $\angle AOB$ 变化为 $\angle A'OB'$，则 x、y 之间的剪切应变定义为：

$$\gamma_{xy} = \alpha + \beta \tag{1.4}$$

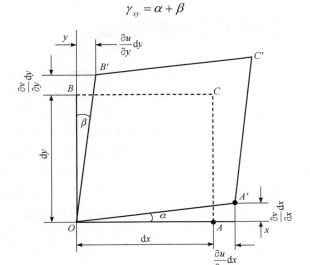

图 1.2 z 面上的剪应力和剪切应变

在外力作用下材料体发生形变，如图 1.2 所示，O 点沿 x、y、z 方向分别产生 u、v、w 的位移分量。考虑 x 轴上 O 点邻近处的一点 A，线元 OA 的长度增加了 $\frac{\partial u}{\partial x}\mathrm{d}x$。因此，在 O 点处沿 x 方向的正应变为 $\varepsilon_{xx} = \frac{\partial u}{\partial x}\mathrm{d}x / \mathrm{d}x = \frac{\partial u}{\partial x}$，同理可得，$\varepsilon_{yy} = \frac{\partial v}{\partial y}$，$\varepsilon_{zz} = \frac{\partial w}{\partial z}$。如图 1.2 所示，线段 OA 的新方向 $O'A'$ 与原来的方向之间的畸变夹角为 $\left(v + \frac{\partial v}{\partial x}\mathrm{d}x - v\right) \times \frac{1}{\mathrm{d}x} = \frac{\partial v}{\partial x}$。同理，$OB$ 与 $O'B'$ 之间的畸变夹角为 $\frac{\partial u}{\partial y}$。线段 OA 与 OB 之间 $\angle AOB$ 在变形之后变化了 $\frac{\partial u}{\partial y} + \frac{\partial v}{\partial x}$，同理也可得到其它两个平面的剪切应变，分别为 $\frac{\partial v}{\partial z} + \frac{\partial w}{\partial y}$ 和 $\frac{\partial w}{\partial x} + \frac{\partial u}{\partial z}$。综上，围绕 O 点的体积单元上各剪切应变分量分别为：

$$\begin{cases} \gamma_{xy} = \dfrac{\partial u}{\partial y} + \dfrac{\partial v}{\partial x} \\[2mm] \gamma_{yz} = \dfrac{\partial v}{\partial z} + \dfrac{\partial w}{\partial y} \\[2mm] \gamma_{zx} = \dfrac{\partial w}{\partial x} + \dfrac{\partial u}{\partial z} \end{cases} \tag{1.5}$$

一点的应变状态也可以由 6 个应变分量来决定，即 3 个正应变分量 ε_{xx}、ε_{yy}、ε_{zz} 和 3 个剪切应变分量 γ_{xy}、γ_{yz}、γ_{zx}。

1.2　无机非金属材料的弹性形变

不同材料在载荷作用下，其变形行为是不同的。设想一下：外加载荷作用于无机非金属材料(如 Al_2O_3 陶瓷等)、金属材料(如铁丝、低碳钢等)、高分子材料(如橡皮筋等)，在材料未发生断裂前，三种材料会表现出不同的变形行为。对于 Al_2O_3 陶瓷而言，我们用肉眼基本观测不到其变形；而铁丝和橡皮筋则不同，在外力作用下，我们会发现其形状会发生变化，但把外力去除后，两者的变形又会出现明显的不同，铁丝的变形能够保持，而橡皮筋的变形则会恢复。图 1.3 给出了几种典型材料的应力-应变曲线。在外力作用下，绝大多数无机非金属材料的变形主要表现为弹性变形，材料发生断裂之前几乎没有塑性形变，总弹性应变能非常小；对于金属材料如低碳钢等，其形变先是表现为弹性形变，接着有一段弹塑性形变，然后才断裂，总变形能很大；橡皮这类高分子材料具有极大的弹性形变，是没有残余形变的材料，称为弹性材料。

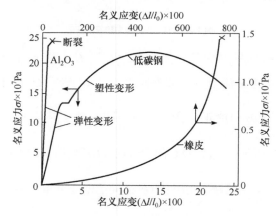

图 1.3　不同材料的拉伸应力-应变曲线

1.2.1　胡克定律

对于弹性形变，直到比例极限为止，应力和应变的关系可以用胡克定律加以描述。

设想有一各向同性的长方体，其各个棱边平行于坐标轴，在垂直于 x 轴的两个面上受均匀分布的正应力 σ_x 作用，如图 1.4 所示。在正应力的作用下，长方体在 x 轴方向上的相对伸长为：

$$\varepsilon = \frac{\Delta l}{l_0} = \frac{\sigma_x}{E} \tag{1.6}$$

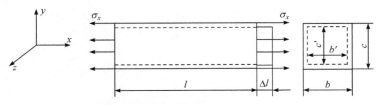

图1.4 各向同性的长方体受力形变示意图

即应力与应变之间为线性关系，这就是胡克定律。式(1.6)中的 E 称为材料的弹性模量。对于各向同性体，E 是一个常数，单位和应力一样，也是 Pa。各向同性的无机非金属材料的弹性模量 E 随材料的不同变化范围很大，约为几十到几百吉帕。

此外，当同性的长方体在正应力 σ_x 作用下伸长时，侧向同时也会发生横向收缩，在 y、z 方向的收缩分别为：

$$\varepsilon_y = \frac{c'-c}{c} = -\frac{\Delta c}{c} \tag{1.7}$$

$$\varepsilon_z = \frac{b'-b}{b} = -\frac{\Delta b}{b} \tag{1.8}$$

定义横向变形系数 μ (又称泊松比)：

$$\mu = \left|\frac{\varepsilon_y}{\varepsilon_x}\right| = \left|\frac{\varepsilon_z}{\varepsilon_x}\right| \tag{1.9}$$

式中，μ 为泊松比。显然泊松比是一个无量纲的物理量。金属材料的泊松比一般介于 0.29~0.33 之间。大多数无机非金属材料的泊松比则略小一些，一般为 0.2~0.25。

由式(1.9)可得：

$$\varepsilon_y = -\mu\varepsilon_x = -\mu\frac{\sigma_x}{E}, \quad \varepsilon_z = -\mu\frac{\sigma_x}{E} \tag{1.10}$$

若上述长方体各面分别受均匀分布的正应力 σ_x、σ_y、σ_z 作用，则任一方向上总的正应变为 3 个应力分量在这一方向上所分别引起的应变分量的加和，此时胡克定律表示为：

$$\begin{cases} \varepsilon_x = \dfrac{1}{E}\left[\sigma_x - \mu\left(\sigma_y + \sigma_z\right)\right] \\[2mm] \varepsilon_y = \dfrac{1}{E}\left[\sigma_y - \mu\left(\sigma_x + \sigma_z\right)\right] \\[2mm] \varepsilon_z = \dfrac{1}{E}\left[\sigma_z - \mu\left(\sigma_x + \sigma_y\right)\right] \end{cases} \tag{1.11}$$

对于剪切应变，则有：

$$\begin{cases} \gamma_{xy} = \dfrac{\tau_{xy}}{G} \\[2mm] \gamma_{yz} = \dfrac{\tau_{yz}}{G} \\[2mm] \gamma_{zx} = \dfrac{\tau_{zx}}{G} \end{cases} \qquad (1.12)$$

式中，G 称为剪切模量或刚性模量。

对于各向同性的均匀连续体，弹性模量 E、剪切模量 G 和泊松比 μ 之间有下列关系：

$$G = \frac{E}{2(1+\mu)} \qquad (1.13)$$

上述关于各弹性常数的定义都是针对各向同性体给出的。对于大多数多晶体材料，虽然组成材料的各晶粒在微观上都具有方向性，但因晶粒数量很大且随机排列，宏观上都可以当作各向同性体处理。一些非晶态固体如硅酸盐玻璃等，宏观上也可以视作各向同性体。

对于各向异性体，弹性常数随方向不同而不同，各向异性材料的胡克定律也更加复杂，这里就不再赘述。

1.2.2 弹性模量的物理本质及影响因素

弹性模量 E 是一个重要的材料常数。从原子尺度上看，弹性模量 E 是原子间结合强度的一个标志。原子间结合力越弱，弹性模量就越小；原子间结合力越强，弹性模量也就越大。图 1.5 给出了原子间结合力随原子间距离的变化关系曲线，而弹性模量 E 则与原子间结合力曲线上任一受力点处的曲线斜率有关。在不受外力的情况下，曲线斜率 $\tan\alpha$ 反映了弹性模量 E 的大小：原子间结合力弱(如图 1.5 中曲线 1)，α_1 较小，$\tan\alpha_1$ 较小，E_1 也就小；原子间结合力强(如图 1.5 中曲线 2)，α_2 和 $\tan\alpha_2$ 都较大，E_2 也就大。

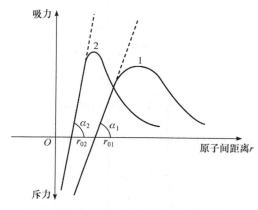

图 1.5 原子间结合力随原子间距离的变化关系曲线

材料的键型对其弹性模量有着重要的影响。共价键、离子键结合的晶体结合力强，弹性模量都较大。而分子键结合力弱，这样键合的物体弹性模量较低。

改变原子间距离也将影响弹性模量。例如压应力使原子间距离变小，弹性模量将增大；张应力使原子间距离增加，因而弹性模量降低。

弹性模量与温度也有着密切关系。众所周知，对于大部分固体材料而言，会随着温度升高而发生热膨胀现象，受热后材料原子间距离变大，弹性模量降低。金属和无机非金属材料的弹性模量随温度的升高而减小。

弹性模量对材料显微结构的变化比较不敏感。例如，钢在做了热处理后，其显微结构发生变化，钢的强度可以明显提高，但钢的弹性模量几乎保持不变。

大部分材料是由多晶多相构成的，其弹性模量比较复杂。为简便起见，假设材料由弹性模量分别为 E_1 和 E_2 的各向同性的 1(浅色)、2(深色)两相组成。如果材料是多层的，这些层平行或垂直于作用单轴应力，且两相的泊松比相同，并经受同样的应变或应力，可用并联或串联模型表示，如图1.6。

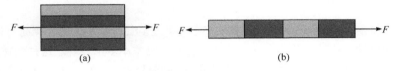

图1.6 材料的受力模型

如图1.6(a)所示，在并联模型中，两相的长度都为复相材料的长度，两相的横截面积分别为 S_1 和 S_2，两相在外力 F 作用下伸长量 Δl 相等，每相中的应变相同，即 $\varepsilon = \varepsilon_1 = \varepsilon_2$，且有 $F = F_1 + F_2$，由 $F = \sigma S = E\varepsilon S$ 可得：

$$E\varepsilon S = E_1\varepsilon_1 S_1 + E_2\varepsilon_2 S_2 \tag{1.14}$$

上式两边分别乘以 l/V，可得：

$$\frac{E\varepsilon Sl}{V} = \frac{E_1\varepsilon_1 S_1 l}{V} + \frac{E_2\varepsilon_2 S_2 l}{V} \tag{1.15}$$

$$E = \frac{E_1 V_1}{V} + \frac{E_2 V_2}{V} \tag{1.16}$$

其中，$\nu_1 = V_1/V$、$\nu_2 = V_2/V$ 分别代表两相的体积分数，且 $\nu_1 + \nu_2 = 1$，则：

$$E_u = \nu_1 E_1 + \nu_2 E_2 \tag{1.17}$$

E_u 计算出的弹性模量为复合材料弹性模量的上限值，又称上限模量。

如图1.6(b)所示，在串联模型中，两相的横截面积相等，有 $F=F_1=F_2$，$\Delta l=\Delta l_1+\Delta l_2$，每相中的应力相同，由 $F=\sigma S=E\varepsilon S$ 和 $\varepsilon=\Delta l/l$，可得：

$$\frac{lF}{ES} = \frac{l_1 F_1}{E_1 S_1} + \frac{l_2 F_2}{E_2 S_2} \tag{1.18}$$

上式两边分别乘以 S/V，可得：

$$\frac{1}{E_1} = \frac{\upsilon_1}{E_1} + \frac{\upsilon_2}{E_2} \tag{1.19}$$

E_1 计算出的弹性模量为复合材料弹性模量的下限值，又称下限模量。

许多无机非金属材料通常存在气孔，气孔虽也可以作为第二相进行处理，但气孔的弹性模量为零，因此就不能应用上述公式。对连续基体内的密闭气孔，一般可用下面经验公式计算弹性模量：

$$E = E_0 \left(1 - 1.9P + 0.9P^2\right) \tag{1.20}$$

式中，E_0 为材料无气孔时的弹性模量；P 为气孔率。当气孔率达 50%时此式仍可用。

1.2.3　黏弹性和滞弹性

在一些特定的情况下，一些非晶体和多晶体在受到比较小的应力作用时可以同时表现出弹性和黏性，这种现象称为黏弹性。所有聚合物差不多都表现出这种黏弹性。

理想的弹性体在受到应力作用时会立即引起弹性应变，而一旦应力消除，弹性应变也随之立刻消除，应力、应变与时间无关。对于实际固体，弹性应变的产生与消除都需要有限的时间。相应于最大应力的弹性应变滞后于引起这个应变的最大负荷，因此测得的弹性模量随时间而变化。无机固体和金属表现出的这种与时间有关的弹性称为滞弹性。

当形变是滞弹性或黏弹性时，弹性模量不再是和时间无关的参数，这种形变绝大部分在应力除去后或施加相反方向的应力时可以恢复，但不是瞬间恢复，而是逐渐恢复。

当对黏弹性体施加恒定应力 σ_0 时，其应变随时间而增加，这种现象叫作蠕变。此时弹性模量 E_c 将随时间而减小：

$$E_c(t) = \frac{\sigma_0}{\varepsilon(t)} \tag{1.21}$$

如果施加恒定应变 ε_0，则应力将随时间而减小，这种现象叫作弛豫。此时弹性模量 E_r 也随时间而降低：

$$E_r(t) = \frac{\sigma(t)}{\varepsilon_0} \tag{1.22}$$

如果测量黏弹性材料时，测量的时间很短，由于随时间的变量还没有机会发生，测得的是应力和初始应变的关系，这时的弹性模量为未弛豫模量。如果加上荷载并在很长时间后测量应变，测得的是弛豫模量。由于长时间的应变大于瞬时应变，所以弛豫模量小于未弛豫模量。

1.3　无机非金属材料中晶相的塑性形变

塑性形变是指在超过材料的屈服应力作用下，产生变形，外力移去后不能恢复的形变。材料经受塑性形变而不破坏的能力称为材料的延展性。塑性形变及延展性在材料加工和使用中都很有用，是材料重要的力学性能指标。图 1.7 为 KBr 和 MgO 单晶弯曲实验的应力-应变曲线，当外力超过材料弹性极限，达到某一点时，在外力几乎不增加的情况下，变形骤然加快，此点为屈服点，达到屈服点的应力为屈服应力，应力超过屈服应力后，应力-应变曲线开始弯曲。

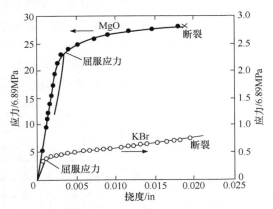

图 1.7　KBr 和 MgO 单晶弯曲实验的应力-应变曲线
(1in = 0.0254m)

无机非金属材料的塑性形变，远不如金属塑性形变容易。在无机非金属材料中，只有少数的几种离子晶体在外力作用下表现出了较为显著的塑性形变行为。如 20 世纪 50 年代发现 AgCl 离子晶体可以冷轧变薄，MgO、KCl、KBr 单晶也可以弯曲而不断裂，LiF 单晶的应力-应变曲线和金属类似。事实上，无机非金属材料的致命弱点就是：在常温时大都缺乏延展性，从而使得材料的应用大大受到限制。

为了了解常温下大多数无机非金属材料为什么不能产生塑性形变，我们从单晶入手，分析其塑性变形产生的条件及机理。

1.3.1　晶格滑移

晶体中的塑性形变有两种基本方式：滑移和孪晶，如图 1.8 所示。在受力作用时，晶体的一部分相对于另一部分发生的平移滑动叫作滑移。如果晶体的一部分相对另一部分发生均匀剪切，则称为孪晶。由于滑移现象在晶体中最为常见，所以这里我们主要讨论晶体的滑移。

在晶体中有许多族平行晶面，每一族平行晶面都有一定的面间距。从几何因素考虑，由于晶面指数和晶向指数较小的面原子密度大，也就是柏氏矢量 b 较小，只要滑

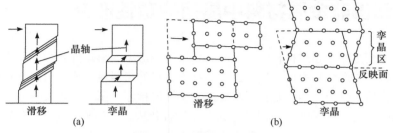

图1.8 晶体的滑移和孪晶示意图

动较小的距离就能使晶体结构复原，所以比较容易滑动。另外从静电作用因素考虑，同号离子间存在巨大的斥力，如果在滑移过程中相遇，滑移将无法实现。因此晶体的滑移总是发生在主要晶面和主要晶向上，滑移面和滑移方向组成晶体的滑移系统。滑移方向与原子密堆积的方向一致，滑移面是原子密堆积面。例如 NaCl 型结构的离子晶体，如图 1.9 所示，其滑移系统通常是{110}面族和<100>晶向。

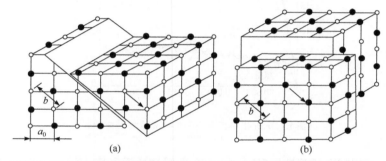

图1.9 NaCl 型结构离子晶体沿<110>方向在{110}面族(a)和{100}面族(b)的平移滑动

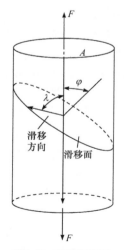

图1.10 圆柱形单晶临界剪应力的确定

对材料施加一拉伸力或压缩力，都会在滑移面上产生剪应力。由于滑移面的取向不同，其上的剪应力也不同。现在我们以单晶受拉为例，看看滑移面上的剪应力要多大才能引起滑移，即临界分解剪切应力。

如图 1.10 所示，截面积为 A 的圆柱形单晶，受拉力 F 作用，在滑移面上沿滑移方向发生的滑移。由图 1.10 可知，滑移面上 F 方向的应力为：

$$\sigma = \frac{F}{A/\cos\varphi} = \frac{F\cos\varphi}{A} \tag{1.23}$$

此应力在滑移方向上的剪应力分量为：

$$\tau = \frac{F\cos\varphi}{A} \times \cos\lambda \tag{1.24}$$

使晶体在一个特定的滑移系统中发生滑移所需的最低剪

应力 τ_0 称为该滑移系统的临界剪应力，也就是说只有当 $\tau \geqslant \tau_0$ 时晶体才会发生滑移。此外，式(1.24)表明，不同滑移面及滑移方向上的剪应力不同；同一滑移面上不同滑移方向，剪应力也不同。由于滑移面的法线 N 总是和滑移方向垂直，当 φ 角与 λ 角处于同一平面时，λ 角最小，即 $\lambda + \varphi = 90°$，所以 $\cos\lambda\cos\varphi$ 的最大值为 0.5。可见，在外力 F 作用下，在与 N、F 处于同一平面内的滑移方向上，剪应力达最大值。

如果一种晶体的滑移系统数目较少，则产生滑移的机会就很小；滑移系统数目较多的话，对其中一个滑移系统来说，可能 $\cos\lambda\cos\varphi$ 较小，但对另一个系统来说，$\cos\lambda\cos\varphi$ 可能就会比较大，因此某一滑移系统受到的剪应力达到或超过临界剪应力的机会就较多。对于金属材料而言，金属键没有方向性，其滑移系统多，易于滑移，故能产生塑性形变。例如铁、铜等有 48 种之多的滑移系统。大多数无机非金属材料多为离子键和共价键的混合键，有方向性，其滑移系统非常少，很难产生滑移，故无塑性形变，晶体结构越复杂，满足滑移的条件(几何、静电)越困难。只有少数 NaCl 型结构的离子晶体如 AgCl、KCl、MgO、KBr、LiF 等在室温下发生滑移，表现出延性。至于多晶材料，由于其晶粒在空间分布是随机的，不同方向的晶粒，其滑移面上的剪应力差别很大，即使个别晶粒已达到临界剪应力而发生滑移，也会受到周围晶粒的制约，使滑移受到阻碍而终止，所以，多晶材料更不易产生滑移。

1.3.2　塑性形变的位错运动理论

在实际晶体中存在有大量的位错缺陷，由于使位错产生运动所需的力比使晶体两部分整体产生相互滑移所需的力要小得多，因此即使在滑移面上的剪应力小于滑移系统的临界剪应力的条件下，位错在滑移面上沿滑移方向的运动也会导致滑移的发生。事实上，实际晶体的滑移在绝大多数情况下都是位错运动的结果。

理想晶体内部的原子处于周期性势场中，在原子排列有缺陷的地方一般势能较高，使周围势场发生畸变。位错是一种缺陷，也会引起周期性势场畸变，如图 1.11 所示。在没有缺陷的情况下，原子从一个结点位置迁移到邻近的结点位置(如从图中的 C_3 位置到 C_2 位置)需要克服势垒 h。在晶体中存在位错的情况下[如图 1.11(b)]，在位错处会出现空位势能，邻近的原子(如 C_2)迁移到空位上所需克服的势垒 h' 就比 h 小，克服势垒 h' 所需的能量可由温度升高所提供的热能或由外力做功来提供。在外力作用下，滑移面上就有分剪应力 τ，此时势能曲线变得不对称，原子 C_2 迁移到空位上需要克服的势垒为 $H(\tau)$，且 $H(\tau) < h'$，即外力的作用使 h' 降低，原子 C_2 迁移到空位更加容易，也就是位错向右移动更加容易，τ 的作用提供了克服势垒所需的能量。$H(\tau)$ 为"位错运动激活能"，与剪切应力 τ 有关：τ 大，$H(\tau)$ 小；τ 小，$H(\tau)$ 大。当 $\tau = 0$ 时，$H(\tau)$ 最大，且 $H(\tau) = h'$。

一个原子具有激活能的概率或原子脱离平衡位置的概率与玻耳兹曼因子成正比，因此位错运动的速度与玻耳兹曼因子成正比，根据统计热力学理论，位错运动速度 v 为：

$$v = v_0 \exp\left[-\frac{H(\tau)}{kT}\right] \qquad (1.25)$$

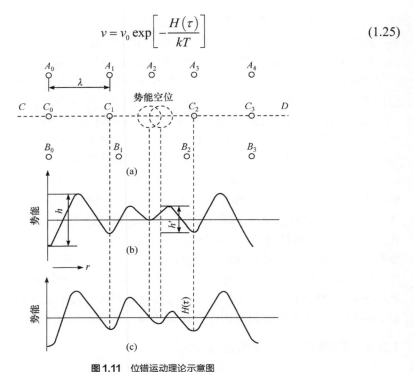

图1.11　位错运动理论示意图

(a) 有位错时原子列中出现势能空位；(b) 未受力时的势能曲线；(c) 受到剪应力作用后的势能曲线

式中，v_0 为与原子热振动固有频率有关的常数；$k=1.38\times10^{-23}$J/K 为玻耳兹曼常数；T 为热力学温度。在无外力作用时，$H(\tau)=h'$。金属材料的 h' 约为 $0.1\sim0.2$ eV，而由具有很强方向性的离子键、共价键构成的无机非金属材料 h' 约为 1eV 数量级，比金属大得多，因此 h 远大于 kT，无机非金属材料位错难以运动。如果有外应力的作用，因为 $h>h'>H(\tau)$，所以位错只能在滑移面上运动，只有滑移面上的分剪应力才能使 $H(\tau)$ 降低。无机非金属材料的滑移系统只有有限几个，达到临界剪应力的机会就少，位错运动也难以实现。对于多晶体，在晶粒中的位错运动遇到晶界就会塞积下来，不形成宏观滑移，更难产生塑性形变。如果温度升高，位错运动的速度加快，对于一些在常温下不发生塑性形变的材料(如 Al_2O_3)，在高温下也会具有一定的塑性形变。

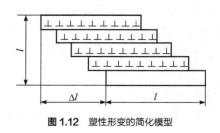

图1.12　塑性形变的简化模型

由于塑性形变是位错运动的结果，因此宏观上的形变速率和位错运动有关。图1.12 塑性形变的简化模型表示了这种关系。假设在 $l\times l$ 的平面上有 n 个位错，位错密度为 $D=n/l^2$。在时间 t 内，一边的边界位错通过晶体到达另一边界，这时有 n 个位错移除晶体，位错运动的平均速度为 $v=l/t$；在时间 t 内，长度为 l 的试件形变量为

Δl，应变为 $\varepsilon = \Delta l / l$，则应变速率为 $\dot{\varepsilon} = \dfrac{\mathrm{d}\varepsilon}{\mathrm{d}t}$。考虑位错在应变过程中的增殖，移出晶体的位错数为 cn 个，c 为位错增殖系数。由于每个位错在晶体内通过都会引起一个原子间距滑移，也就是一个伯格斯矢量 b，则单位时间内的滑移量为 $\Delta l = cnb$，故应变速率为：

$$\dot{\varepsilon} = \frac{\mathrm{d}\varepsilon}{\mathrm{d}t} = \frac{\Delta l}{lt} = \frac{nbc}{lt} = \frac{nbcl}{l^2 t} = Dvbc \tag{1.26}$$

由式(1.26)可知，塑性形变速率取决于位错运动速度、位错密度、伯格斯矢量和位错增殖系数。

最后还需指出，尽管理论分析表明，只要滑移面上的分剪应力足够高，任何一种晶体材料内部的位错都可能以足够高的速度运动，从而使得晶体表现出显著的塑性形变，但是，对于大多数无机非金属材料而言，当滑移面上的分剪应力尚未增大到能够使位错以足够速度运动之前，此应力可能就已超过了微裂纹扩展所需的临界应力而导致材料发生脆性断裂。

1.4　无机非金属材料的高温蠕变

材料在高温下长时间受到小应力作用，出现蠕变现象，即具有典型的应变-时间关系。从热力学观点看，蠕变是一种热激活过程。无机非金属材料在常温下蠕变极不明显，因此在常温使用时，一般无需考虑其蠕变行为。但在高温下，这类材料却具有不同程度的蠕变行为，又因其是一类很有应用前景的高温结构材料，因此对无机非金属材料高温蠕变行为的研究越来越受到重视。

1.4.1　典型的蠕变曲线

无机非金属材料典型的高温蠕变曲线如图 1.13 所示，该曲线可分为四个阶段。

(1) 起始段(0a 段)

材料在外力作用下发生瞬时弹性形变，即应力和应变同步。若外力超过试验温度下的弹性极限，则起始段也包括一部分塑性形变。

(2) 第一阶段蠕变(ab 段)

此阶段通常也称为蠕变减速阶段，其特点是应变速率随时间递减，这一阶段通常较短，其变化规律可用经验公式表示如下：

$$\frac{\mathrm{d}\varepsilon}{\mathrm{d}t} = \dot{\varepsilon} = At^{-n} \tag{1.27}$$

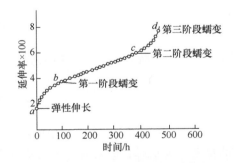

图 1.13　无机非金属材料的高温蠕变曲线

式中，A 和 n 均为常数。在较低的温度下 $n=1$，相应有：

$$\dot{\varepsilon} = A\ln t \tag{1.28}$$

在较高温度下 $n=2/3$，相应有：

$$\dot{\varepsilon} = At^{-\frac{2}{3}} \tag{1.29}$$

(3) 第二阶段蠕变(bc 段)

此阶段也称为稳态蠕变阶段，其形变速率最小，几乎保持不变，即：

$$\dot{\varepsilon} = Bt \tag{1.30}$$

式中，B 为常数。

(4) 第三阶段蠕变(cd 段)

此阶段也叫加速蠕变阶段，该阶段是断裂即将来临前的最后一个阶段，其特点是蠕变速率随时间增加而增加，即蠕变曲线变陡，最后到 d 点，然后断裂。

材料的蠕变曲线基本都会保持上述几个阶段的特点，但应力和温度不同时，各段所延续的时间及曲线的倾斜程度会有所不同。当温度或应力较低时，稳态蠕变阶段延长；当应力或温度增加时，稳态蠕变阶段缩短，甚至不出现。

1.4.2 高温蠕变理论

对于高温蠕变理论目前常见的主要有位错运动理论、扩散蠕变理论和晶界蠕变理论。

位错运动理论认为无机非金属材料中晶相的位错在低温下受到阻碍难以发生运动，而在高温下原子热运动加剧，引起蠕变。温度增加时，位错运动加快。常温高应力下的金属蠕变，多半是由位错运动所致。

扩散蠕变理论认为高温下的蠕变现象和晶体中的扩散现象类似，并且把蠕变过程看成是外力作用下沿应力作用方向扩散的一种形式。在稳态条件下，沿晶粒内部扩散的稳态蠕变速率为：

$$\dot{\varepsilon} = \frac{13.3\sigma\Omega D_{V}}{kTd^{2}} \tag{1.31}$$

沿晶界扩散的稳态蠕变速率为：

$$\dot{\varepsilon} = \frac{47\sigma\delta\Omega D_{b}}{kTd^{3}} \tag{1.32}$$

式中，σ 为应力；Ω 为空位体积；k 为玻耳兹曼常数；T 为热力学温度；δ 为晶界的宽度；D_{V} 为体扩散系数；D_{b} 为晶界扩散系数；d 为晶粒直径。

晶界蠕变理论则认为多晶多相材料中存在着大量晶界，当晶界位向差大时，可以把晶界看成是非晶体。高温时，其黏度变小，从而易发生黏滞流动，而产生蠕变。一般说来，无机非金属材料的蠕变在很大程度上取决于其晶界相的状态及其含量。

1.4.3 影响蠕变的因素

(1) 温度

由高温蠕变理论的位错运动理论、扩散蠕变理论和晶界蠕变理论可知，温度升高，位错运动和晶界滑动加快，扩散系数增大，故蠕变会随着温度的升高而增大。

(2) 应力

蠕变随应力增大而增大。若对材料施加压应力，则增加了蠕变阻力。

(3) 显微结构

① 气孔　气孔可减少抵抗蠕变的有效截面积，故随着气孔率的增加，蠕变率增加。如 12%气孔率的 MgO 形变比 2%的快 5 倍。此外，当晶界黏性流动起主要作用时，气孔的空余体积可以容纳晶粒所发生的形变。

② 晶粒　晶粒越小，晶界的比例越大，晶界扩散和晶界流动对蠕变的贡献比晶粒大，故材料的蠕变率越大。如尖晶石材料的晶粒尺寸为 $2\sim5\mu m$ 时，蠕变率为 $26.3\times10^{-5}h^{-1}$，当晶粒尺寸为 $1\sim3mm$ 时，蠕变率为 $0.1\times10^{-5}h^{-1}$，蠕变率大大降低。

单晶材料没有晶界，因此其抗蠕变的性能比多晶材料好。

③ 玻璃相　温度升高，玻璃相的黏度降低，变形速率增大，蠕变速率增大。非晶态玻璃相的蠕变率比晶态要大得多。黏性流动对材料致密化有着重要的影响，在高温烧结过程中，晶界黏性流动，气孔容纳晶粒滑动时发生的形变即可实现材料的致密化。

此外，玻璃相对蠕变的影响还取决于玻璃相对晶相的润湿程度。如图 1.14 所示，如果玻璃相不润湿晶粒，则晶粒发生高度自结合作用，形成较强结构；而玻璃相穿入晶界越深，自结合的程度就越小；当玻璃相完全穿入晶界，就没有自结合作用，这时玻璃相完全润湿晶相，形成抗蠕变最弱的结构。

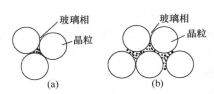

图 1.14　玻璃相对晶相的润湿情况
(a) 不润湿; (b) 完全润湿

④ 组成　组成不同，材料的蠕变行为也不同；组成相同，存在状态不同(如单独存在、形成化合物)，蠕变行为也不一样。例如 Al_2O_3 和 SiO_2，单独存在和形成莫来石 $(3Al_2O_3 \cdot 3SiO_2)$时，蠕变行为就不相同。

⑤ 晶体结构　材料中共价键结构程度高，扩散及位错运动降低，抵抗蠕变的性能好，即结合力越大，越不易发生蠕变。例如碳化物、硼化物等以共价键为主的陶瓷材料其抗蠕变性能就很好。

1.5　高温下玻璃相的黏性流动

1.5.1　黏度的定义

在高温下，玻璃或无机非金属材料中的晶界玻璃相在剪应力作用下会发生不同程度的黏性流动，在此过程中剪切力 τ 与剪切速度梯度 $\dfrac{\mathrm{d}v}{\mathrm{d}x}$ 成正比，即：

$$\tau = \eta \frac{\mathrm{d}v}{\mathrm{d}x} \tag{1.33}$$

式中，η 为黏度(是材料的性能参数)，Pa·s。式(1.33)称为牛顿定律，符合这一定律的液体叫牛顿液体，其特点是应力和应变率之间呈直线比例关系。

为了揭示黏性流动的本质，人们曾提出了多种流动模型，包括绝对速率理论、自由体积理论、过剩熵理论。关于这些理论这里不再一一赘述。

1.5.2 影响黏度的因素

(1) 温度

不同种类的材料，温度对其黏度的影响有很大的差别。一般情况下，气体的黏度随温度的升高而增加；液体和玻璃体的黏度随温度的升高而降低。

在玻璃成型工艺(吹制、拉制和碾压等)中，黏度随温度的关系是其重要依据。如一般玻璃熔化阶段的黏度为 5～50Pa·s，加工阶段为 10^3～10^7Pa·s，退火阶段为 $10^{11.5}$～$10^{12.5}$Pa·s。

(2) 时间

在玻璃转变温度区域内，玻璃的黏度与时间密切相关。图 1.15 给出了两种钠钙硅酸盐玻璃在 486.7℃ 的黏度-时间关系曲线，其中曲线 a 为玻璃事先在 477.8℃恒温加热 46h 的情况，而曲线 b 为新拉制玻璃的实验结果。从图可见，对于从高温冷却到退火温度的试件，其黏度随时间而增加(曲线 b)，而对于在退火点以下保持一定时间，然后加热到退火点的试件，其黏度随时间而降低(曲线 a)。这种现象可以用自由体积理论来解释。从高温先冷却到退火点，然后再加热，液体体积减小，自由体积也减小，黏度增大；而预先加热一定的时间，则使热膨胀加大，自由体积增加，黏度下降。

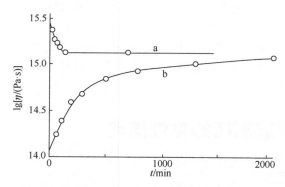

图 1.15 钠钙硅酸盐玻璃在 486.7℃的黏度-时间关系曲线
(曲线 a 为玻璃事先在 477.8℃恒温加热 46h 的情况；曲线 b 为新拉制玻璃的实验结果)

(3) 熔体结构和组成

玻璃的黏度与熔体结构密切相关，而熔体结构又取决于玻璃的化学组成和温度，其结构主要由氧硅比决定。玻璃的黏度几乎总是随网络改变阳离子浓度的增加而下降。

① 化学键的强度。在碱硅二元玻璃中，当 O/Si 比值很高时，$[SiO_4]$ 间很大程度上依靠 R—O 相连接，黏度按 Li_2O、Na_2O、K_2O 顺序递减；当 O/Si 比值低时，顺序则相反。例如，在 1600℃下，当掺入摩尔分数为 2.5%的 K_2O 后，熔融石英的黏度会下降约四个数量级，其原因是加入 K_2O 后，减弱了 Si—O 键键合力。

② 离子的极化。阳离子的极化力越大，对氧离子极化、变形大，减弱 Si—O 键的作用也越大，进而黏度降低。例如，二价铅取代电荷相同、大小相近的二价锶离子，玻璃的黏度降低。

③ 结构的对称性。若结构不对称，可能在此结构中存在缺陷，进而会引起黏度降低。如磷酸盐玻璃中磷氧有单键和双键，结构不对称，故其黏度降低。

④ 配位数。氧化硼配位数对黏度的影响比较突出。开始加入的硼处于氧四面体中，使结构网络聚集紧密，黏度增大；当硼的含量增加到一定值时，硼处于三角体中，结构变得疏松，黏度下降。

氧化物对玻璃黏度的影响比较复杂。SiO_2、Al_2O_3、ZrO_2 等提高黏度；碱金属氧化物降低黏度；碱土金属在高温下减小黏度，而在低温下却增大黏度；PbO、Bi_2O_3、SnO_2 等降低黏度；Li_2O、B_2O_3、ZnO 等增加低温黏度，降低高温黏度。

第2章

无机非金属材料的脆性断裂与强度

在上一章我们介绍了不同种类的材料,在载荷作用下,其变形行为是不同的。对于大部分无机非金属材料(如 Al_2O_3 陶瓷),在外力作用下,一般只发生弹性形变,没有或很少有塑性形变,也就是呈现脆性。当外力达到一定程度时会发生突然断裂,破坏时往往是脆性断裂。对于脆性断裂还没有一个严格的定义,有人认为脆性断裂就是材料在受力后,将在低于其本身结合强度的情况下做应力再分配,当外加应力的速率超过应力再分配的速率时,就发生断裂。脆性断裂往往具有如下特点:① 断裂前无明显的预兆;② 断裂处往往存在一定的断裂源(如微裂纹);③ 由于断裂源的存在,实际断裂强度远远小于理论强度。

一般来说,无机非金属材料的脆性断裂大致可以分为两大类:一类为瞬时断裂,是指在以较快的速率持续增大的应力作用下发生的断裂;另一类为延迟断裂,是在以缓慢的速率持续增大的外力作用下发生的断裂、材料在承受恒定外力作用一段时间之后发生的断裂以及材料在交变荷载作用一段时间之后发生的断裂等。

评价材料断裂行为的一个最为主要的参数是断裂强度。无机非金属材料力学行为及断裂物理研究的所有内容几乎都不同程度地涉及了断裂强度问题。材料的强度问题一直受到人们的广泛重视,并从两个角度对材料强度进行了大量研究。一是以应用力学为基础,研究材料的应力-应变状态,进行力学分析,总结出经验规律。二是从材料的微观结构入手,来研究材料的力学性能,阐述材料宏观力学性能的微观机理,从而找到改善材料性能的途径和方法,为工程设计提供理论依据。但随着科学技术的快速发展,人们对材料的要求越来越高,材料使用条件也越来越苛刻,因此也推动了材料科学的快速发展,人们也提出了各种理论,对于无机非金属材料的断裂强度理论也越来越明晰。主要是从微观上抓住位错缺陷,阐明塑性形变的微观理论,发展了位错理论;从宏观上抓住了微裂纹理论(这是材料脆性断裂的主要根源),发展出一门新的学科——断裂力学。断裂力学从 20 世纪 70 年代初开始在无机非金属材料领域发挥出越来越重要的作用。本章重点介绍无机非金属材料的脆性断裂和强度的一些主要内容。

2.1 理论断裂强度

材料的理论断裂强度,就是材料断裂强度在理论上可能达到的最高值,又称为理论结合强度。对于陶瓷等无机非金属材料而言,其抗压强度远大于其抗张强度,所以强度的研究主要集中在抗张强度上。

推导材料的理论断裂强度必须从原子间的结合力入手，因为只有克服了原子间的结合力，材料才能断裂。如果知道原子间结合力的细节，即知道应力-应变曲线的精确形式，就可算出理论断裂强度。这在原则上是可行的，也就是说固体的强度都可以从化学组成、晶体结构与强度间的关系来计算。但不同材料，其组成、结构和键合方式等都会有所不同，因此这种理论计算就变得十分复杂。为了能够在各种情况下简单、粗略地估算理论断裂强度，Orowan 提出了一种方法，即以正弦曲线形式来近似原子间约束力随距离变化的曲线图(如图 2.1 所示)。由该图可得出：

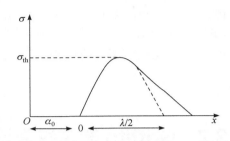

图2.1 原子间约束力随原子间距离的变化曲线

$$\sigma = \sigma_{th}\sin\frac{2\pi x}{\lambda} \tag{2.1}$$

式中，σ_{th} 为理论断裂强度；λ 为正弦曲线的波长。

我们知道，材料断裂时会产生两个新表面，只有当单位面积的原子平面分开所做的功等于产生两个单位面积的新表面所需的表面能时，材料才会断裂。假设分开单位面积原子平面所做的功为 U，则：

$$U = \int_0^{\frac{\lambda}{2}}\sigma_{th}\sin\frac{2\pi x}{\lambda}dx = \frac{\lambda\sigma_{th}}{2\pi}\left[-\cos\frac{2\pi x}{\lambda}\right]_0^{\frac{\lambda}{2}} = \frac{\lambda\sigma_{th}}{\pi} \tag{2.2}$$

设材料断裂新表面的表面能为 γ（断裂表面能），则有 $U = 2\gamma$，即：

$$\frac{\lambda\sigma_{th}}{\pi} = 2\gamma \tag{2.3}$$

$$\sigma_{th} = \frac{2\pi\gamma}{\lambda} \tag{2.4}$$

另外，在接近平衡位置的区域内，曲线可用直线代替，原子间约束力 σ 随原子间距离 x 的变化关系曲线服从胡克定律，则有：

$$\sigma = E\varepsilon = \frac{x}{a}E \tag{2.5}$$

式中，a 为原子间的平衡距离，一般可以近似为材料的晶格常数。当 x 很小时，则有：

$$\sin\frac{2\pi x}{\lambda} \approx \frac{2\pi x}{\lambda} \tag{2.6}$$

将式(2.4)～式(2.6)代入式(2.1)即可得材料理论断裂强度的近似公式：

$$\sigma_{th} = \sqrt{\frac{E\gamma}{a}} \tag{2.7}$$

由式(2.7)可知：材料的理论断裂强度与其弹性模量、表面能和晶格常数等材料性能有关。式(2.7)虽然只是一个粗略估算固体材料理论断裂强度的公式，但对所有固体均能应用而无需涉及原子间的具体结合力。通常情况下，材料的表面能 γ 大约为其弹性模量 E 与晶格常数 a 的乘积的百分之一，故：

$$\sigma_{th} \approx \frac{E}{10} \tag{2.8}$$

2.2　Griffith 微裂纹理论

由上节可知，弹性模量 E 和表面能 γ 大，而晶格常数 a 小的固体材料，其理论断裂强度高。但实际上，尺寸较大的材料其实际强度比理论值要低很多，而且材料实际强度也总在一定范围内波动。一般试件尺寸越大，强度就越低。为了解释固体材料的实际断裂强度低于理论强度值这一现象，1920年格里菲斯(Griffith)提出了著名的 Griffith 微裂纹理论，并经过后来不断地发展和补充，逐渐成为脆性断裂的主要理论基础和当代断裂力学的奠基石。

Griffith 认为实际材料中会存在许多细小的裂纹或缺陷，这些裂纹和缺陷在外力作用下，其附近会产生应力集中，当应力达到一定程度时，裂纹就开始扩展，最终导致断裂。故断裂并不是晶体同时沿整个原子面拉断，而是裂纹沿着某一存在缺陷的原子面发生扩展的结果。

在 Griffith 之前，Inglis 率先研究了具有椭圆形孔洞板的应力集中问题。他发现：椭圆孔洞端部存在应力集中效应，应力取决于椭圆孔洞的长度和椭圆孔洞端部的曲率半径，而与孔洞的形状无关。Inglis 假设在一个大而薄的平板上，有一个椭圆形的穿透孔洞，如图 2.2 所示。Inglis 根据弹性力学理论求解出了椭圆孔端部处的应力 σ_A 为：

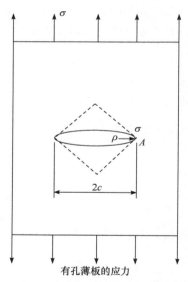

图 2.2　具有椭圆孔洞的大而薄的平板的应力情况

有孔薄板的应力

$$\sigma_A = \sigma\left(1 + 2\sqrt{\frac{c}{\rho}}\right) \tag{2.9}$$

式中，σ 为外加应力；c 为椭圆孔长轴的长度；ρ 为椭圆孔洞长轴端部处的曲率半径。由式(2.9)可知：椭圆形孔洞两个端部处的应力远远大于外加应力，只要孔洞的

长度 (2c) 和端部曲率半径 ρ 不变，则孔洞端部的应力不会有很大的改变。

材料中微裂纹或缺陷的尺寸一般远远大于端部的曲率半径，即 $c \gg \rho$。这时可略去式(2.9)中括号内的 1，得：

$$\sigma_A = 2\sigma\sqrt{\frac{c}{\rho}} \tag{2.10}$$

此外，Orowan 注意到实际材料中裂纹端部的曲率半径 ρ 是很小的，可近似于原子间距 a，如图 2.3 所示。这样式(2.10)可改写为：

$$\sigma_A = 2\sigma\sqrt{\frac{c}{a}} \tag{2.11}$$

当 σ_A 等于理论断裂强度 σ_{th} 时，裂纹就会被拉开而发生扩展。裂纹扩展会使 c 增大，c 增大，σ_A 又会进一步增加，如此恶性循环，材料就发生瞬时断裂。因此，可得裂纹扩展的临界条件：

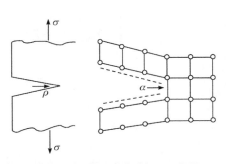

图 2.3 裂纹端部的曲率对应于原子间距

$$2\sigma\sqrt{\frac{c}{a}} = \sqrt{\frac{E\gamma}{a}} \tag{2.12}$$

在临界条件下，$\sigma = \sigma_c$，故：

$$\sigma_c = \sqrt{\frac{E\gamma}{4c}} \tag{2.13}$$

Inglis 在研究具有椭圆形孔洞板的应力集中问题时，只考虑了端部一点的应力情况，实际上裂纹端部的应力状态非常复杂。因此，Griffith 从能量的角度研究了裂纹扩展的临界条件，提出了 Griffith 微裂纹理论：材料内部储存的弹性应变能的降低大于或等于由于开裂形成两个新表面所需的表面能时，裂纹扩展；反之，裂纹将不会扩展。他认为材料内部储存的弹性应变能的降低就是裂纹扩展的动力；而由于开裂形成两个新表面所需的表面能为裂纹扩展的阻力。

下面我们通过图 2.4 来阐述 Griffith 微裂纹理论并导出裂纹扩展的临界条件。假设将一单位厚度的薄板拉长到 $l + \Delta l$，再将其两端固定。此时板中储存的弹性应变能 W_{e1} 为：

$$W_{e1} = \frac{1}{2}F\Delta l \tag{2.14}$$

随后，人为地在板上割出一条长度为 $2c$ 的裂纹，从而形成了两个新表面。裂纹的引进将使得板两端所受的力降低 ΔF，板内储存的应变能也相应降低为：

$$W_{e2} = \frac{1}{2}(F - \Delta F)\Delta l \tag{2.15}$$

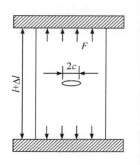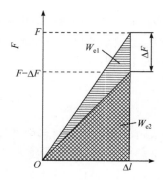

图 2.4 裂纹扩展临界条件的导出

应变能降低为：

$$W_e = W_{e1} - W_{e2} = \frac{1}{2} \Delta F \Delta l \tag{2.16}$$

欲使裂纹进一步扩展，应变能将进一步降低，降低的数量应等于形成新表面所需的表面能。

由弹性理论可以算出，当人为割出长 $2c$ 的裂纹时，平面应力状态下应变能的降低为：

$$W_e = \frac{\pi c^2 \sigma^2}{E} \tag{2.17}$$

式中，σ 为外加应力；c 为裂纹半长；E 为弹性模量。若为厚板，则属平面应变受力状态，相应的应变能为：

$$W_e = \left(1 - \mu^2\right) \frac{\pi c^2 \sigma^2}{E} \tag{2.18}$$

式中，μ 为泊松比。

产生长度为 $2c$，厚度为 1 的两个新断裂表面所需的表面能为：

$$W_s = 4c\gamma \tag{2.19}$$

式中，γ 为单位面积上的断裂表面能。

裂纹进一步扩展 单位面积 所释放的能量为 $\dfrac{dW_e}{2dc}$，形成新的单位表面积所需的表面能为 $\dfrac{dW_s}{2dc}$。因此，当 $\dfrac{dW_e}{2dc} < \dfrac{dW_s}{2dc}$ 时，为稳态状态，裂纹不会扩展；当 $\dfrac{dW_e}{2dc} > \dfrac{dW_s}{2dc}$ 时，为失稳状态，裂纹扩展；而 $\dfrac{dW_e}{2dc} = \dfrac{dW_s}{2dc}$ 时，则为裂纹扩展的临界状态。由于：

$$\frac{dW_e}{2dc} = \frac{d}{2dc}\left(\frac{\pi c^2 \sigma^2}{E}\right) = \frac{\pi \sigma^2 c}{E} \tag{2.20}$$

$$\frac{dW_s}{2dc} = \frac{d}{2dc}(4c\gamma) = 2\gamma \tag{2.21}$$

因此裂纹扩展的临界条件就是：

$$\frac{\pi c \sigma_c^2}{E} = 2\gamma \tag{2.22}$$

临界应力为：

$$\sigma_c = \sqrt{\frac{2E\gamma}{\pi c}} \tag{2.23}$$

如果是平面应变状态，则为：

$$\sigma_c = \sqrt{\frac{2E\gamma}{\pi c(1-\mu^2)}} \tag{2.24}$$

这就是 Griffith 能量观点分析得到的结果。需要指出的是，试样几何形状和受力方式的变化，都会对这一结果有影响，即具有不同结合形状和(或)受力方式的试样，其强度随裂纹尺寸的变化关系也会有所不同。

比较式(2.13)和式(2.23)会发现，两个公式基本一致，只是系数稍有差别。此外，这两个公式与理论断裂强度的计算公式——式(2.7)也很相似。式(2.7)中 a 为原子间距，而式(2.23)中 c 为裂纹半径。可见我们如果能控制裂纹长度和原子间距离在同一数量级上，就可以使材料的断裂强度达到理论值。当然，这在实际上是很难做到的。但式(2.23)已经指出了制备高强材料的方向，即 E 和 γ 要大，而裂纹尺寸 c 要小。

式(2.23)也可以用来解释一些有趣的现象。如 Griffith 在试验中发现，刚拉制出来的玻璃试样弯曲强度为 6GPa，而同样的试样在空气中放置几小时后强度就下降为 0.4GPa，Griffith 指出强度下降的原因是大气腐蚀以及空气中灰尘等微颗粒与试样表面的接触使得试样表面形成了微裂纹。再如有人用温水溶去氯化钠表面的缺陷，其强度则由 5MPa 提高到 1.6GPa，可见表面缺陷对断裂强度有着巨大的影响。此外，人们还发现，当试样的长度、尺寸等不同时，其强度也会发生变化，这是由于试样长，含有危险裂纹的机会就多，大试件材料的强度偏低，这就是所谓的尺寸效应。

Griffith 微裂纹理论能说明脆性断裂的本质——微裂纹扩展，并与实验结果呈现出很好的相符性，能揭示强度的尺寸效应。Griffith 微裂纹理论可以很好地适用于玻璃等脆性材料，但是应用于金属和非晶体聚合物时，实验得出的 σ_c 值比按式(2.23)算出的结果大得多。Orowan 指出延性材料受力时会产生很大的塑性形变，需要消耗大量能量，因此 σ_c 就提高。他认为可以在 Griffith 方程中引入扩展单位面积裂纹所需的塑性功 γ_p 来描述延性材料的断裂，即：

$$\sigma_c = \sqrt{\frac{2E(\gamma + \gamma_p)}{\pi c}} \tag{2.25}$$

通常 $\gamma_p \gg \gamma$，例如高强度金属 $\gamma_p \approx 10^3 \gamma$，普通强度钢 $\gamma_p \approx (10^4 \sim 10^6)\gamma$。因此可知，对于延性的材料，$\gamma_p$ 控制着断裂过程。如，典型陶瓷材料 $E = 300\text{GPa}$，$\gamma = 1.5\text{J/m}^2$，如有长度 $2c=10\mu\text{m}$ 的裂纹，由式(2.23)，$\sigma_c \approx 240\text{MPa}$。而弹性模量 E 同样为 300GPa 的高强度钢，由于 $\gamma_p = 10^3\gamma = 10^3\text{J/m}^2$，在 σ_c 同样为 240MPa 的条件下，临界裂纹长度则可达到 6.6mm，比陶瓷材料的允许裂纹尺寸大了三个数量级。由此可见，陶瓷材料存在微观尺寸裂纹时便会导致在低于理论强度的应力下发生断裂，而金属材料则要有宏观尺寸的裂纹才能在低应力下断裂。因此，塑性是阻止裂纹扩展的一个重要因素。

此外，一些实验也表明，断裂表面能 γ 比自由表面能大，这是因为储存的弹性应变能除消耗于形成新表面外，还有一部分要消耗在塑性形变、声能、热能等方面。多晶陶瓷的断裂表面能比单晶大，这是因为对于多晶陶瓷而言，裂纹路径不规则，阻力较大。

2.3　应力场强度因子和平面应变断裂韧性

Griffith 微裂纹理论一直被认为只适应于陶瓷、玻璃等这类无机脆性材料。然而自 20 世纪 40 年代起，由金属材料制造的结构件接连发生了一系列重大的脆性断裂事故。例如，1940～1945 年第二次世界大战期间，美国近 5000 艘全焊接"自由轮"发生了 1000 多次脆性破坏事故。2002 年 11 月，希腊"威望"号油轮在西班牙加利西亚省所属海域触礁，断裂成两截，随后逐渐下沉。据悉，这艘船上共装有 7.7 万吨燃料油，生态学家称这可能是世界上最严重的燃油泄漏事件之一。

1912 年号称永不沉没的豪华的泰坦尼克号(Titanic)沉没于冰海中。1985 年以后，探险家们数次深潜到海底研究沉船，取出遗物。1995 年 2 月美国《科学大众》(Popular Science)杂志发表了 R. Gannon 的文章，标题是：What Really Sank The Titanic，回答了 80 年未解之谜。图 2.5 是两个冲击试验结果，左面的试样取自海底的 Titanic 号，右面的是近代船用钢板的冲击试样。由于早年的 Titanic 号采用了含硫高的钢板，韧性很

 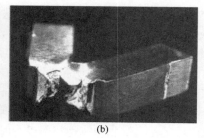

(a)　　　　　　　　　　　　(b)

图 2.5　两种钢板的冲击试验结果
(a) 试样取自 Titanic 号；(b) 近代船用钢板试样

差，特别是在低温呈脆性，所以冲击试样是典型的脆性断口。近代船用钢板的冲击试样则具有相当好的韧性。从大量事故分析中发现，结构件中通常不可避免地存在着宏观裂纹，结构件在低应力下发生的脆性破坏正是裂纹扩展的结果。在这种背景下发展了一门新的力学分支——断裂力学。它是研究裂纹体的强度和裂纹扩展规律的科学，也称为裂纹力学。它是以构件内存在裂纹和缺陷为前提，建立符合客观情况的理论和试验方法。它的任务不仅研究裂纹扩展的规律性，还通过被称为应力强度因子 K 的参数，建立了裂纹尖端附近应力场与作用力、裂纹尺寸和构型之间的关系，它可以解决构件的选材，确定构件的允许最大初始裂纹尺寸等，从而保证构件的安全使用。

2.3.1　裂纹扩展方式及裂纹尖端应力场分析

对于含裂纹体的断裂问题，也可以采用应力分析的方法进行研究，这是因为裂纹在外界因素作用下是否发生扩展与裂纹尖端附近区域的应力分布情况有着直接的关系。一般说来，对于比较复杂的裂纹系统，确定其裂纹尖端应力场分布情况是十分困难的。这里我们只考虑一些比较简单的情况。如图 2.6 所示，裂纹主要有三种扩展方式：掰开型，又称张开型(Ⅰ型)；错开型，又称滑开型(Ⅱ型)；撕开型(Ⅲ型)。

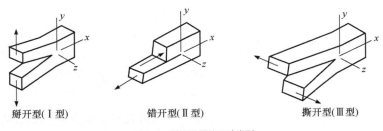

图 2.6　裂纹扩展的三种类型

上述三种裂纹的基本力学特征分别为：掰开型(张开型)在与裂纹面正交的拉应力作用下，裂纹面沿垂直于拉应力方向产生张开位移；错开型(滑开型)在平行于裂纹面与裂纹尖端线垂直的剪应力作用下，裂纹面沿剪应力作用方向产生相对滑动；撕开型在平行于裂纹面与裂纹尖端线也平行的剪应力作用下，裂纹面沿剪应力作用方向产生相对滑动。三种裂纹中，掰开型(张开型)裂纹，即Ⅰ型裂纹的受力扩展是低应力断裂的主要原因，也是实验和理论研究的主要对象。

1957 年，Irwin 采用弹性力学理论对裂纹尖端附近的应力场进行了深入的分析，发现对于Ⅰ型裂纹(如图 2.7 所示)，其结果为：

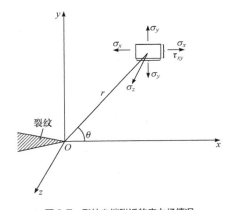

图 2.7　裂纹尖端附近的应力场情况

$$\sigma_{xx} = \frac{K_{\mathrm{I}}}{\sqrt{2\pi r}} \cos\frac{\theta}{2} \left(1 - \sin\frac{\theta}{2}\sin\frac{3\theta}{2}\right)$$

$$\left. \sigma_{yy} = \frac{K_{\mathrm{I}}}{\sqrt{2\pi r}} \cos\frac{\theta}{2} \left(1 + \sin\frac{\theta}{2}\sin\frac{3\theta}{2}\right) \right\} \quad (2.26)$$

$$\tau_{xy} = \frac{K_{\mathrm{I}}}{\sqrt{2\pi r}} \cos\frac{\theta}{2} \sin\frac{\theta}{2}\cos\frac{3\theta}{2}$$

式中，K_{I} 为与外加应力 σ、裂纹长度 c、裂纹种类及其受力状态有关的参数，称为应力场强度因子，$\mathrm{MPa \cdot m^{1/2}}$，其下标 I 表示所考虑的裂纹为 I 型裂纹，即掰开型(张开型)。

式(2.26)可以写成通用形式，如下：

$$\sigma_{ij} = \frac{K_{\mathrm{I}}}{\sqrt{2\pi r}} f_{ij}(\theta) \quad (2.27)$$

式中，r 为半径向量；θ 为角坐标。

若 $r \ll c$，$\theta \to 0$，即裂纹尖端处一点，可得：

$$\sigma_{xx} = \sigma_{yy} = \frac{K_{\mathrm{I}}}{\sqrt{2\pi r}} \quad (2.28)$$

式(2.28)中的 σ_{yy} 即为式(2.10)中的 σ_{A}，故：

$$K_{\mathrm{I}} = \sqrt{2\pi r}\,\sigma_{\mathrm{A}} = \frac{2\sqrt{2\pi r}}{\sqrt{\rho}}\sigma\sqrt{c} = Y\sigma\sqrt{c} \quad (2.29)$$

式中的 Y 称为几何形状因子，与裂纹种类、试件几何形状有关。求 K_{I} 的关键在于求 Y。各种不同裂纹系统的 Y 值可从书册上查阅。如图 2.8 所示，若大而薄的板，中心穿透裂纹，则 $Y = \sqrt{\pi}$；边缘穿透裂纹，则 $Y = 1.12\sqrt{\pi}$。

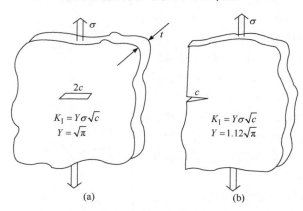

图 2.8　几种情况下的 Y 值
(a) 大而薄的板，中心穿透裂纹；(b) 大而薄的板，边缘穿透裂纹

无机非金属材料物理性能

2.3.2 临界应力场强度因子及断裂韧性

按照经典强度理论，材料构件的断裂准则是 $\sigma \leqslant [\sigma]$，即使用应力 σ 应小于或等于允许应力 $[\sigma]$，而允许应力 $[\sigma] = \sigma_f / n$ 或 σ_{ys} / n。其中，σ_f 为断裂强度；σ_{ys} 为屈服强度；n 为安全系数。然而，实践证明，这种设计方法和选材的准则没有抓住断裂的本质，不能防止低应力下的脆性断裂。而断裂力学理论认为，任何构件的断裂破坏都是由裂纹的失稳扩展导致的。当裂纹尖端的应力场强度因子 K_I 小于或等于一个临界水平 K_{IC} 时，所设计的构件是安全的，即：

$$K_I = Y\sigma\sqrt{c} \leqslant K_{IC} \tag{2.30}$$

式中，K_{IC} 通常称为平面应变断裂韧性。

下面通过一个例子来说明上述两种设计选材方法的差异。假设有一构件，其实际使用应力 σ 为 1.30GPa，现有两种钢待选：甲钢 $\sigma_{ys} = 1.95$GPa，$K_{IC} = 45$MPa·m$^{1/2}$；乙钢 $\sigma_{ys} = 1.56$GPa，$K_{IC} = 75$MPa·m$^{1/2}$。

根据传统设计，使用应力(σ)×安全系数(n)≤屈服强度，计算甲乙两种钢的安全系数，分别为：

$$\text{甲钢：} \quad n = \frac{\sigma_{ys}}{\sigma} = \frac{1.95}{1.30} = 1.5$$

$$\text{乙钢：} \quad n = \frac{\sigma_{ys}}{\sigma} = \frac{1.56}{1.30} = 1.2$$

可见，按照传统的强度设计理论，选择甲钢比选择乙钢安全。

但根据断裂力学观点，构件的脆性断裂是裂纹扩展的结果，所以应该计算材料的应力场强度因子 K_I 是否超过平面应变断裂韧性 K_{IC}。再假设甲乙两种钢中存在的最大裂纹尺寸 c 均为 1mm，相应的裂纹几何形状因子 Y 均为 1.5，由 $\sigma_c = \dfrac{K_{IC}}{Y\sqrt{c}}$，可以分别计算出甲乙两种钢的 σ_c：

$$\text{甲钢：} \quad \sigma_c = \frac{45 \times 10^6}{1.5\sqrt{0.001}} \text{GPa} = 1.0\text{GPa}$$

$$\text{乙钢：} \quad \sigma_c = \frac{75 \times 10^6}{1.5\sqrt{0.001}} \text{GPa} = 1.67\text{GPa}$$

通过上述计算发现甲钢的 σ_c 小于 1.30GPa，显然是不安全的，会导致低应力脆性断裂；而乙钢的 σ_c 大于 1.30GPa，因而是安全可靠的。

从上面的例子中可以看出，按照传统的强度设计理论和断裂力学观点两种设计方法得出了截然相反的结果。按断裂力学观点设计，既安全可靠，又能充分发挥材料的强度，合理使用材料。而按传统观点，片面追求高强度，其结果不但不安全，而且还埋没了乙钢这种非常适用的材料。

2.3.3 裂纹扩展的动力与阻力

Irwin 将裂纹扩展单位面积所降低的应变能定义为应变能释放率,又称为裂纹扩展的动力。对于有内裂(长度为 $2c$)的薄板,由式(2.20)可知,应变能释放率为:

$$G = \frac{\mathrm{d}W_\mathrm{e}}{2\mathrm{d}c} = \frac{\pi c \sigma^2}{E} \tag{2.31}$$

当外加应力 σ 达到裂纹系统所能承受的临界值 σ_c 时,则可得裂纹系统的临界应变能释放率 G_c:

$$G_\mathrm{c} = \frac{\pi c \sigma_\mathrm{c}^2}{E} \tag{2.32}$$

又知 $K_\mathrm{I} = \sqrt{\pi}\sigma\sqrt{c}$ 和 $K_\mathrm{IC} = \sqrt{\pi}\sigma_\mathrm{c}\sqrt{c}$,则有:

$$G_\mathrm{c} = \frac{K_\mathrm{IC}^2}{E} \tag{2.33}$$

式(2.33)为平面应力状态,平面应变状态则为:

$$G_\mathrm{c} = \frac{\left(1 - \mu^2\right)K_\mathrm{IC}^2}{E} \tag{2.34}$$

对于脆性材料, $G_\mathrm{c} = 2\gamma$,由此可得:

$$K_\mathrm{IC} = \sqrt{2E\gamma} \tag{2.35}$$

平面应变状态则为:

$$K_\mathrm{IC} = \sqrt{\frac{2E\gamma}{1 - \mu^2}} \tag{2.36}$$

综上可见, K_IC 与材料本征参数 E、γ 等物理量有直接关系,因而 K_IC 也应是材料的本征参数。它反映了含有裂纹的材料对外界作用的一种抵抗能力,也可以说是阻止裂纹扩展的能力,是材料的固有性质。

2.3.4 断裂韧性常规测试方法

随着断裂力学的发展,对金属材料断裂韧性的测试已经积累了丰富的经验,然而,这些经验技术若原封不动地用于陶瓷等无机非金属材料是行不通的,因为这类材料的同类测试存在一些独特问题。这些问题主要概况为:

① 陶瓷材料的塑性有限,大多数陶瓷材料的 $K_\mathrm{IC}/\sigma_\mathrm{ys}$ 是一个很小的值,所以测定断裂韧性所需要的断裂力学试样满足平面应变厚度限制条件几乎不存在什么困难,也就是说,测定陶瓷材料平面应变断裂韧性试样可以比金属小得多。另一方面,陶瓷材料有限的塑性也使得断裂力学测试结果具有较为理想的特性,即裂纹在扩展之前不会

偏离线性关系，一般可以用断裂的最大载荷代替开裂点的载荷来进行断裂韧性计算。

② 陶瓷材料的许多应用，尤其是在结构部件上的应用，都是在高温下进行的，因此，一般较为理想的断裂韧性测试技术应该在从室温到高温(甚至 1400℃)这一宽阔的温度区域内均能有效地得以应用。

③ 陶瓷材料的固有裂纹尺寸较小，通常只有几十微米，且分布又是随机的，难以准确测定最危险裂纹的位置及尺寸，因此，通常需要在断裂力学试样表面预制出一条人工裂纹以模拟材料的固有裂纹。

在过去的几十年里，已经出现了一些适用于陶瓷等无机非金属材料断裂韧性的测试技术，主要包括：单边直通切口梁法、双扭法、山形切口、KNOOP 压痕三点弯曲梁法等，这些方法所采用的试件形状及受力方式等各不相同，也各有其优缺点，这里不再一一赘述。

2.4 无机非金属材料中裂纹的起源与扩展

2.4.1 无机非金属材料中裂纹的起源

按照断裂力学理论，任何构件的断裂破坏都是由裂纹的失稳扩展导致的。导致无机非金属材料产生裂纹的原因有很多，主要包括如下方面。

(1) 晶体微观缺陷发展成裂纹

由于晶体微观结构中存在缺陷，当受到外力作用时，在这些缺陷处就会引起应力集中，导致裂纹成核。例如位错运动中的塞积、位错组合、交截等。

(2) 晶体生长或无定形向晶型转变形成裂纹

烧结过程中异常长大的晶粒将影响到材料的整体均匀性，导致局部的应力集中。此外，无定形向晶型转变过程中，也易导致局部的应力集中，形成裂纹。

(3) 热应力引起裂纹

大多数陶瓷等无机非金属材料都是多晶多相体，不同取向的晶体热膨胀系数不同，不同相的热膨胀系数也不同，这样在温度变化过程中就会在晶界或相界出现应力集中，导致裂纹生成。此外，材料由高温迅速冷却时，材料内、外温差会引起热应力，导致表面生成裂纹。再有，温度变化引起晶型转变时，材料的体积变化会引起裂纹，比如氧化锆单斜相和四方相间的转变，大约有 3%～5%的体积变化。

(4) 气体逸出形成的裂纹

陶瓷等无机非金属材料在成型工艺阶段经常采用添加有机增塑剂等方法来提高粉体的性能，这些有机物在后续的烧结过程中将全部挥发，在某些特定的情况(甚至可以说在大多数情况)下就可能在烧结体中留下一定数量的气孔，材料的破坏可能起源于大的气孔，也可能起源于能通过局部的相互作用而产生显著应力集中效应的气孔群。

(5) 材料表面的机械强度损伤与化学腐蚀形成的表面裂纹

无机非金属材料在与环境中存在的微颗粒之间发生接触或撞击的过程中，其表面通常会产生局部的不可逆形变和(或)微开裂，这种现象称为接触损伤现象。接触损伤在无机非金属材料的切削、磨削、钻孔等各种形式的机加工过程中最为常见，在无机非金属材料构件的运输、装配及使用过程中也经常发生。此外，环境中的一些化学物质对材料也会进行化学腐蚀。比如，用手触摸新制备的材料表面，材料强度会降低一个数量级；再有，从不足一米的高度落下一粒沙子，就能在玻璃面上形成微裂纹。由于裂纹的扩展常常由表面裂纹开始，所以这种表面裂纹最危险。

总之，在无机非金属材料体中，裂纹的成因有很多，一般很难制备无裂纹的材料，实际材料都是裂纹体。

2.4.2 裂纹的扩展及阻止裂纹扩展的措施

Griffith 理论指出：材料的断裂强度不是取决于裂纹的数量，而是决定于裂纹的大小，即由最危险的裂纹尺寸(临界裂纹尺寸)决定材料的断裂强度，一旦裂纹超过临界尺寸，裂纹就会迅速扩展，引起材料的断裂。我们已知，裂纹扩展动力 $G = \pi c \sigma^2 / E$，当裂纹尺寸 c 增大时，扩展动力 G 也增大，而裂纹扩展阻力 $\dfrac{\mathrm{d}W_s}{\mathrm{d}c} = 4\gamma$ 是常数，所以裂纹扩展动力 G 会越来越大于裂纹扩展阻力 4γ，直至材料破坏。对于脆性材料，因为其基本上没有吸收大量能量的塑性形变，故裂纹的起始扩展就是破坏过程的临界阶段。

由于裂纹扩展动力 G 越来越大于裂纹扩展阻力 4γ，释放出多余的能量可使：① 裂纹扩展加速，裂纹扩展的速度一般可达到材料中声速的 40%～60%；② 裂纹增殖，产生分枝形成更多的新表面；③ 断裂面形成复杂的形状，如条纹、波纹、梳刷状，这些表面极不平整，比平表面的面积大得多，能消耗较多能量。

按照 Griffith 理论，为了防止无机非金属材料发生脆性断裂，就要阻止裂纹的扩展。阻止裂纹扩展的措施主要有以下几种：① 使作用力不超过临界应力，裂纹不会失稳扩展。② 在材料中设置吸收能量的机构。如在陶瓷基体中加入塑性粒子或纤维制成金属陶瓷或纤维增强复合材料来改善陶瓷材料的性能，就是利用这一原理的突出例子。③ 人为地在材料中造成大量极微细的裂纹(小于临界尺寸)，吸收能量，进而阻止裂纹扩展。如在 Al_2O_3 陶瓷中加入 ZrO_2，利用 ZrO_2 单斜相和四方相的相变，在基体中产生大量微裂纹，从而达到 Al_2O_3 陶瓷增韧的效果。

2.5 无机非金属材料中裂纹的缓慢扩展

裂纹除上述的快速失稳扩展外，还会在使用应力作用下，随着时间的推移而发生缓慢扩展，这种现象称为亚临界生长，或称为静态疲劳。而材料在循环应力或渐增应力作用下的延时破坏叫作动态疲劳。裂纹缓慢扩展(生长)的结果是裂纹尺寸逐渐加大，一旦达到临界尺寸，裂纹就会失稳扩展，材料破坏。也就是说材料在短时间内可以承受给定的使用应力而不断裂，但负荷时间如果足够长，可以在低应力下断裂破坏。具有裂纹亚临界生长机制的材料的断裂强度随负荷时间是变化的，相同材料的断裂强度随负荷时间的增加会降低，也就是说材料的断裂强度取决于时间。这在材料的实际应用中意义重大，直接涉及构件的寿命问题。一个构件开始负荷时不会破坏，而在一定时间后就会突然断裂，没有先兆。一个构件在使用应力作用下，能用多长时间而发生破坏，如果能实现预知，就可减少不必要的损失。

关于无机非金属材料中裂纹缓慢扩展的本质至今尚无统一成熟的理论，这里介绍两个主要的观点。

(1) 应力腐蚀理论

材料长期暴露在腐蚀性环境介质中，由于毛细现象，腐蚀性介质会进入裂纹尖端，产生化学反应，使材料的自由表面能降低，即裂纹扩展阻力降低。如果此值小于裂纹扩展动力，就会导致在低应力水平下开裂。开裂后新的断裂表面，因为还没有来得及被介质腐蚀，其表面能仍然大于裂纹扩展动力，裂纹立即止裂。接着进行下一个腐蚀-开裂-止裂循环，形成宏观上的裂纹缓慢生长。例如玻璃的主要成分是 SiO_2，传统陶瓷中也含各种硅酸盐或游离 SiO_2，在碱性环境下，如果环境中含有水或水蒸气，在毛细管力作用下，进入裂纹尖端与 SiO_2 发生化学反应，引起裂纹进一步扩展。

故应力腐蚀理论的要点为：在一定的环境条件和应力场强度因子作用下，材料中关键裂纹尖端处，裂纹扩展的动力与裂纹阻力的相对大小，构成裂纹生长或不生长的必要充分条件。

由于裂纹的长度缓慢增加，使得应力强度因子也随着缓慢增大，一旦达到 K_{IC} 值，立刻发生快速扩展而断裂(如图 2.9 所示)。是否试件处于腐蚀性环境中都会出现环境促使裂纹即裂纹的亚临界扩展呢？这里我们还需了解一个概念，环境促使裂纹的应力强度因子"门槛"值，即 $\Delta K_{I EAC}$：试件在腐蚀环境中初始应力强度因子 K_{Ii} 达到某一值才会出现环境促使裂纹，这个值称为环境促使裂纹的应力强度因子"门槛"值。

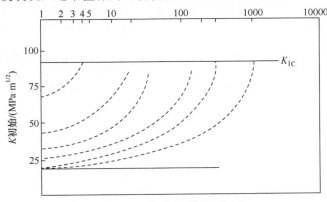

图 2.9 K值随亚临界裂纹增长的变化

处于腐蚀性环境中的含裂纹的构件，在外界载荷作用下，裂纹尖端初始应力强度因子值小于试件(或构件)材料的环境促使裂纹应力强度因子"门槛"值时，即 $K_{Ii} < K_{I EAC}$，则即使在载荷作用下，长期处于腐蚀性环境中，构件也不会出现环境促使裂纹。若处于腐蚀性环境中的含裂纹的构件，在外界载荷作用下，裂纹尖端 $K_{I EAC} < K_{Ii} < K_{IC}$ 时，则认为处于腐蚀性环境中，经过一定的加载周期后，裂纹由亚临界长度扩展

达到临界长度，构件发生断裂。含裂纹的构件在外界载荷作用下，裂纹尖端初始应力强度因子值大于构件材料的平面应变断裂韧性值，即 $K_{Ii} > K_{IC}$，则试件即使不处于腐蚀性环境中也会立即断裂。腐蚀环境对材料的平面应变断裂韧性 K_{IC} 值并无影响；但材料的 K_{IEAC} 值不仅随腐蚀性介质的种类和浓度变化，而且作用时间的长短对其也有影响。

(2) 高温下裂纹尖端的应力空腔作用

多晶多相陶瓷在高温下长期受力作用时，晶界玻璃相的结构黏度会降低，由于该处的应力集中，晶界处于很高的局部拉应力状态，玻璃相则发生蠕变或黏性流动，形变发生在气孔、杂质、晶界层，甚至结构缺陷处，缺陷逐渐长大，形成空腔(如图 2.10 所示)，这些空腔进一步沿晶界方向长大，连通形成次裂纹，这些次裂纹与主裂纹汇合就形成裂纹的缓慢扩展。形成应力空腔，是高温下亚临界裂纹扩展的独有特点。

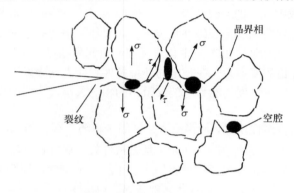

图 2.10　高温下裂纹尖端附近空腔

亚临界裂纹生长速率与应力场强度因子之间有着密切的关系。由图 2.9 可知，起始不同的 K_I，随着时间的推移，会由于裂纹的不断增大而缓慢增大，其轨迹如图中虚线所示，虚线的斜率可近似反映裂纹生长的速率 $v = \dfrac{\mathrm{d}c}{\mathrm{d}t}$，$K_I$ 不同，v 不同，v 随着 K_I 的增加而增大。人们经过大量的试验发现，v 与 K_I 的关系可表示为：

$$v = \frac{\mathrm{d}c}{\mathrm{d}t} = A K_I^n \tag{2.37}$$

或表示为：

$$\ln v = A' + B K_I \tag{2.38}$$

式中，c 为裂纹的瞬时长度；A、A'、B、n 是由材料本质及环境条件决定的常数。

综合上述关于疲劳本质的理论，可以对 $\ln v$ 与 K_I 的关系加以解释。式(2.38)用玻耳兹曼因子表示为：

$$v = v_0 \exp\left[-\frac{Q^* - n K_I}{RT}\right] \tag{2.39}$$

式中，ν_0 为频率因子；Q^* 为断裂激活能；n 为常数；R 为摩尔气体常数；T 为热力学温度。

$\ln\nu$ 与 K_I 的关系如图 2.11 所示。从图中可以看出，该曲线可分为如下三个阶段。区域 I：曲线极为陡峭，$\left(\dfrac{\mathrm{d}c}{\mathrm{d}t}\right)_I$ 变化很大。由于裂纹处于腐蚀环境中，经过一段时间的孕育，一旦 K_{Ii} 达到 K_{IEAC}，裂纹突发加速扩展，该区域内的 $\dfrac{\mathrm{d}c}{\mathrm{d}t}$ 随腐蚀介质、温度和压力的变化而变化。K_I 对 $\dfrac{\mathrm{d}c}{\mathrm{d}t}$ 的影响很大，裂纹以 $\left(\dfrac{\mathrm{d}c}{\mathrm{d}t}\right)_I$ 快速扩展的时间一般较短。区域 II：曲线平坦，$\left(\dfrac{\mathrm{d}c}{\mathrm{d}t}\right)_{II}$ 与 K_I 的变化几乎无关，但腐蚀介质、温度和压力的变化对 $\left(\dfrac{\mathrm{d}c}{\mathrm{d}t}\right)_{II}$ 有影响。区域 III：$\left(\dfrac{\mathrm{d}c}{\mathrm{d}t}\right)_{III}$ 随 K_I 的增加而快速增大，直至试件最后断裂。裂纹扩展速率的急剧加快，是因为裂纹长度接近临界长度，K_I 接近 K_{IC}，试件进入快速断裂区。

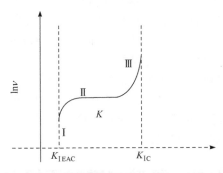

图 2.11　亚临界裂纹扩展的三个阶段示意图

无机非金属材料在长期应力 σ_a 作用下，构件上典型受力区的最长裂纹将会有亚临界裂纹缓慢扩展，最后断裂，研究此扩展的始终时间，可预测构件的寿命。

因瞬时裂纹的生长率 $\nu = \dfrac{\mathrm{d}c}{\mathrm{d}t}$，所以 $\mathrm{d}t = \dfrac{\mathrm{d}c}{\nu} = \dfrac{\mathrm{d}c}{AK_I^n}$，积分得：

$$t = \int \mathrm{d}t = \int_{c_i}^{c_c} \frac{\mathrm{d}c}{AK_I^n} = \int_{c_i}^{c_c} \frac{\mathrm{d}c}{AY^n \sigma_a^n c^{n/2}} = \frac{2\left[K_{IC}^{(2-n)} - K_{Ii}^{(2-n)}\right]}{(2-n)AY^2\sigma_a^2} \tag{2.40}$$

由于 n 值较大，而且 $K_{Ii}^{(2-n)} \gg K_{IC}^{(2-n)}$，则上式变为：

$$t = \frac{2K_{Ii}^{(2-n)}}{(n-2)AY^2\sigma_a^2} \tag{2.41}$$

通过式(2.41)可计算由起始裂纹状态，经受力后缓慢扩展到临界裂纹长度所经历的时间，此即为构件受力后的寿命。

2.6　无机非金属材料的高温蠕变断裂

多晶材料在高温环境中，在恒定应力作用下，由于形变不断增加而导致断裂的现象，称为高温蠕变断裂。高温下主要的形变是晶界滑动，所以蠕变断裂的主要形式是沿晶界断裂。

蠕变断裂的黏性流动理论认为：在高温下，玻璃相黏度降低，进而发生黏性流动，在晶界处产生应力集中。如果应力集中使得相邻晶粒发生塑性形变而滑移，则将使应力弛豫；如果不能使相邻晶粒发生塑性形变，则应力集中将在晶界处产生裂纹，裂纹进而扩展，最终导致断裂。

蠕变断裂的另一种观点是空位聚积理论。该理论认为：在应力及热波动的作用下，受拉的晶界上空位浓度大大增加，这些空位大量聚积，可形成可观的裂纹，这种裂纹逐步扩展连通，最终导致断裂。

由黏性流动理论和空位聚积理论可知，蠕变断裂明显地取决于温度和外加应力。温度越低，应力越小，蠕变断裂所需要的时间越长。蠕变断裂过程中裂纹的扩展属于亚临界扩展。

2.7　显微结构对无机非金属材料脆性断裂的影响

虽然材料的性能与其微观结构密切相关，但由于无机非金属材料的断裂现象十分复杂，显微结构对断裂强度的影响，许多细节尚不完全清楚。下面借助 Griffith 微裂纹理论，就显微结构对断裂强度的影响问题做一些初步讨论。

(1) 晶粒尺寸

对于多晶材料而言，大量实验表明：晶粒尺寸越小，强度就越高。因此，微晶材料就成为无机非金属材料发展的一个重要方向。几年来已经研制出了许多晶粒小于 $1\mu m$、气孔率接近于零的高强度、高致密的陶瓷材料。随着一系列先进的材料制备手段出现，无机非金属材料的晶粒尺寸已经可以达到亚微米甚至纳米级，相应地，材料的强度也得到了大幅度的提高。

实验表明，材料的断裂强度 σ_f 与晶粒尺寸 d 的算术平方根成反比，即：

$$\sigma_f = \sigma_0 + k_1 d^{-1/2} \tag{2.42}$$

式中，σ_0 和 k_1 为材料常数。

若起始裂纹受晶粒所限制，其尺度与晶粒度相当，则脆性断裂强度与晶粒尺寸的关系为：

$$\sigma_f = k_2 d^{-\frac{1}{2}} \tag{2.43}$$

我们知道，多晶材料晶粒断裂表面能比晶界的断裂表面能要大，故晶界比晶粒内部弱，多晶材料的破坏多是沿晶界断裂。细晶材料晶界比例大，沿晶界破坏时，裂纹的扩展要走迂回曲折的道路。晶粒愈细，道路愈长，消耗的能量愈多，故材料强度愈高。

(2) 气孔

大多数无机非金属材料的强度、弹性模量等都会随气孔率的增加而降低，这是因为气孔的存在降低了无机非金属材料的实际承载面积，并引发应力集中。此外，气孔本身作为一种缺陷也可能成为材料内部的最危险裂纹。

实验发现，多孔材料的强度随气孔率的增加呈近似指数规律下降，即：

$$\sigma_f = \sigma_0 \exp(-nP) \tag{2.44}$$

式中，n 为常数，一般为 4~7；σ_0 为没有气孔时的材料强度；P 为气孔率。

由式(2.44)可知，当材料的气孔率达到 10% 时，其强度将下降至没有气孔时强度的 50%，而 10% 左右的气孔率在一般的无机非金属材料中则是较为常见的。由此可见气孔率对强度有着重要的影响。

除气孔率外，气孔的形状和分布也很重要。气孔通常存在于晶界上，这特别有害，其往往成为开裂源。气孔存在也有有利的一面，当材料存在高的应力梯度时(如热应力)，气孔可容纳变形，阻止裂纹扩展。

也可将晶粒尺寸和气孔率的影响综合起来考虑，强度与两者间的关系可表示为：

$$\sigma_f = \left(\sigma_0 + k_1 d^{-\frac{1}{2}} \right) e^{-nP} \tag{2.45}$$

(3) 其它微观结构因素

除晶粒尺寸、气孔对强度有着重要影响外，其它微观结构因素对强度也有影响。杂质的存在会使应力集中，进而导致强度下降。若材料体中存在弹性模量 E 较低的第二相，强度也会降低。

2.8　提高无机非金属材料强度及改善脆性的途径

影响无机非金属材料强度的因素是多方面的，材料强度的本质是内部质点间的结合力。从对材料形变及断裂的分析可知，在晶体结构稳定的情况下，控制强度的主要参数为：弹性模量 E、断裂功 γ 和裂纹尺寸 c。其中唯一可以控制的是材料的微裂纹，可以把微裂纹理解为各种缺陷的总和，所以强化措施大多是消除缺陷和阻止裂纹扩展。

(1) 微晶、高密度与高纯度

提高晶体的完整性，使材料细(晶粒细化)、密、匀、纯，则材料的强度就会大大增加。例如，Al_2O_3 块体的抗拉强度约为其纤维的十分之一，纤维又约为晶须的十分之一，而晶须强度与理论强度同为一数量级。晶须提高强度的主要原因之一就是大大提高了晶体的完整性。

(2) 预加应力

人为预加应力在材料表面造成一层压应力层，可以提高材料的抗张强度。无机非金属材料的脆性断裂通常是在张应力作用下，自表面开始发生，若在材料表面形成一层残余压应力层，则材料在拉伸破坏之前首先要克服表面上的残余压应力。通过加热、冷却制度在材料表面人为地引入残余压应力的过程称为热韧化。这种技术已被广泛应用于钢化玻璃，如汽车、飞机门窗用玻璃。再如，上釉的陶瓷，当釉层的热膨胀系数比瓷体略小时，釉层处于压应力状态，可增大强度。

如果要求表面残余应力更高，则热韧化的方法就难以做到，此时就要采用化学强化法(离子交换法)。该技术通过改变表面的化学组成，使表面的摩尔体积比内部的大。由于表面体积胀大受到内部材料的限制，就会产生压应力，表层的压应力 σ 与 ΔV 有如下的近似关系：

$$\sigma = K \times \frac{\Delta V}{V} = \frac{E}{3(1-2\mu)} \times \frac{\Delta V}{V} \tag{2.46}$$

由式(2.46)可知，如果体积变化为 2%，E=70GPa，μ=0.25，则表面压应力可到 930MPa。

需要强调的是，化学强化的压应力层厚度仅局限于几百微米以内。此外，抛光和化学处理也可以消除表面缺陷，使强度提高。

(3) 相变增韧

利用多晶多相陶瓷中某些相成分在不同温度的相变来增韧，叫相变增韧。ZrO_2 是一种耐高温氧化物，其熔点高达 2680℃。纯 ZrO_2 一般具有三种晶型，分别为立方结构(c)、四方结构(t)和单斜结构(m)。其中，单斜相是 ZrO_2 在常温下的稳定相，而立方相则是高温稳定相。烧结成瓷的温度下，首先生成的是四方相 ZrO_2 结晶。在降温过程中，ZrO_2 由四方相向单斜相转变，这一相变过程属于马氏体相变，是一类无扩散型相变；再由四方相转变为单斜相的过程中，通常伴随有约 3%～5%的体积膨胀，从而达到增韧的效果。目前这种增韧机制被应用到许多陶瓷制品上，如部分稳定 ZrO_2 陶瓷(PSZ)、ZrO_2 增韧 Al_2O_3 陶瓷(ZTA)、ZrO_2 增韧莫来石陶瓷(ZTM)等。需要指出的是，这种增韧机制的特性是随着温度升高而降低的，故不适于高温工作的材料。

增韧的机理主要有应力诱导相变增韧、相变诱发微裂纹增韧等。

① 应力诱导相变增韧　在陶瓷烧结过程中，如果四方相 ZrO_2 颗粒弥散分布于 ZrO_2 本身或其它陶瓷基体中，冷却时亚稳四方相 ZrO_2 颗粒受到基体的抑制而处于压应力状态。材料在外力作用下所产生的裂纹尖端附近由于应力集中的作用，存在张应力场，该张应力场会减轻对亚稳四方相 ZrO_2 颗粒的约束，故在应力的诱发作用下会发生向单斜相的转变，从而产生体积膨胀。相变和体积膨胀的过程除消耗能量外，还将在主裂纹作用区产生压应力，二者均可阻止裂纹的扩展，从而改善材料的强度和断裂韧性。

② 相变诱发微裂纹增韧　部分稳定 ZrO_2 陶瓷在烧结冷却过程中，四方相向单斜相转变，产生体积膨胀，在 ZrO_2 陶瓷基体中产生弥散分布的裂纹或者在主裂纹尖端区域形成应力诱发相变导致的微裂纹，这种尺寸很小的微裂纹在主裂纹尖端扩展过程中会导致主裂纹分叉或改变方向，增加了主裂纹扩展过程中的有效表面能。此外，裂纹尖端应力集中区内微裂纹本身的扩展也起着分散主裂纹尖端能量的作用，从而抑制主裂纹的快速扩展，提高材料的强度和韧性。

(4) 弥散增韧

在基体中加入具有一定颗粒尺寸的微细粉粒，达到增韧的效果，这称为弥散增韧。

无机非金属材料物理性能

加入的这种第二相微细粉粒可为金属粉末，加入陶瓷等无机非金属材料基体后，因其可塑性形变，吸收弹性应变能，使韧性提高。加入的第二相微细粉粒也可为高弹性模量无机非金属粉末，在烧结时，该颗粒主要位于晶界相中，当材料受拉伸时，高弹性模量第二相颗粒阻止基体横向收缩，为达到横向收缩协调，必须增大拉伸应力，即消耗更多的外界能量，从而起到增韧的作用。此外，颗粒位于晶界相中，还会使裂纹受阻或偏转，达到增韧的目的。

颗粒弥散增韧与温度无关，因此可作为高温增韧机制。

(5) 纤维增强增韧

在无机非金属材料基体中加入另一种纤维材料而制成复合材料也是提高无机非金属材料强度和改善其脆性的有效手段之一。

纤维的强化作用取决于纤维与基体材料的基本性质、二者的结合强度和纤维在基体中的排列方式等。为了达到纤维强化的目的，还需遵循以下原则：

① 使纤维尽可能多地承担外加负载。因此，需选用强度和弹性模量比基体高的纤维，因为在外力作用下，当二者应变相同时，纤维和基体所承受的应力之比等于其弹性模量之比，故弹性模量越大，所承担的力越大。

② 纤维的热膨胀系数要略大于基体。这样复合材料在烧成过程中，纤维冷却时收缩大，基体收缩小，因此纤维处于受拉状态，而基体处于受压状态，起到预加应力的作用。

③ 纤维和基体在高温下具有良好的化学相容性。不能发生在高温下使纤维性能降低的化学反应。

④ 纤维与基体间的结合强度适当。若两者的结合强度太弱，基体承受的应力无法传递给纤维；结合强度太强，纤维没有从基体中拔出而消耗能量的可能，复合材料呈脆性断裂。

⑤ 应力作用方向应与纤维平行。只有这样才能发挥纤维的作用。

有关纤维强化复合材料强度的计算这里不做重点阐述。

2.9 无机非金属材料的硬度

硬度是材料的一种重要力学性能。实际应用中，由于测量方法不同，测得的硬度所代表的材料性能也各异。对于金属材料，常用的测量方法是在静荷载下将一种硬的物体压入材料，测得的硬度主要反映材料抵抗塑性形变的能力。而陶瓷、矿物等材料则采用划痕硬度，划痕硬度反映材料抵抗破坏的能力。由于硬度测试方法很多，没有统一的定义，各种测试方法所得到的结果之间又不具备可比性，各种硬度单位也不同，彼此间没有固定的换算关系。

划痕方法也许是测定材料硬度的一种最古老的方法，常用于陶瓷及矿物材料。这一方法所得到的划痕硬度也称为莫氏硬度，只表示材料硬度由小到大的排列顺序，不能直接表示材料的软硬程度。早期的莫氏硬度分为 10 级，后来因为出现了一些人工合成的硬度较高的材料，又将莫氏硬度分为了 15 级。表 2.1 为莫氏硬度的两种分级的顺序。表中排在后面的材料可以划破排在前面的材料的表面。

表 2.1 莫氏硬度分级表

顺序(早期)	材料	顺序(后期)	材料
1	滑石	1	滑石
2	石膏	2	石膏
3	方解石	3	方解石
4	萤石	4	萤石
5	磷灰石	5	磷灰石
6	正长石	6	正长石
7	石英	7	SiO_2 玻璃
8	黄玉	8	石英
9	刚玉	9	黄玉
10	金刚石	10	石榴石
		11	熔融氧化锆
		12	刚玉
		13	碳化硅
		14	碳化硼
		15	金刚石

目前在硬度测试中常用的方法是静载压入法，即将一硬的物体在静载下压入被测物体表面，表面上被压入一凹面，以凹面单位面积上的载荷表示被测物体的硬度。常见的布氏硬度(用符号 HB 表示)、维氏硬度(用符号 HV 表示)、洛氏硬度(用符号 HR 表示)都是基于该静载压入法。布氏硬度主要用来测定金属材料中较软及中等硬度的材料；维氏硬度和努普硬度法(用符号 HK 表示)都适合较硬的材料(包括陶瓷)；洛氏硬度法测量的范围较广。陶瓷材料也常用显微硬度法来测量，其原理与维氏硬度法基本相同。

在布氏硬度、维氏硬度和努普硬度的测试中必须注意一个问题：所测得的硬度值一般都是一个与所使用的测试荷载有关的值。实验表明，随着测试荷载的增大，所测得的硬度呈降低趋势。因此，在报道硬度实验结果时，一般要求同时给出所使用的测试荷载。习惯做法是在硬度符号后加一个数字表示荷载大小，如 HV20 表示在 20kg 荷载下测得的维氏硬度，HK0.2 表示在 0.2kg 荷载下测得的努普硬度，HB100 则表示在 100kg 荷载下测得的布氏硬度。

影响无机非金属材料硬度的因素很多，主要概括如下：① 矿物、晶体和陶瓷的硬度取决于其组成和结构。离子半径越小、离子电价越高、配位数越大，极化能越大，材料抵抗外力摩擦、刻划和压入的能力也就越强，硬度也就越大。② 无机非金属材料的显微组织、裂纹、杂质等对其硬度也有着重要的影响。裂纹、杂质越多，硬度越小。③ 温度对材料的硬度也有影响，当温度升高时，硬度会降低。

第**3**章
无机非金属材料的热学性能

无机非金属材料的热学性能也是其重要的基本性质之一，分析热学性能对无机非金属材料的制备及其在工程领域的应用具有重要意义。例如：在现代空间科学技术中材料往往在变温条件，甚至在极端温度条件下工作，因此要求材料的隔热和防热性能优异；在能源科学技术中选用热学性能合适的材料，可以节约能源，减少热损失；在电子技术和计算机技术中，导热性能优良的材料可以有效散热，延长元器件使用寿命。

无机非金属材料由晶体及非晶体组成。晶体点阵中的质点(原子、离子)总是围绕着其平衡位置附近做微小振动，称为晶格热振动。无机非金属材料的各种热学性能的物理本质均与晶格热振动有关。本章主要介绍无机非金属材料的热容、热膨胀、热传导、热稳定性的基本理论及其应用。

3.1 无机非金属材料的热容

3.1.1 热容及其物理意义

物体在温度升高 1K 时所吸收的热量称为该物体的热容。热容是极重要的热力学函数，是描述材料中分子热运动的能量随温度而变化的一个物理量。不同温度下物体的热容可能会有所不同，一般在温度 T 时当物体获得一微小的热量而温度升高时，其热容 (C_T, J / K) 可表达为：

$$C_T = \left(\frac{\partial Q}{\partial T} \right)_T \tag{3.1}$$

显然具有不同质量的物体，其热容也不同。1g 物质的热容即称为比热容(c)，单位是 J/(g·K)；1mol 物质的热容则称为摩尔热容(C_m)，单位是 J/(mol·K)。

工程上通常使用的"平均热容"是指物体从温度 T_1 升温至 T_2 所吸收热量的平均值，即：

$$C_{均} = \frac{Q}{T_2 - T_1} \tag{3.2}$$

此外，物体的热容还与其热过程有关。如果加热过程是在恒压条件下进行的，所测定的热容称为定压热容，单位物质的量物质的定压热容称为摩尔定压热容，用符号

$C_{p,m}$ 表示。如果加热过程是在保持物体体积不变的条件下进行，所测定的热容则称为定容热容，单位物质的量物质的定容热容称为摩尔定容热容，用符号 $C_{V,m}$ 表示。二者的表达式为：

$$C_{p,m} = \left(\frac{\partial Q}{\partial T}\right)_p = \left(\frac{\partial H}{\partial T}\right)_p \tag{3.3}$$

$$C_{V,m} = \left(\frac{\partial Q}{\partial T}\right)_V = \left(\frac{\partial E}{\partial T}\right)_V \tag{3.4}$$

式中，Q 为热量，J；E 为热力学能，即内能，J；H 为焓，J。

由于恒压加热过程中，物体除温度升高外，还要对外界做功(体积膨胀)，所以一般情况下 $C_{p,m} > C_{V,m}$。$C_{p,m}$ 的测定比较简单，但 $C_{V,m}$ 在理论上具有更重要的意义，根据热力学第二定律可以推导出 $C_{p,m}$ 和 $C_{V,m}$ 之间存在以下关系：

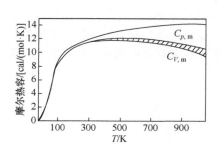

图 3.1 NaCl 晶体摩尔热容-温度关系曲线
(1cal = 4.1868J)

$$C_{p,m} - C_{V,m} = \frac{\alpha^2 V_0 T}{\beta} \tag{3.5}$$

式中，$\alpha = \dfrac{\mathrm{d}V}{V\mathrm{d}T}$ 为体积膨胀系数，K^{-1}；

$\beta = -\dfrac{\mathrm{d}V}{V\mathrm{d}p}$ 为压缩系数，m^2/N；V_0 为摩尔容积，$\mathrm{m}^3/\mathrm{mol}$。

对于凝聚态物质(如 NaCl 晶体)，一般 $C_{p,m}$ 和 $C_{V,m}$ 的差异可以忽略，只有在高温时二者的差别才比较显著，见图 3.1 所示。

3.1.2 晶体热容的经验定律及经典理论

目前，有关晶体的热容已发现两个经验定律：元素原子的热容定律和化合物的热容定律。经典热容理论可较好地解释这两个经验定律。

元素原子的热容定律也称为杜隆-珀替定律。定律指出：恒压下元素原子的摩尔热容为 25J/(mol·K)。实际上大部分元素原子的摩尔热容都接近这一数值，尤其在高温时符合得更好。但轻元素原子的摩尔热容与这一数值存在一定的偏差。表 3.1 中列出了部分轻元素原子的摩尔定压热容。

表 3.1 部分轻元素的原子热容

元素	H	B	C	O	F	Si	P	S	Cl
$C_{p,m}/[(\mathrm{J/mol \cdot K})]$	9.6	11.3	7.5	16.7	20.9	15.9	22.5	22.5	20.4

化合物的热容定律也称为柯普定律，其内容为：化合物分子的摩尔热容等于构成

无机非金属材料物理性能

此化合物各元素原子的摩尔热容之和。

经典理论基本假设是将晶体中的原子看成是彼此孤立地做热振动，且原子振动能量连续，这样就可以把晶体原子的热振动近似地看作和气体分子的热运动相类似。但晶体中每一个原子只在其平衡位置附近振动，可用谐振子代表每一个原子在一个自由度的振动。根据经典热力学理论，能量按自由度均分，每个振动自由度的平均动能和平均位能都相等，为 $kT/2$。一个原子有三个振动自由度，平均动能和平均位能的总和等于 $6 \times kT/2 = 3kT$。所以 1mol 晶体的总能量为：

$$E = 3N_0 kT = 3RT \tag{3.6}$$

式中，$N_0 = 6.023 \times 10^{23} \text{mol}^{-1}$，为阿伏加德罗常数；$T$ 为热力学温度，K；$k = 1.381 \times 10^{-23}$J/K，为玻耳兹曼常数；$R = 8.314$J/(mol·K)，为摩尔气体常数。

由摩尔热容定义可得：

$$C_{V,\text{m}} = \left(\frac{\partial E}{\partial T} \right)_V = \left[\frac{\partial (3N_0 kT)}{\partial T} \right]_V = 3N_0 k = 3R \approx 25 \text{J/(mol·K)} \tag{3.7}$$

由式(3.7)可知，摩尔热容是与温度无关的一个常数，即杜隆-珀替定律。对于 1mol 双原子的化合物晶体中的原子数为 $2N_0$，其摩尔热容为 $C_{V,\text{m}} = 2 \times 25$J/(mol·K)，三原子化合物晶体的摩尔热容 $C_{V,\text{m}} = 3 \times 25$J/(mol·K)，以此类推。这与柯普定律一致。

杜隆-珀替定律在高温时与实验结果基本符合，但在低温时，热容的实验值随温度降低而减小，在接近 0K 时，热容值近似地按 T^3 线性关系变化并趋近于零。由于经典的热容理论把原子的振动看成是连续的，模型过于简单，而实际原子的振动是不连续的，量子化的，因此需要用量子理论做进一步解释。

3.1.3 晶体热容的量子理论

根据量子理论，晶格振动的能量是量子化的，谐振子的振动能量可写成：

$$E_i = \left(n + \frac{1}{2} \right) h\nu_i = \left(n + \frac{1}{2} \right) \hbar\omega_i \tag{3.8}$$

式中，$n = 0$、1、2…为量子数；$h = 6.626 \times 10^{-34}$J·s 为普朗克常数；$\hbar = 1.055 \times 10^{-34}$J·s 为狄拉克常数；$\nu_i$、$\omega_i$ 分别为第 i 个谐振子的振动频率和角频率，s^{-1}，且 $2\pi\nu_i = \omega_i$；$\frac{1}{2}\hbar\omega_i$ 为系统的最小能量，即零点能，J。

零点能对热容无贡献，可以忽略，则：

$$E_i = n\hbar\omega_i \tag{3.9}$$

根据玻耳兹曼统计理论，能量为 E_i 的谐振子的数量与 $\exp\left(-\dfrac{n\hbar\omega_i}{kT} \right)$ 成正比，则在温度为 T 时，一个谐振子的平均能量为：

$$\overline{E}_i = \frac{\sum\limits_{n=0}^{\infty} n\hbar\omega_i \exp\left(-\dfrac{n\hbar\omega_i}{kT}\right)}{\sum\limits_{n=0}^{\infty} \exp\left(-\dfrac{n\hbar\omega_i}{kT}\right)} \approx \frac{\hbar\omega_i}{\exp\left(\dfrac{\hbar\omega_i}{kT}\right)-1} \tag{3.10}$$

由于 1mol 晶体有 N_0 个原子，每个原子的热振动自由度是 3，每个自由度相当于一个谐振子在振动，所以 1mol 晶体的晶格振动平均能量为：

$$\overline{E} = \sum_{i=1}^{3N_0} \frac{\hbar\omega_i}{\exp\left(\dfrac{\hbar\omega_i}{kT}\right)-1} \tag{3.11}$$

因而按照量子理论求得的热容表达式为：

$$C_{V,\mathrm{m}} = \left(\frac{\partial \overline{E}}{\partial T}\right)_V = \sum_{i=1}^{3N_0} k \left(\frac{\hbar\omega_i}{kT}\right)^2 \frac{\exp\left(\dfrac{\hbar\omega_i}{kT}\right)}{\left[\exp\left(\dfrac{\hbar\omega_i}{kT}\right)-1\right]^2} \tag{3.12}$$

由式(3.12)计算 $C_{V,\mathrm{m}}$ 必须精确地测定谐振子的频谱，这是非常困难的，因此实际上通常采用简化的爱因斯坦模型或德拜模型。

(1) 爱因斯坦模型

爱因斯坦模型假设：每一个原子都是一个独立的振子，原子之间彼此无关，并且振动角频率相同，则：

$$\overline{E} = \frac{3N_0\hbar\omega}{\exp\left(\dfrac{\hbar\omega}{kT}\right)-1} \tag{3.13}$$

因此式(3.12)可写为：

$$C_{V,\mathrm{m}} = \left(\frac{\partial \overline{E}}{\partial T}\right)_V = 3N_0 k \left(\frac{\hbar\omega}{kT}\right)^2 \frac{\exp\left(\dfrac{\hbar\omega}{kT}\right)}{\left[\exp\left(\dfrac{\hbar\omega}{kT}\right)-1\right]^2} = 3N_0 k f_\mathrm{e}\left(\frac{\hbar\omega}{kT}\right) = 3R f_\mathrm{e}\left(\frac{\hbar\omega}{kT}\right) \tag{3.14}$$

式中，$f_\mathrm{e}\left(\dfrac{\hbar\omega}{kT}\right)$ 称为爱因斯坦比热函数。令 $\theta_\mathrm{E} = \dfrac{\hbar\omega}{k}$（$\theta_\mathrm{E}$ 称为爱因斯坦特征温度），则 $f_\mathrm{e}\left(\dfrac{\hbar\omega}{kT}\right) = f_\mathrm{e}\left(\dfrac{\theta_\mathrm{E}}{T}\right)$。

高温时，$T \gg \theta_\mathrm{E}$，此时：

$$\exp\left(\frac{\hbar\omega}{kT}\right) = \exp\left(\frac{\theta_\mathrm{E}}{T}\right) = 1 + \frac{\theta_\mathrm{E}}{T} + \frac{1}{2!}\left(\frac{\theta_\mathrm{E}}{T}\right)^2 + \frac{1}{3!}\left(\frac{\theta_\mathrm{E}}{T}\right)^3 + \cdots \approx 1 + \frac{\theta_\mathrm{E}}{T} \tag{3.15}$$

则：

$$C_{V,\mathrm{m}} = 3N_0k\left(\frac{\theta_\mathrm{E}}{T}\right)^2 \frac{\exp\left(\dfrac{\theta_\mathrm{E}}{T}\right)}{\left(\dfrac{\theta_\mathrm{E}}{T}\right)^2} \approx 3N_0k = 3R \tag{3.16}$$

此即为经典的杜隆-珀替公式。

但在低温时，$T \ll \theta_\mathrm{E}$，由于 $\exp\left(\dfrac{\theta_\mathrm{E}}{T}\right) \gg 1$，式(3.16)可以近似为：

$$C_{V,\mathrm{m}} = 3N_0k\left(\frac{\theta_\mathrm{E}}{T}\right)^2 \exp\left(-\frac{\theta_\mathrm{E}}{T}\right) = 3R\left(\frac{\theta_\mathrm{E}}{T}\right)^2 \exp\left(-\frac{\theta_\mathrm{E}}{T}\right) \tag{3.17}$$

可见 $C_{V,\mathrm{m}}$ 值在低温下按指数规律随温度变化，与实验所得到的按 T^3 变化规律不一致，即在低温区域，按爱因斯坦模型计算出的 $C_{V,\mathrm{m}}$ 值比实验值更快地趋于零。这是因为实际晶体中各原子的振动并不是彼此独立地以相同角频率振动，原子振动间有耦合作用，温度较低时这一效应更加显著，而爱因斯坦模型在假设时忽略了这些，以致造成理论计算和实验结果之间存在偏差。

(2) 德拜的比热模型

德拜模型认为：晶体对热容的贡献主要是弹性波的振动，即波长较长的声频支在低温下的振动占主导地位，由于声频支的波长远大于晶体的晶格常数，故可将晶体当成是连续介质，声频支的振动也可以近似地看作是连续的，角频率范围为 $0 \sim \omega_{\max}$。$\omega_{\max}$ 由分子密度及声速决定。高于 $\omega_{\max}$ 则不在声频支而在光频支范围，对热容贡献很小，可以忽略不计。德拜推导出的热容的表达式为：

$$C_{V,\mathrm{m}} = 3N_0kf_\mathrm{D}\left(\frac{\theta_\mathrm{D}}{T}\right) = 3Rf_\mathrm{D}\left(\frac{\theta_\mathrm{D}}{T}\right) \tag{3.18}$$

式中，$f_\mathrm{D}\left(\dfrac{\theta_\mathrm{D}}{T}\right) = 3\left(\dfrac{T}{\theta_\mathrm{D}}\right)^3 \displaystyle\int_0^{\frac{\theta_\mathrm{D}}{T}} \frac{x^4\mathrm{e}^x}{\left(\mathrm{e}^x-1\right)^2}\mathrm{d}x$，称为德拜比热函数，其中 $x = \dfrac{\hbar\omega}{kT}$；$\theta_\mathrm{D} = \dfrac{\hbar\omega_{\max}}{k} \approx 0.76\times10^{-11}\omega_{\max}$，称为德拜特征温度。

当温度较高时，由于 $T \gg \theta_\mathrm{D}$，$C_{V,\mathrm{m}} \approx 3R$，即杜隆-珀替定律。

当温度很低时，由于 $T \ll \theta_\mathrm{D}$，则有：

$$C_{V,\mathrm{m}} = \frac{12\pi^4N_0k}{5}\left(\frac{T}{\theta_\mathrm{D}}\right)^3 = \frac{12\pi^4R}{5}\left(\frac{T}{\theta_\mathrm{D}}\right)^3 \tag{3.19}$$

可见，当 T 接近 0K 时，$C_{V,\mathrm{m}}$ 与 T^3 成比例并迅速趋近于零，这就是著名的德拜立方定律，它和实验结果相符合，温度越低近似性越好。

德拜模型比爱因斯坦模型有很大的进步，对于原子晶体和一部分简单的离子晶体，如 C、Al、Ag、KCl、Al_2O_3 等在较宽的温度范围内的实验结果与德拜模型的预测都能很好地吻合。但是，对于具有复杂结构的一些化合物，德拜模型还存在一定的局限性，这是因为复杂的分子结构会使各种复杂的高频振动耦合，德拜模型的基本假设不再适用。

3.1.4　无机非金属材料的热容

根据德拜热容理论可知，在低温条件下，热容与 T^3 成正比，在高温时，热容变化很小，接近常数 $3R$，只有在高温与低温之间，情况比较复杂，德拜温度 θ_D 可以看作是两者间的转折点。

材料不同，德拜温度也不同，例如石墨为 1973K、BeO 为 1173K、Al$_2$O$_3$ 为 923K 等。德拜温度取决于键的强度、材料的弹性模量、熔点等。图 3.2 给出了几种陶瓷材料的热容-温度关系曲线。这些材料的 θ_D 值通常约为其熔点(热力学温度)的 0.2～0.5 倍。图中的各条曲线不仅形状相似，而且数值也比较接近。绝大多数氧化物、碳化物等无机非金属材料都有与图 3.2 所示曲线大致相同的摩尔热容-温度关系曲线，即摩尔热容在低温时数值很低，随温度上升而逐渐增加，但到 1300K 附近达 $3R$，温度进一步升高，就不能显著地影响这个数值。

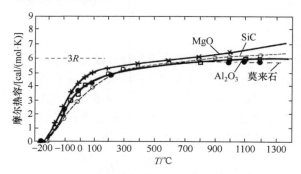

图 3.2　几种陶瓷材料的摩尔热容-温度关系曲线
(1cal = 4.1868J)

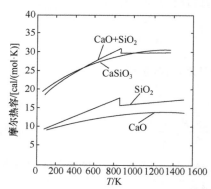

图 3.3　CaO、SiO$_2$、CaO + SiO$_2$ 混合物与 CaSiO$_3$ 化合物的摩尔热容-温度关系曲线
(1cal = 4.1868J)

无机非金属材料的摩尔热容属于结构不敏感性能，与材料结构的关系不大。如图 3.3 所示，CaO 和 SiO$_2$ 以 1∶1 的比例混合所得到的混合物的摩尔热容-温度关系曲线与化合物 CaSiO$_3$ 的摩尔热容-温度曲线基本重合。但在相变时，由于热量的不连续变化，热容也出现突变，如图中的 SiO$_2$ 以及 CaO + SiO$_2$ 混合物的摩尔热容-温度关系曲线上都出现了一个突变点，所对应的温度为 α-石英转化为 β-石英时的温度。所有晶体在多晶转变、铁电转变、铁磁转变、有序-无序转变等相变情况下都会出现类似的现象。

此外，无机非金属材料单位体积的摩尔热容与其气孔率有关。多孔材料因其质量轻，所以摩尔热容小，故轻质隔热砖升高温度所需的热量远低于致密的耐火砖。

一般情况下，材料 $C_{p,\mathrm{m}}$ 与温度的关系由实验来精确测定，可用如下经验公式：

$$C_{p,\mathrm{m}} = a + bT + cT^{-2} + \cdots \tag{3.20}$$

式中，a、b、c…为经验参数，因材料而异。表 3.2 列出了某些无机非金属材料的 a、b、c 值以及它们的应用温度范围。

表 3.2　一些无机非金属材料的摩尔热容-温度关系经验方程式系数

材料	a	$b\times10^3$	$c\times10^{-5}$	适用温度范围/K
氮化铝	5.47	7.80	—	298～900
刚玉(α-Al$_2$O$_3$)	27.43	3.06	8.47	298～1800
莫来石(3Al$_2$O$_3\cdot$2SiO$_2$)	87.55	14.96	26.68	298～1100
碳化硼	22.99	5.40	10.72	298～1373
氧化铍	8.45	4.00	3.17	298～1200
氧化铋	24.74	8.00	—	298～800
氮化硼(α-BN)	1.82	3.62	—	273～1173
硅灰石(CaSiO$_3$)	26.64	3.60	6.52	298～1450
氧化铬	28.53	2.20	3.74	298～1800
钾长石(K$_2$O$\cdot$Al$_2$O$_3\cdot$6SiO$_2$)	63.83	12.90	17.05	298～1400
氧化镁	10.18	1.74	1.48	298～2100
碳化硅	8.93	3.09	3.07	298～1700
α-石英	11.20	8.20	2.70	298～848
β-石英	14.41	1.94	—	298～2000
石英玻璃	13.38	3.68	3.45	298～2000
碳化钛	11.83	0.80	3.58	298～1800
金红石(TiO$_2$)	17.97	0.28	4.35	298～1800

通过实验还可证明在较高温度下，固体的摩尔热容具有加和性；固体摩尔热容(C_{m})约等于构成该化合物的各元素原子热容总和，即：

$$C_{\mathrm{m}} = \sum n_i C_{\mathrm{m},i} \tag{3.21}$$

式中，n_i 为化合物中元素 i 的原子数；$C_{\mathrm{m},i}$ 为化合物中元素 i 的摩尔热容，J/(mol·K)。

此公式对于计算大多数氧化物和硅酸盐化合物在 573K 以上的摩尔热容都能取得较好的结果。同样，对于多相复合材料的比热容也有相似的计算式：

$$c = \sum g_i c_i \tag{3.22}$$

式中，g_i 为材料中第 i 种组成的质量分数；c_i 为材料中第 i 种组成的比热容，J/(g·K)。

3.2 无机非金属材料的热膨胀

热膨胀现象和作用在我们日常生活中是不难看到的，最明显的例子之一就是温度计测温。此外，钟表计时也要考虑热膨胀，研究热膨胀的目的主要是得到更精确的时钟。因为摆的周期取决于摆的长度，即：

$$\tau = 2\pi\sqrt{\frac{l}{g}} \tag{3.23}$$

式中，τ 为单摆的周期，s；l 为单摆的长度，m；g 为重力加速度，m/s^2。

一般情况下，由黄铜制成的钟摆，当温度变化 10℃时会引起 0.01%的周期变化。通过比较铁、钢、铜、黄铜、锡和铅的热膨胀现象发现，因铁的热膨胀系数较小，故被选为制作钟摆的理想材料。

3.2.1 热膨胀系数

热膨胀是指物体的体积或长度随温度的升高而增大的现象。用热膨胀系数可以描述材料的热膨胀性能。

设材料的初始长度(体积)为 $l_0(V_0)$，温度升高 ΔT 后增加量为 $\Delta l(\Delta V)$，则存在如下关系：

$$\frac{\Delta l}{l_0} = \alpha_l \Delta T \tag{3.24}$$

$$\frac{\Delta V}{V_0} = \alpha_V \Delta T \tag{3.25}$$

式中，α_l 和 α_V 分别称为材料的线膨胀系数和体膨胀系数，K^{-1}。

因此在温度 T 时，材料的长度和体积分别为：

$$l_T = l_0 + \Delta l = l_0\left(1 + \alpha_l \Delta T\right) \tag{3.26}$$

$$V_T = V_0 + \Delta V = V_0\left(1 + \alpha_V \Delta T\right) \tag{3.27}$$

实际上无机非金属材料的 α_l 并不是一个常数，而是随温度的升高而增加，一般数量级约为 $10^{-6} \sim 10^{-5}$/K。

假设物体为立方体材料，则有：

$$V_T = l_T^3 = l_0^3\left(1 + \alpha_l \Delta T\right)^3 = V_0\left(1 + \alpha_l \Delta T\right)^3 \tag{3.28}$$

由于 α_l 值很小，故可以忽略 α_l^2 和 α_l^3 项，则：

$$V_T \approx V_0\left(1 + 3\alpha_l \Delta T\right) \tag{3.29}$$

比较式(3.27)和式(3.29)可得近似关系式：

$$\alpha_V \approx 3\alpha_l \tag{3.30}$$

对于各向异性晶体，若各晶轴方向的线膨胀系数分别为α_a、α_b、α_c，则：

$$V_T = l_{at}l_{bt}l_{ct} = l_{a0}l_{b0}l_{c0}(1+\alpha_a\Delta T)(1+\alpha_b\Delta T)(1+\alpha_c\Delta T) \tag{3.31}$$

同样忽略线膨胀系数二次方以上的项，可得到：

$$V_T \approx V_0\left[1+(\alpha_a+\alpha_b+\alpha_c)\Delta T\right] \tag{3.32}$$

所以：

$$\alpha_V \approx \alpha_a+\alpha_b+\alpha_c \tag{3.33}$$

即体膨胀系数约为各晶轴方向线膨胀系数之和。但由于热膨胀系数实际上并不是一个恒定值，而是随温度变化的，与平均热容一样，热膨胀系数值都是在给定温度范围内的平均值，因此在应用时需注意其适用的温度范围。一般隔热用耐火材料的线膨胀系数通常指 20～1000℃ 范围内 α_l 的平均值。

材料热膨胀系数的精确表达式为：

$$\alpha_l = \frac{\partial l}{l\partial T}, \quad \alpha_V = \frac{\partial V}{V\partial T} \tag{3.34}$$

3.2.2 晶体热膨胀机理

晶体热膨胀的本质可以归结为点阵结构中质点间平均距离随温度升高而增大。

如前所述，利用原子的简谐振动虽然能较好地解释晶体的热容问题，但对热膨胀现象则必须考虑非简谐振动。这是因为对于简谐振动，升高温度只能增大振幅，并不会改变平衡位置，因此质点间平均距离不会因温度升高而改变，从而也就不会产生热膨胀现象。实际上在晶格的热振动过程中，相邻质点间的作用力是非线性的，即作用力与位移并不简单地成正比。

如图 3.4 所示，随着原子间距的增大，原子间的引力和斥力都减小，但减小的快慢不同。在距离为 r_0 时，引力和斥力达到平衡，合力为零，且对应最低的总位能。另外，在热振动过程中，质点在平衡位置两侧时分别受到的力并不对称：当 $r<r_0$ 时曲线的斜率较大，合力变化比较陡峭，此时斥力大于引力，两个原子相互排斥，斥力和斥力能

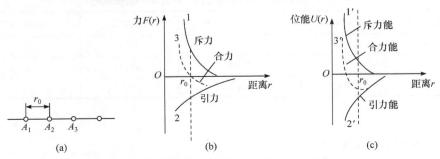

图 3.4 晶体中质点间引力-斥力曲线及相应的位能曲线

增大得快；$r>r_0$ 时斜率较小，合力变化比较缓慢，此时引力大于斥力，两个原子相互吸引，引力和引力能增大得慢。在这样的受力情况下，质点振动时的平衡位置要向右偏移，因此相邻质点间平均距离增加。温度越高，振幅越大，质点在平衡位置两侧受力非对称情况越显著，平衡位置向右移动得越多，相邻质点间的平均距离增加得也越大，以致晶胞参数增大，晶体出现热膨胀现象。

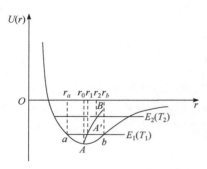

图 3.5　晶体中质点振动非对称性示意图

根据位能曲线的非对称性同样可以做出较具体的解释。如图 3.5 所示，分别做横轴的平行线 E_1、E_2……，这些平行线与横轴间的距离分别代表了在不同温度 T_1、T_2……下质点振动的总能量。当温度为 T_1 时，质点的热振动位置相当于在 r_a 与 r_b 之间变化，相应的总能量则沿弧线 aAb 变化。A 点对应 $r=r_0$，此时位能最小，动能最大。在 $r=r_a$ 和 $r=r_b$ 处，动能为零，位能等于总能量。弧线 aAb 的非对称性使得平衡位置右移至 $r=r_1$ 处。同理，当温度升高到 T_2 时，平衡位置移到了 $r=r_2$ 处。结果表明，平衡位置随温度的升高沿 AB 曲线变化。所以，温度越高，平衡位置偏离 r_0 越远，晶体就越膨胀。

此外，晶体中各种热缺陷的形成也将引起点阵局部畸变和膨胀。随着温度的升高，热缺陷浓度呈指数增加，所以在高温时，这些影响对某些晶体而言不容忽视。

3.2.3　热膨胀与其它性能的关系

(1) 热膨胀与结合能、熔点的关系

晶格点阵中质点热振动的振幅与质点间的结合能有关。温度相同条件下，质点间结合能越大，则质点的振幅就越小，随着温度的升高，其振幅的变化相对较小，故热膨胀系数也较小。

材料的熔点越高，质点间结合能越大，因此材料的热膨胀系数就越小。表 3.3 列出了几种单质材料的结合能、熔点和热膨胀系数。

表 3.3　几种单质材料的结合能、熔点和热膨胀系数

单质材料	$r_0/\text{Å}$	结合能/(kJ/mol)	熔点/℃	$\alpha_l /(\times 10^{-6}\text{K}^{-1})$
金刚石	1.54	712.3	3500	2.5
硅	2.35	364.5	1415	3.5
锡	5.30	301.7	232	5.3

注：$1\text{Å} = 10^{-10}\text{m}$。

(2) 热膨胀与温度、热容的关系

如果将图 3.5 中的纵坐标 $U(r)$ 用温度来代替，则可以得到如图 3.6 所示的 AB 曲

线。考虑到:

$$\alpha_l = \frac{\mathrm{d}l}{l\mathrm{d}T} = \frac{1}{r_0}\frac{\mathrm{d}r}{\mathrm{d}T} = \frac{1}{r_0} \times \tan\theta \qquad (3.35)$$

即曲线 AB 上任一点处的 $\tan\theta$ 与热膨胀系数 α_l 具有相同变化趋势。因此，温度低则 α_l 小，温度高则 α_l 大。图 3.7 给出了几种无机非金属材料的热膨胀系数 α 与温度 T 之间的关系。

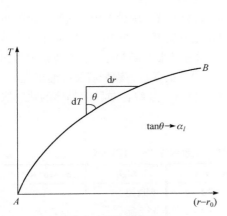

图 3.6　温度-平衡位置变化曲线

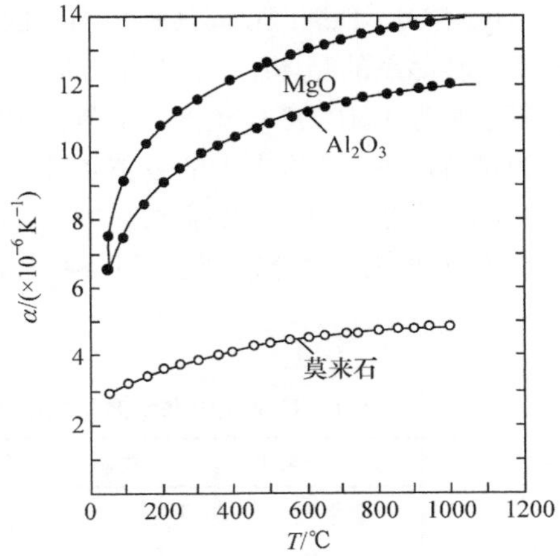

图 3.7　几种无机非金属材料的热膨胀系数-温度关系曲线

此外，晶体受热以后晶格振动加剧会引起体积膨胀，从而使热运动能量增大，升高单位温度时能量的变化量即热容，因此，热膨胀系数显然与热容密切相关并有相似的温度依赖关系。图 3.8 为 Al_2O_3 陶瓷的热膨胀系数和热容随温度的变化关系曲线。可以看出，两条曲线近乎平行且变化趋势相同。其它的物质也有类似的规律。一般情况下，在 0K 时，α 与 C 都趋于零；而在高温时，由于存在显著的热缺陷等原因，C 趋于恒定时，α 仍有连续的增大趋势。

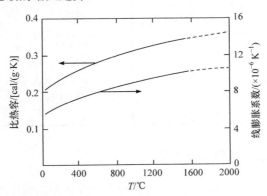

图 3.8　Al_2O_3 的比热容、热膨胀系数与温度的关系曲线
(1cal = 4.1868J)

(3) 热膨胀与结构的关系

具有相同组成、不同结构的物质，其热膨胀系数也有所不同。通常结构紧密的晶体，热膨胀系数较大，反之亦然。结构紧密的多晶二元化合物一般都具有比玻璃大得多的热膨胀系数。例如，多晶石英的热膨胀系数为 $12×10^{-6}K^{-1}$，而石英玻璃的热膨胀系数却只有 $0.5×10^{-6}K^{-1}$，这是由于无定形玻璃的结构比较疏松，内部空隙较多，所以当温度升高时，原子振幅增大，而原子间距离增加时，部分被结构内部的空隙所容纳，使得宏观膨胀量很小。

对于氧离子紧密堆积结构的氧化物，热振动导致热膨胀系数较大。如 MgO、BeO、Al_2O_3、$MgAl_2O_4$、$BeAl_2O_4$ 都具有相当大的热膨胀系数。

在非等轴晶系的晶体中，各晶轴方向的热膨胀系数不等。例如石墨在垂直 c 轴的方向热膨胀系数为 $1×10^{-6}K^{-1}$，而平行 c 轴的方向热膨胀系数可达 $27×10^{-6}K^{-1}$。对于某些各向异性的材料，在一个方向上的 α 值可能为负值，体积膨胀系数极小，甚至 β-锂霞石出现了负的体积膨胀系数。在陶瓷材料中，α 值较低的有堇青石、钡长石及硅酸铝锂等。

表 3.4 和表 3.5 中分别列出了几种无机非金属材料与某些各向异性晶体的热膨胀系数。

表 3.4　几种无机非金属材料的平均线膨胀系数(273～1273K)

材料	$\alpha/(×10^{-6}K^{-1})$	材料	$\alpha/(×10^{-6}K^{-1})$	材料	$\alpha/(×10^{-6}K^{-1})$
Al_2O_3	8.8	TiC	7.4	硬质瓷	6
BeO	9.0	B_4C	4.5	滑石瓷	7～9
MgO	13.5	TiC 金属陶瓷	9.0	镁橄榄石瓷	9～11
莫来石	5.3	石英玻璃	0.5	金红石瓷	7～8
尖晶石	7.6	钠钙硅玻璃	9.0	钛酸钡瓷	10
SiC	4.7	电瓷	3.5～4.0	堇青石瓷	1.1～2.0
ZrO_2	10.0	刚玉瓷	5～5.5	黏土质耐火砖	5.5

表 3.5　某些各向异性晶体的主膨胀系数

晶体	主膨胀系数 $\alpha/(×10^{-6}K^{-1})$		晶体	主膨胀系数 $\alpha/(×10^{-6}K^{-1})$	
	垂直 c 轴	平行 c 轴		垂直 c 轴	平行 c 轴
刚玉(Al_2O_3)	8.3	9.0	方解石($CaCO_3$)	−6	25
Al_2TiO_5	−2.6	11.5	石英(SiO_2)	14	9
莫来石($3Al_2O_3·2SiO_2$)	4.5	5.7	钠长石($NaAlSi_3O_8$)	4	13
金红石(TiO_2)	6.8	8.3	红锌矿(ZnO)	6	5
锆英石($ZrSiO_4$)	3.7	6.2	石墨(C)	1	27

3.2.4　多晶体和复合材料的热膨胀

实际上，无机非金属材料都是多晶体或由几种晶体和玻璃相组成的复合体。各向同性晶体组成的多晶体，其热膨胀系数与单晶体相同。而各向异性的多晶体或复合材料，由于其中各部分的 α 有所不同，则它们在烧成后的冷却过程中将会由于各向异性热膨胀而产生内应力。

设有一复合材料，其各组成相均匀分布且各向同性，但各相的热膨胀系数不同。在温度变化时，由于各相热膨胀不匹配所产生的内应力为：

$$\sigma_i = K(\bar{\alpha}_V - \alpha_i)\Delta T \tag{3.36}$$

式中，σ_i 为第 i 相所受到的内应力，Pa；$\bar{\alpha}_V$ 为复合材料的平均体积膨胀系数，K^{-1}；α_i 为第 i 相的热膨胀系数，K^{-1}；ΔT 为从应力松弛状态算起的温度变化，K；$K = \dfrac{E}{3(1-2\mu)}$（E 是弹性模量，μ 是泊松比），为复合材料的体积模量，Pa。

从宏观上看，复合材料各组成相的内应力之和应为零，即：

$$\sum \sigma_i V_i = \sum K_i (\bar{\alpha}_V - \alpha_i) V_i \Delta T = 0 \tag{3.37}$$

式中，V_i 为第 i 相的体积分数。

设 W_i 为复合材料中第 i 相的质量，kg；W 为复合材料的总质量，kg；$x_i = \dfrac{W_i}{W}$ 为第 i 相所占的质量分数；ρ_i 是第 i 相的密度，kg/m^3；$V = \sum V_i$ 为复合材料的总体积，m^3。则：

$$V_i = \frac{W_i}{\rho_i V} = \frac{Wx_i}{\rho_i V} \tag{3.38}$$

将式(3.38)代入式(3.37)并整理得到：

$$\bar{\alpha}_V = \frac{\sum (\alpha_i K_i x_i / \rho_i)}{\sum (K_i x_i / \rho_i)} \tag{3.39}$$

将 $\bar{\alpha}_V = 3\bar{\alpha}_l$ 与式(3.39)合并，则有：

$$\bar{\alpha}_l = \frac{\sum (\alpha_i K_i x_i / \rho_i)}{3\sum (K_i x_i / \rho_i)} \tag{3.40}$$

式(3.40)一般称为特纳公式。在其推导过程中，假设了微观的内应力都是纯的张应力或压应力，而忽略了交界面上的剪应力作用。但实际材料中的内应力往往复杂得多，需要考虑剪应力的影响。因此，对于两相材料的热膨胀系数与组成相之间会有如下的近似关系：

$$\bar{\alpha}_V = \alpha_1 + V_2(\alpha_2 - \alpha_1) \times \frac{K_1(3K_2 + 4G_1)^2 + (K_2 - K_1)(16G_1^2 + 12G_1 K_2)}{(4G_1 + 3K_2)\left[4V_2 G_1(K_2 - K_1) + 3K_1 K_2 + 4G_1 K_1\right]} \tag{3.41}$$

式中，$G_i(i = 1, 2)$ 为第 i 相的剪切模量。式(3.41)也称为克尔纳公式。

由图 3.9 可以看出，在第二相含量很少或很多的两种情况下，特纳公式和克尔纳公式的计算结果相差不大，且特纳公式的计算值略低；而在两相含量相当的情况下，特纳公式的计算结果明显低于克尔纳公式。实验表明，对于大多数两相材料，第二相含量较少时，两个公式与实验结果之间的偏差并不十分明显。

在复合材料中若存在易发生晶型转变的组分，则会因晶型转变而产生体积不均匀变化，同时导致复合材料热膨胀系数也不均匀变化。图 3.10 为含有方石英的坯体 A 和含有β-石英的坯体 B 的两条热膨胀曲线。坯体 A 在 200℃附近因方石英的晶型转变，热膨胀系数出现不均匀的变化。坯体 B 因在 573℃有β-石英的晶型转变，所以在 500～600℃范围内热膨胀系数变化较大。

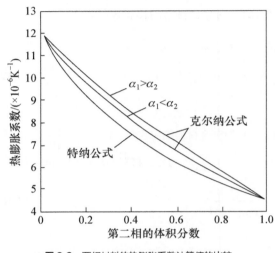

图 3.9　两相材料的热膨胀系数计算值的比较　　图 3.10　含不同晶型石英的两种瓷坯的热膨胀曲线

对于复合材料中的不同相或多晶体中晶粒的不同方向上的热膨胀系数差别很大时，产生的内应力甚至会导致坯体出现微裂纹。通常表现为多晶体或复合材料热膨胀系数测试结果的滞后。例如，由于各向异性热膨胀，多晶氧化钛陶瓷在烧成后的冷却过程中坯体内通常会产生微裂纹，再加热时这些裂纹趋于闭合。因此，在不太高的温度下测得的热膨胀系数很低(反常)，而在高温(1273K 以上)时，由于微裂纹已基本闭合，测得的热膨胀系数与单晶的数值趋于一致。微裂纹对热膨胀系数的影响还表现在石墨材料上，如石墨单晶的热膨胀系数约为 $1 \times 10^{-6}K^{-1}$(垂直 c 轴)和 $27 \times 10^{-6}K^{-1}$(平行 c 轴)，而多晶石墨样品在较低温度下的线膨胀系数却只有$(1\sim3) \times 10^{-6}K^{-1}$。

由热应力诱发的微裂纹可能出现在晶粒内部或在晶界上，但最常见的还是在晶界上。晶界上内应力的大小与晶粒尺寸有关。通常晶界裂纹和热膨胀系数滞后主要发生在大晶粒样品中。

材料中均匀分布的气孔亦可看作是复合材料中的一个相。由于空气体积模数 K 非常小，对于热膨胀系数的影响可以忽略不计。

3.2.5　热膨胀系数与坯釉适应性

陶瓷材料与其它材料复合使用时也要考虑热膨胀系数的影响。例如在电子管生产过程中，陶瓷材料与金属材料的封接是最常见的。为了封接得严密可靠，除了必须考虑陶瓷材料与焊料的结合性能外，还应该使陶瓷和金属的热膨胀系数尽可能接近。但对于一般陶瓷制品，通过实践证明，当选择釉的热膨胀系数适当地小于坯体的热膨胀系数时，制品的强度将得以提高，反之亦然。釉的热膨胀系数比坯体小，则烧成后的制品在冷却过程中，表面釉层的收缩比坯体小，使釉层中存在压应力，而均匀分布的预压应力能明显地提高脆性材料的强度；同时这一压应力也抑制了釉层微裂纹的产生，并阻碍其发展，因而使强度提高。相反地，当釉层的热膨胀系数比坯体大，则在釉层中会形成张应力，对强度不利，且过大的张应力还会使釉层龟裂。同样，釉层的热膨胀系数也不能比坯体小很多，否则会使釉层剥落而造成缺陷。

对于一个无限大的平板状上釉陶瓷样品，其釉层对坯体的厚度比为 j，从应力松弛状态温度 T_0(在釉的软化温度范围内)开始降温，则可按式(3.42)计算釉层和坯体内的应力(通常习惯以正应力表示张应力)：

$$\sigma_{釉} = E\left(T_0 - T\right)\left(\alpha_{釉} - \alpha_{坯}\right)\left(1 - 3j + 6j^2\right) \tag{3.42a}$$

$$\sigma_{坯} = E\left(T_0 - T\right)\left(\alpha_{坯} - \alpha_{釉}\right)\left(1 - 3j + 6j^2\right) \tag{3.42b}$$

式(3.42)用于一般陶瓷材料都可得到较好的结果。

对于圆柱体薄釉样品，则有：

$$\sigma_{釉} = \frac{E}{1-\mu}(T_0 - T)\left(\alpha_{釉} - \alpha_{坯}\right)\frac{A_{坯}}{A} \tag{3.43a}$$

$$\sigma_{坯} = \frac{E}{1-\mu}(T_0 - T)\left(\alpha_{坯} - \alpha_{釉}\right)\frac{A_{釉}}{A_{坯}} \tag{3.43b}$$

式中，$A_{坯}$、$A_{釉}$、A 分别为坯、釉层的横截面积和圆柱体总横截面积，m^2。

陶瓷制品的坯体吸湿会导致体积膨胀而降低釉层中的压应力。此外，某些不够致密的制品，经过长时间吸湿还会使釉层的压应力转化为张应力，甚至造成釉层龟裂，这在某些精陶产品中很常见。

3.3　无机非金属材料的热传导

无机非金属材料在导热性能上差异悬殊，有些是极为优良的绝热材料，有些又是热的良导体，因此无机非金属材料常作为绝热体或导热体使用。

3.3.1 无机非金属材料热传导的宏观规律

热传导是指材料中的热量自动地由热端向冷端传递的现象。热传导的能力通常用热导率来衡量。

实验表明，对于各向同性的物质，在稳定传热状态下存在如下关系：

$$\Delta Q = -\lambda \times \frac{\mathrm{d}T}{\mathrm{d}x} \Delta S \Delta t \tag{3.44}$$

式中，ΔQ 为热量，J；$\frac{\mathrm{d}T}{\mathrm{d}x}$ 为 x 方向上的温度梯度，K/m；ΔS 为材料中垂直于 x 轴方向的截面积，m^2；Δt 为时间，s；λ 为热导率(或导热系数)，W/(m·K)或J/(m·s·K)，其物理意义是单位温度梯度下在单位时间内通过单位垂直面积的热量；负号则表示传热方向与温度梯度方向相反，即：$\frac{\mathrm{d}T}{\mathrm{d}x} < 0$ 时，$\Delta Q > 0$，热量沿 x 轴正方向传递；$\frac{\mathrm{d}T}{\mathrm{d}x} > 0$ 时，$\Delta Q < 0$，热量沿 x 轴负方向传递。

式(3.44)也称为傅里叶定律，它只适用于稳定传热的条件，即在传热过程中材料在 x 方向上各处的温度 T 不变，与时间无关，$\frac{\Delta Q}{\Delta t}$ 为常数。

对于不稳定传热过程，物体内各处的温度随时间而变化，例如一个与外界无热交换、本身又存在温度梯度的物体，随时间推移温度梯度逐渐趋于零的过程，其热端温度不断降低，冷端温度不断升高，最终两端达到一致的平衡温度。该物体内单位面积上温度随时间的变化率为：

$$\frac{\partial T}{\partial t} = \frac{\lambda}{\rho c_p} \times \frac{\partial^2 T}{\partial x^2} \tag{3.45}$$

式中，ρ 为物体的密度，kg/m^3；c_p 为定压比热容，J/(kg·K)。

3.3.2 无机非金属材料热传导的微观机理

众所周知，气体的传热可由自由运动的分子直接碰撞而实现。在固体中，原子只能在其平衡位置附近做微小的振动，所以固体中的热传导主要是由晶格振动的格波和自由电子的运动来实现。金属中可由大量的自由电子的运动而传热，因此金属一般都具有较大的热导率；晶格振动虽然对金属热导率也有贡献，但是也只能起次要作用。在无机非金属晶体(如一般的离子晶体)的晶格中，自由电子非常少，因此晶格振动则是其主要传热机制。

晶格中处于高温态的质点热振动强烈，平均振幅较大，而其邻近质点所处的温度较低，热振动较弱。由于质点间存在相互作用力，热振动较弱的质点在热振动较强质点的影响下，振动加剧，热运动能量增加，由此发生了热量从高温处向低温处的转移和传递。即热量是由晶格振动的格波来传递的。假如系统对周围是热绝缘的，热振动较强的质点受到邻近质点的牵制，振动则会减弱，使整个晶体最终趋于一平衡状态。

已知晶格振动的格波可分为声频支和光频支两类。声频支格波可被看成是一种弹性波，类似于在固体中传播的声波；光频支格波是频率很高(往往在红外光区)的振动波。在导热过程中，温度不太高时主要是声频支格波起作用，高温时主要是光频支格波起作用。下面将分别讨论两类格波对热传导的影响。

(1) 声子和声子热导

根据量子理论，谐振子的能量是不连续的，能量的变化只能取最小能量单元——量子的整数倍。一个量子所具有的能量为 $h\nu$(h 为普朗克常数，ν 为振动频率)。晶格振动中的能量同样也是量子化的，因此把声频支格波的量子称为声子，它所具有的能量也应该是 $h\nu$，通常用 $\hbar\omega$ 来表示，其中 $\omega = 2\pi\nu$ 是格波的角频率。

当把格波的传播看成是质点-声子的运动，则可以把格波与物质的相互作用理解为声子和物质的碰撞，把格波在晶体中传播时遇到的散射看作是声子同晶体中质点的碰撞，把理想晶体中的热阻归结为声子-声子的碰撞。正因为晶体热传导是声子碰撞的结果，气体热传导是气体分子碰撞的结果，二者的热导率也就应该具有相似的数学表达式。

根据气体分子运动理论，理想气体的热传导公式为：

$$\lambda = \frac{1}{3} C_V v l \tag{3.46}$$

式中，C_V 为气体体积热容，J/(m³·K)；v 为气体分子平均速度，m/s；l 为气体分子平均自由程，m。式(3.46)同样适用于晶体材料中的声子碰撞热传导过程。

声频支声子的速度与角频率无关，仅与晶体的密度和弹性力学性能有关：

$$v = \sqrt{\frac{E}{\rho}}$$

式中，E 为弹性模量，Pa；ρ 为密度，kg/m³。但是体积热容 C_V 和自由程 l 都是声子振动频率 ν 的函数，所以晶体热导率的普遍形式可写成：

$$\lambda = \frac{1}{3} \int C_V(\nu) v l(\nu) \mathrm{d}\nu \tag{3.47}$$

如果把晶格热振动看成是严格的线性振动，则晶格上各质点是按各自的频率独立地做简谐振动，即格波间没有相互作用，各种频率的声子间互不干扰，没有声子-声子碰撞，没有能量转移，声子在晶格中畅通无阻，晶体中的热阻也应该为零(仅在到达晶体表面时，受边界效应的影响)。这样，热量就以声子的速度在晶体中传递。然而实际上，在很多晶体中热量传递速度很慢，这是因为晶格热振动并非是线性的，晶格间存在一定的耦合作用，声子间会产生碰撞，使声子的平均自由程减小。格波间相互作用愈强，声子间碰撞的概率就愈大，相应的平均自由程愈小，热导率也就愈低。因此，晶格中热阻的主要来源是声子间碰撞引起的散射。

此外，晶体中的各种缺陷、杂质以及晶粒界面都会引起格波的散射，也等效于声子平均自由程的减小，从而降低热导率。

平均自由程还与声子振动频率有关。振动频率低，波长长的格波容易绕过缺陷，使平均自由程加大，所以当振动频率 ν 为音频时，平均自由程 l 大，散射小，热导率大。

平均自由程还与温度有关。温度升高，声子的振动能量增大，频率加快，碰撞增多，所以平均自由程 l 减小。在高温下，最小的平均自由程等于几个晶格间距；在低温时，最长的平均自由程可以达到晶粒的尺度。

(2) 光子热导

除了声子的热传导外，高温时固体中还有明显的光子热传导。这是因为高温时固体中分子、原子和电子的振动、转动等运动状态的改变会辐射出电磁波，波长在 400～40000nm 间的可见光与部分红外光具有较强的热效应，称为热射线。热射线的传递过程称为热辐射。因其都在光频范围内，所以可以把它们的导热过程看作是光子的热传导过程。

高温时，电磁波的辐射能量与温度的四次方成正比。例如，在温度 T 时单位体积黑体的辐射能 E_T 为：

$$E_{\mathrm{T}} = \frac{4\sigma n^3 T^4}{c} \tag{3.48}$$

式中，$\sigma = 5.67 \times 10^{-8} \mathrm{W/(m^2 \cdot K^4)}$ 为斯蒂芬-玻耳兹曼常数；n 为折射率；$c = 2.998 \times 10^8 \mathrm{m/s}$，为真空中的光速。

由于在热辐射过程中，体积热容相当于提高辐射温度所需的能量，所以：

$$C_V = \frac{\partial E_{\mathrm{T}}}{\partial T} = \frac{16\sigma n^3 T^3}{c} \tag{3.49}$$

同时辐射线在介质中传播的速度 $v_{\mathrm{r}} = c / n$，再结合式(3.49)和式(3.46)，可得到辐射能的热导率 λ_{r}：

$$\lambda_{\mathrm{r}} = \frac{16}{3} \sigma n^2 T^3 l_{\mathrm{r}} \tag{3.50}$$

式中，l_{r} 为辐射线光子的平均自由程，m。

实际上，光子热传导的 C_V 和 l_{r} 也都是频率的函数，所以更普遍的表达式仍是式(3.47)。

对于固体中热辐射可以定性地解释为：任何温度下的物体既能辐射出一定频率的射线，同样也能吸收类似的射线。在热稳定状态(平衡状态)时，任一体积元平均辐射的能量与平均吸收的能量相等。当存在温度梯度时，相邻体积元间温度高的体积元辐射的能量大，吸收的能量小；温度较低的体积元正相反，吸收的能量大于辐射的能量。因此能量发生转移，整个物体中热量从高温处向低温处传递。

λ_{r} 描述了固体中这种辐射能的传递能力，它主要取决于辐射传热过程中光子的平均自由程 l_{r}。对于透明介质(辐射线可以自由透过)，其热阻很小，相应的 l_{r} 较大；对于透明度差的介质(辐射线透过时阻力较大)，l_{r} 很小；对于不透明介质(辐射线不能透过)，$l_{\mathrm{r}} = 0$，辐射传热可以忽略。通常单晶和玻璃对于辐射线是比较透明的，因此在 773～1273K 范围内辐射传热很明显，而大多数烧结陶瓷材料是半透明的或透明度很差，其 l_{r} 要比单晶和玻璃小很多，一些耐火氧化物在 1773K 高温下辐射传热才明显。

另外，光子平均自由程对于频率在可见光和近红外光的光子的吸收和散射也很重要。例如，当温度为几百摄氏度时，吸收系数小的透明材料以光辐射为主；吸收系数大的不透明材料，即使在高温时光子热传导也不重要。在无机非金属材料中，光子的散射使得其 l_r 比玻璃和单晶都小，只在 1773K 以上光子热传导才是主要的。

3.3.3 影响热导率的因素

无机非金属材料中的热传导机制和过程很复杂，对其热导率的定量分析十分困难。下面仅对影响无机非金属材料热导率的一些主要因素进行定性讨论。

(1) 温度的影响

当温度不太高时，无机非金属材料中的热传导主要是声子传导，热导率表达式见式(3.46)。其中声子平均速度 v 通常可看作是常数。但在温度较高时，介质由于结构松弛而产生蠕变，导致其弹性模量迅速下降，v 则随温度增大而减小。如一些多晶氧化物在温度高于 973～1273K 时就会出现这一效应。

声子的体积热容 C_V 在低温下与 T^3 成正比，在超过德拜温度后便趋于一恒定值 $3R$。

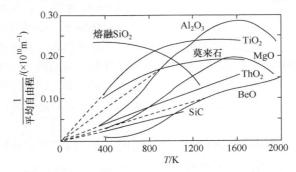

图3.11 几种晶态氧化物及熔融 SiO₂ 的 1/*l*-*T* 关系曲线

声子平均自由程 l 随着温度升高而降低。图 3.11 是几种晶态氧化物及熔融 SiO₂ 的 $1/l$-T 关系曲线。由图可见，Al₂O₃、MgO、BeO 在低于德拜温度条件下，$1/l$ 随温度变化呈强线性关系；TiO₂、MgO、ThO₂ 等在接近和超过德拜温度的一个较宽的温度范围内，$1/l$ 随温度呈线性变化；TiO₂、莫来石在高温时，l 值趋于恒定，与温度无关。图中 Al₂O₃、MgO 在 1600K 以上会出现 $1/l$ 减小的现象，这是由于光子热传导效应使综合的实际平均自由程增大的结果(这在单晶中超过 500K 就可观察到)。

图 3.12 是氧化铝单晶的 λ-T 关系曲线。当温度很低时，声子的平均自由程 l 增大到晶粒大小，已达到上限水平，因此 l 值随温度升高基本上无太大变化；体积热容 C_V 在低温下与 T^3 成正比，因此 λ 也近似与 T^3 成正比，即随着温度的升高，λ 迅速增大。当温度继续升高，l 值减小，C_V 随温度 T 的变化也不再与 T^3 成正比，尤其在 T 大于德拜温度以后，C_V 逐渐趋于一恒定值，因而 l 成了主要影响因素，λ 值随温度升高而迅速减小。这样，在某个低温处(约 40K)，λ 值出现极大值。在更高的温度条件下，由于 C_V 已基本不变，l 值也逐渐趋于下限——晶格间距，所以随温度的变化，λ 值的减小也变

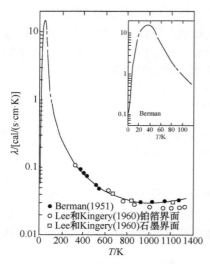

图 3.12 氧化铝单晶的 $\lambda - T$ 关系曲线
(1cal = 4.1868J)

得缓慢了。在达到 1600K 的高温后，λ 值又稍有增大，这是高温时辐射传热带来的影响。

(2) 显微结构的影响

声子热传导与晶格振动的非谐性有关，晶体结构越复杂，晶格振动的非谐性程度越大，格波受到的散射越大。因此，声子平均自由程 l 较小，热导率较低。例如，镁铝尖晶石的热导率比 MgO 和 Al_2O_3 的热导率都低；莫来石具有更复杂的结构，因此热导率比尖晶石更低。

非等轴晶系中，晶体的热导率呈各向异性。如石英、金红石、石墨等都是在热膨胀系数低的方向热导率最大。当温度升高时，晶体中不同方向的热导率趋于一致，这是由于随温度升高晶体的结构总是趋于更高的对称性。

对于同一种物质，多晶体的热导率总是比单晶小，这是因为多晶体中晶粒尺寸小，晶界多，缺陷多，晶界处杂质也多，声子更易受到散射，其平均自由程比单晶体要小很多。几种单晶和多晶体热导率与温度的关系见图 3.13。从图中可以看出，低温时多晶的热导率与单晶的平均热导率一致，但随着温度升高，二者间的差异愈加明显。这说明了晶界、缺陷、杂质等在较高温度时对声子热传导有更大的阻碍作用，同时也表明单晶的光子热传导在升温后具有更明显的效应。

图 3.14 表示了非晶体热导率随温度的变化关系。关于非晶体的热传导机理和规律，下面以玻璃作为一个实例来进行分析。

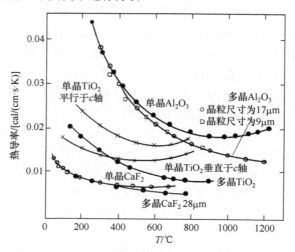

图 3.13 几种单晶和多晶材料的 $\lambda - T$ 关系曲线
(1cal = 4.1868J)

通常玻璃的热导率较小，随温度升高稍有增大。这是因为玻璃具有近程有序、远程无序的结构，可近似地把其看成由直径为几个晶格间距的极细晶粒组成的"晶体"，其声子平均自由程在不同温度下将近似为一常数，即等于几个晶格间距。由式(3.46)可知，在较高温度以下玻璃的热传导主要由热容与温度的关系决定，在较高温度以上则需考虑光子热传导的贡献。

① 在中低温(400~600K)以下，光子热传导的贡献可忽略不计。声子热传导由声子热容随温度变化的规律决定，即随着温度的升高，热容增大，玻璃的热导率也相应地上升，这相当于图3.14中的 OF 段。

② 从中温到较高温度(600~900K)，随着温度的不断升高，声子热容不再增大，逐渐变为常数，因此声子热导率也近似为常数，相应地在热导率曲线上出现了一段几乎与横坐标平行的直线(即图3.14中的 Fg 段)。考虑此时光子热传导对总的热导率的贡献已经开始增大，则表现为图3.14中的 Fg' 段。

③ 在高温(900K)以上，随着温度进一步升高，声子热传导变化不大(相当于图3.14中的 gh 段)。但由于光子的平均自由程明显增大，根据式(3.50)，光子热导率 λ_r 将随 T^3 增大，见图3.14中的 g'h' 段。对于不透明的非晶体材料，由于它的光子热传导很小，将不会出现 g'h' 段。

通过比较晶体和非晶体材料 λ-T 关系曲线(见图3.15)，可见非晶体的热导率(不考虑光子热传导的贡献)在所有温度下都比晶体小，这主要归因于非晶体的声子平均自由程在绝大多数情况下都比晶体小很多。此外，二者的热导率在高温时比较接近，这主要是因为当温度升到 c 点或 g 点时，晶体的声子平均自由程已减小到下限值，与非晶体的声子平均自由程一样，等于几个晶格间距的大小，而晶体与非晶体的声子热容也都趋于恒定值 3R，且光子导热还未有明显的贡献。显然，从图中还可观察到非晶体热导率曲线并没有像晶体热导率曲线那样出现峰值点 m，这也说明非晶体材料的声子平均自由程在几乎所有温度范围内均接近一常数。

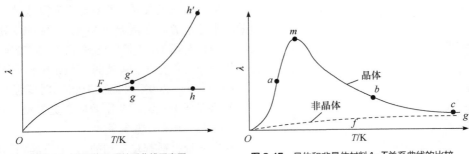

图3.14 非晶体 λ-T 关系曲线示意图　　图3.15 晶体和非晶体材料 λ-T 关系曲线的比较

(3) 化学组成的影响

不同化学组成的晶体，其热导率往往差别很大，这是因为构成晶体的质点的大小、性质以及晶格振动状态不同，从而导致热传导能力也不同。一般情况下，质点的原子质量愈小，密度愈小，弹性模量愈大，德拜温度愈高，则热导率愈大。因此，轻元素的固体或结合能大的固体热导率通常较大。如金刚石的 $\lambda = 1.7 \times 10^{-2} \text{W/(m·K)}$，较重的硅、锗的热导率则分别为 $1.0 \times 10^{-2} \text{W/(m·K)}$ 和 $0.5 \times 10^{-2} \text{W/(m·K)}$。

晶体中存在的各种缺陷和杂质会导致声子的散射，从而降低声子的平均自由程，使热导率变小。固溶体的形成同样也会降低热导率，而且取代元素的质量、大小与基质元素相差愈大，取代后结合力改变愈大，对热导率的影响也就愈大。这种影响在低温时随温度升高而加剧，但当温度高于德拜温度的一半时，则热导率与温度无关。这是因为在极低温度条件下，声子热传导的平均波长远大于点缺陷的线度，所以并不引起散射。随着温度升高，平均波长减小，散射增加，在接近点缺陷线度后散射达到最大值，此后散射效应与温度无关，不再变化。

图 3.16 是 MgO-NiO 固溶体和 Cr_2O_3-Al_2O_3 固溶体在不同温度下 $1/\lambda$ 随组成变化的关系曲线。在取代元素浓度较低时，$1/\lambda$ 与取代元素的体积分数呈直线关系，即杂质的影响显著。图中不同温度下的直线是平行的，说明在较高温度下，杂质效应与温度无关。

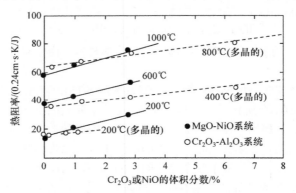

图 3.16 MgO-NiO 及 Cr_2O_3-Al_2O_3 固溶体的 $1/\lambda$-组成关系曲线

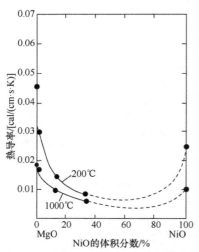

图 3.17 MgO-NiO 固溶体的 λ-组成关系曲线
(1cal = 4.1868J)

图 3.17 表示了不同温度下 MgO-NiO 固溶体热导率与组成的关系。当杂质浓度很低时，杂质效应十分显著。在接近纯 MgO 或纯 NiO 处，杂质含量稍有增加，λ 值便迅速下降。随着杂质含量的增加，该效应不断减弱。从图中还可以看出，杂质效应在 200℃时比在 1000℃时要强。当然，若温度低于室温，杂质效应会更强烈。

(4) 复相陶瓷的热导率

许多陶瓷材料都是复相的，其中有晶相和玻璃相共存，也可能有两个或多个晶相，一般都含有气相。其典型微观结构是分散相均匀地分散在连续相中。若不考虑相界附加的散射作用，则可以推导出复相陶瓷的热导率为：

$$\lambda = \lambda_c \times \frac{1 + 2V_d\left(1 - \dfrac{\lambda_c}{\lambda_d}\right)\Big/\left(\dfrac{2\lambda_c}{\lambda_d} + 1\right)}{1 - V_d\left(1 - \dfrac{\lambda_c}{\lambda_d}\right)\Big/\left(\dfrac{2\lambda_c}{\lambda_d} + 1\right)} \tag{3.51}$$

式中，λ_c、λ_d分别为连续相和分散相物质的热导率，J/(m·s·K)；V_d为分散相的体积分数。

图 3.18 是 MgO-Mg_2SiO_4 系统在不同温度下热导率与组成的关系曲线，图中的粗实线为该系统实测的热导率曲线，细实线则表示由式(3.51)得到的计算值。可以看出，在 MgO 和 Mg_2SiO_4 含量较高的两端，计算值与实验值吻合得很好，这是由于 MgO 含量高于 80%或 Mg_2SiO_4 含量高于 60%时，它们都成为连续相，而在中间组成时，连续相和分散相的区别就不明显了。因此，这种结构上的过渡状态体现在热导率的变化曲线上使其呈 S 形。

对于普通瓷和黏土制品，连续相一般是玻璃相，因此其热导率更接近其中玻璃相的热导率。

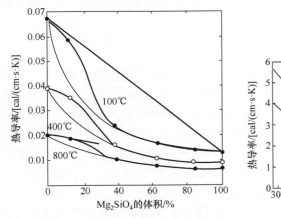

图 3.18　MgO-Mg_2SiO_4 系统 λ-组成关系曲线
(1cal = 4.1868J)

图 3.19　气孔率对氧化铝陶瓷热导率的影响
(1cal = 4.1868J)

(5) 气孔的影响

无机非金属材料中常含有一定量的气孔，气孔对热导率的影响较为复杂。一般当温度不太高(<500K)时，在气孔率不大、气孔尺寸很小且均匀分布的无机非金属材料介质中，气孔也可以看作分散相，材料的热导率仍可按式(3.51)计算。只因与固体相比，气体的热导率很小，可近似看作为零，即 $\lambda_{pore}(=\lambda_d) \approx 0$，$\dfrac{\lambda_c}{\lambda_d} \to \infty$，则可得到：

$$\lambda \approx \lambda_c(1 - V_d) = \lambda_s(1 - P) \tag{3.52}$$

式中，λ_s为固相的热导率，J/(m·s·K)；P为气孔率，%。

在不改变结构状态的情况下，气孔率增大总是使 λ 减小(见图 3.19)。这一规律常被用于保温材料的加工，如多孔泡沫硅酸盐、纤维制品、粉末和空心球状轻质陶瓷制品等都可用于保温。从结构上看，最好是均匀分散的封闭气孔，如果存在大尺寸的孔洞，且有一定贯穿性，则易发生对流传热，在这种情况下则不能单独使用式(3.52)。

对于含有微小气孔的多晶陶瓷，其光子自由程显著减小。因此，大多数无机非金属材料的光子热导率要比单晶和玻璃的小 1～3 个数量级，光子热传导效应只有在温度大于 1773K 时才重要。此外，少量的大气孔对热导率影响较小，而且当气孔尺寸增大时，气孔内气体会因对流而加强传热。当温度升高时，热辐射的作用增强，它与气孔的大小和 T^3 成正比，这一效应在温度较高时，随温度的升高而加剧。这样气孔对热导率的贡献就不可忽略，式(3.52)也就不再适用。

粉末和纤维材料的热导率比烧结材料低很多，这是因为在其内部气孔形成了连续相。材料的热导率在很大程度上受气孔相的热导率所影响，这也是粉末、多孔和纤维类材料具有良好热绝缘性能的原因。

一些具有显著各向异性的材料和热膨胀系数相差较大的多相复合材料中，由于存在大的内应力会形成微裂纹，气孔以扁平微裂纹形式出现并沿晶界扩展，使热流受到严重的阻碍。这样，即使气孔率很小，材料的热导率也明显地降低。因此对于复合材料，实验值比按式(3.52)计算的值要小。

3.3.4 某些无机非金属材料的热导率

由于影响无机非金属材料热导率的因素比较复杂，因此实际材料的热导率一般还需要通过实验测定。图 3.20 所示为实验测得的某些无机非金属材料的热导率，其中石墨和 BeO 具有最高的热导率，低温时接近金属铂；致密稳定的 ZrO_2 是良好的高温耐火材料之一，它的热导率较低；气孔率大的保温砖具有更低的热导率；粉状材料的热导率极低，却具有最好的保温性能。

一般情况下，低温时有较高热导率的材料，随着温度升高热导率会降低，如 Al_2O_3、MgO 和 BeO 等。而低热导率的材料恰好相反，随着温度升高热导率亦升高。根据实验结果，可以整理出经验公式如下：

$$\lambda = \frac{A}{T-125} + 8.5 \times 10^{-36} T^{10} \tag{3.53}$$

式中，T 是热力学温度，K；A 是常数，对于 Al_2O_3、MgO 和 BeO，A 分别为 16.2、18.8 和 55.4。

式(3.53)的适用温度范围为：Al_2O_3 和 MgO 是室温～2073K，BeO 是 1273～2073K。

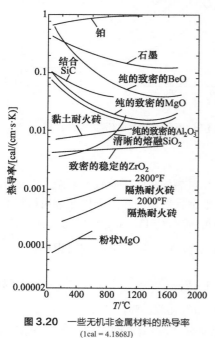

图 3.20 一些无机非金属材料的热导率
(1cal = 4.1868J)

玻璃体的热导率随温度的升高而缓慢增大。当温度高于 773K 时，由于热辐射效应使热导率上升得较快，经验方程式如下：

$$\lambda = cT + d \tag{3.54}$$

式中，c、d 均为常数。

对于某些建筑材料、黏土质耐火砖以及保温砖等，它们的热导率随温度升高呈线性增大，其一般的经验方程式如下：

$$\lambda = \lambda_0 (1 + bT) \tag{3.55}$$

式中，λ_0 为 0℃时材料的热导率，J/(m·s·K)；b 为与材料性质有关的常数；T 为温度，K。

3.4 无机非金属材料的热稳定性

热稳定性又称为抗热震性，是指材料承受温度的急剧变化而不致破坏的能力。由于无机非金属材料在加工和使用过程中，经常会受到环境温度起伏的热冲击，因此热稳定性是无机非金属材料的一个重要性能。

通常无机非金属材料的热稳定性较差，在热冲击下损坏有两种类型：一种是材料发生瞬时断裂，抵抗这类破坏的性能称为抗热冲击断裂性能；另一种是在热冲击循环作用下，材料表面开裂、剥落，并不断发展，以致最终碎裂或变质而损坏，抵抗这类破坏的性能称为抗热冲击损伤性能。

3.4.1 热稳定性的评价方法

不同的应用场合对无机非金属材料热稳定性的要求也不同。例如，日用陶瓷仅要求能承受 200K 左右的热冲击，而火箭喷嘴要求瞬时可承受高达 3000～4000K 的热冲击，同时还要承受高速气流的机械和化学腐蚀作用。目前对于热稳定性虽然有一定的理论解释，但尚不完善，实际上对无机非金属材料或制品的热稳定性评价一般还是采用比较直观的测定方法。例如，日用陶瓷通常是以一定规格的试样，加热到一定温度，然后立即置于室温的流动水中急冷，并逐次提高温度和重复急冷，直至观测到试样发生龟裂，则以产生龟裂的前一次加热温度来表征其热稳定性。对于某些高温陶瓷材料是先将其加热到一定温度再用水急冷，然后测其抗折强度的损失率来评价它的热稳定性。如制品具有较复杂的形状，则在可能的情况下，直接用制品来进行测定，这样就免除了形状和尺寸因素带来的影响。总之，对于无机非金属材料尤其是制品的热稳定性，从理论上得到一些评价热稳定性的因子，对探讨无机非金属材料性能的机理具有一定的意义。

3.4.2 热应力

热应力是指由于温度变化，材料出现热膨胀或收缩而引起的内应力。材料在不受其它外力的作用下，仅因热冲击而造成开裂或断裂损坏，这正是由于材料在温度作用下产生的内应力超过其机械强度极限所致。

假设有一长为 l 的各向同性的均质杆件，当它从温度 T_0 升高到 T' 后，杆件膨胀 Δl。若杆件能自由膨胀，则杆件内不会产生应力；若杆件的两端完全被刚性约束，热膨胀不能实现，则杆件与支撑体之间就会产生很大的应力。显然，杆件所受的抑制力就相当于把样品自由膨胀后的长度 $(l + \Delta l)$ 压缩到 l 时所需要的压力。因此，杆件所承受的压应力正比于材料的弹性模量和相应的弹性应变，则材料中的内应力 σ 可由式(3.56)计算：

$$\sigma = E\left(-\frac{\Delta l}{l}\right) = E\alpha\left(T_0 - T'\right) = E\alpha\Delta T \tag{3.56}$$

式中，E 为弹性模量，Pa；$-\Delta l/l$ 为弹性应变；α 为线膨胀系数，K^{-1}；ΔT 为温差，K。

加热时，$T_0 < T'$，$\sigma < 0$，即材料膨胀时受压应力(负值)；冷却时，$T_0 > T'$，$\sigma > 0$，则材料收缩时受张应力(正值)，这种应力才会使杆件断裂。

复合材料或多相混合材料中各区域具有不同的热膨胀系数，当温度变化时膨胀收缩相互牵制而产生热应力，例如上釉陶瓷制品中坯、釉间产生的应力。另外即使是各向同性的材料，当其中存在温度梯度时也会产生热应力，例如一块玻璃平板从 373K 的沸水中掉入 273K 的冰水浴中，假设表面层在瞬间降到 273K，则表面层趋于 $\alpha\Delta T = 100\alpha$ 的收缩，但此时内层还保持在 373K，并无收缩，显然在表面层就产生了一个张应力，而内层则存在一个相应的压应力，其后由于内层温度不断下降，材料中热应力逐渐减小。如图 3.21 所示，当玻璃平板表面以恒定速率冷却时，温度分布呈抛物线，表面温度 T_s 比平均温度 T_a 低，表面产生张应力 σ_+；中心温度 T_c 比 T_a 高，所以中心是压应力 σ_-。假如材料被加热，则情况恰好相反。

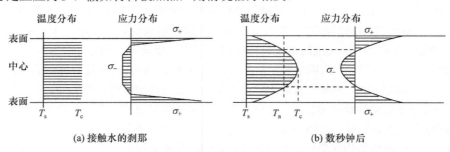

图 3.21　玻璃平板冷却时温度和热应力分布示意图

实际上无机非金属材料在三个方向都会有膨胀或收缩，产生三向热应力且相互影响。如图 3.22 所示，一个无限大的薄板 y 方向厚度较小，其温差可忽略；x 和 z 方向上表面和内部温度存在差异，冷却过程中外表面温度低，内部温度高，由于内部收缩小，x 和 z 方向的收缩被抑制，即 $\varepsilon_x = \varepsilon_z = 0$，因而产生张应力 σ_x 及 σ_z。而 y 方向可以自由胀缩，所以 $\sigma_y = 0$。

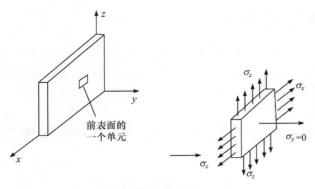

图 3.22 无限大薄板及其热应力图

根据广义胡克定律有：

$$\varepsilon_x = \frac{\sigma_x}{E} - \mu\left(\frac{\sigma_y}{E} + \frac{\sigma_z}{E}\right) - \alpha\Delta T = 0$$

$$\varepsilon_z = \frac{\sigma_z}{E} - \mu\left(\frac{\sigma_x}{E} + \frac{\sigma_y}{E}\right) - \alpha\Delta T = 0$$

$$\varepsilon_y = \frac{\sigma_y}{E} - \mu\left(\frac{\sigma_x}{E} + \frac{\sigma_z}{E}\right) - \alpha\Delta T \tag{3.57}$$

解得 x 和 z 方向的张应力为：

$$\sigma_x = \sigma_z = \frac{\alpha E}{1-\mu}\Delta T \tag{3.58}$$

式中，μ 为泊松比。在时间 $t=0$ 的瞬间，ΔT 最大，因此 $\sigma_x = \sigma_z = \sigma_{max}$。如果此时张应力达到或超过了材料的极限抗拉强度 σ_f，则材料开裂从而破坏。因此材料可承受的最大温差为：

$$\Delta T_{max} = \frac{\sigma_f(1-\mu)}{E\alpha} \tag{3.59}$$

对于其它非平面薄板的材料，则有：

$$\Delta T_{max} = S \times \frac{\sigma_f(1-\mu)}{E\alpha} \tag{3.60}$$

式中，S 为形状因子。薄板试样的 $S = 1/(1-\mu)$；长柱状试样的 $S=2$；管状试样的 $S=1$；球形试样的 $S=3/2$。

式(3.60)可用于计算材料在骤冷时的最大允许温差。由于式中仅包含材料的几个本征性能参数，因而一般形态的无机非金属材料及制品都适用。

3.4.3 抗热冲击断裂性能

材料的抗热冲击断裂性能从热弹性力学的观点出发，以强度-应力为判据，认为：材料中热应力达到抗拉强度极限后，材料就产生开裂，而一旦出现裂纹就会导致材料完全破坏。适用于一般的玻璃、陶瓷和电子陶瓷等。

(1) 第一热应力断裂抵抗因子 R

第一热应力断裂抵抗因子也称为第一热应力因子，是表征材料热稳定性的因子，其定义为：

$$R = \frac{\sigma_f (1-\mu)}{\alpha E} \tag{3.61}$$

式中，R 为第一热应力因子，K；σ_f 为极限抗拉强度，Pa；μ 为泊松比；α 为线膨胀系数，K^{-1}；E 为弹性模量，Pa。

如上所述，当材料中最大热应力值 σ_{max} (一般在表面或中心部位)不超过强度极限 σ_f，材料就不会损坏。显然，R 值越大，ΔT_{max} 值就越大，材料能承受的温度变化也越大，热稳定性就越好。表 3.6 列出了一些无机非金属材料 R 的经验值。

表 3.6 一些无机非金属材料 R 的经验值

材料	σ_f/MPa	μ	α/($\times10^{-6}K^{-1}$)	E/GPa	R/℃
Al_2O_3	345	0.22	7.4	379	96
SiC	414	0.17	3.8	400	226
TZP	1300	0.25	10.0	200	230
反应烧结 Si_3N_4	310	0.24	2.5	172	547
热压烧结 Si_3N_4	690	0.27	3.2	310	500
LAS_4(锂辉石)	138	0.27	1.0	70	1460

由表 3.6 可见，不同方法制备的同种材料的力学性能和热膨胀系数都存在差异，R 受力学性能的影响很大。

然而，实际情况要复杂得多，材料是否会出现热应力断裂，固然与热应力 σ_{max} 密切相关，但还与材料中应力的分布、应力产生的速率和持续时间、材料的特性(如塑性、均匀性、弛豫性等)以及原先存在的裂纹、缺陷等有关。因此，R 只是在一定程度上反映了材料抗热冲击性的优劣，仅与 ΔT_{max} 有一定的关系。

热应力引起的材料断裂破坏，还涉及材料的散热问题，散热使热应力得以缓解。一般有如下规律：

① 材料的热导率λ越大，传热越快，热应力持续一定时间后很快缓解，有利于热稳定；

② 传热途径(通道)短，即材料或制品很薄，则很容易达到表里温度均匀；

③ 材料表面散热速率越大(如吹风)，则材料内外温差越大，热应力也越大，越不

利于热稳定性。

定义材料表面温度比周围环境温度高 1K 时，在单位表面积单位时间带走的热量为表面传热系数 h，则 h 增大会增大表面和内部的温差，使热稳定性降低。如在工业生产中，陶瓷窑在烧制过程中意外进风易使降温的制品炸裂。

综合考虑材料的厚度、热导率、表面传热状态对热应力的影响，毕渥(Biot)数 Bi 定义为：

$$Bi = \frac{hr_m}{\lambda} \tag{3.62}$$

式中，h 为表面传热系数，$W/(m^2 \cdot K)$；r_m 为材料的半厚，m；λ 为热导率，$W/(m \cdot K)$。Bi 无单位，是一个程度系数。显然，Bi 大对热稳定不利，$Bi \geq 20$ 近乎骤冷。h 的实测值见表 3.7 所示。

表 3.7　h 实测值

条件		$h/[W/(m^2 \cdot K)]$	条件		$h/[W/(m^2 \cdot K)]$
空气流过圆柱体	流速 287kg/(s·m²)	1090	空气流过圆柱体	从 1000℃向 0℃辐射	147
	流速 120kg/(s·m²)	500		从 500℃向 0℃辐射	40
	流速 12kg/(s·m²)	113		水淬	4000～41000
	流速 0.12kg/(s·m²)	11		喷气涡轮机叶片	210～800

在无机非金属材料的实际应用中，并不会像理想骤冷那样瞬时产生最大应力 σ_{max}，而是由于散热等因素，使 σ_{max} 滞后发生，且数值也大为折减。定义无因次表面应力 σ^* 为：

$$\sigma^* = \frac{\sigma}{\sigma_{max}} \tag{3.63}$$

式中，σ 为折减后的实际应力，Pa；σ_{max} 为理想最大应力，Pa。

σ^* 随时间的变化规律如图 3.23。由图可见，不同 Bi 值下最大应力的折减程度也不一样，Bi 越小折减越多，即可能达到的实际最大应力要小得多，且随 Bi 值的减小，实际最大应力的滞后也越严重。Bi 不同，相应的无因次表面应力的峰值 $\left(\sigma^*\right)_{max}$ 也不同，二者之间存在一些经验关系：

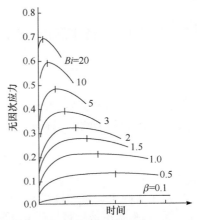

图 3.23　具有不同 Bi 的无限平板的无因次表面应力-时间变化关系曲线

Bi 处于 5～20 之间时

$$\frac{1}{\left(\sigma^*\right)_{max}} = 1.0 + \frac{3.25}{Bi^{2/3}} \tag{3.64a}$$

$Bi < 5$ 时
$$\frac{1}{\left(\sigma^*\right)_{\max}} = 1.5 + \frac{3.25}{Bi} \tag{3.64b}$$

$Bi \ll 1$ 时
$$\frac{1}{\left(\sigma^*\right)_{\max}} = \frac{3.25}{Bi} \tag{3.64c}$$

即
$$\left(\sigma^*\right)_{\max} = 0.31 Bi \tag{3.65}$$

通常在对流和辐射传热条件下，观察到的表面传热系数较低时的情况与式(3.65)所描述的情况相同。

由图 3.23 还可以看出，骤冷时的最大温差只适用于 $Bi \geqslant 20$ 的情况。例如水淬玻璃的 $\lambda=0.017\text{J}/(\text{cm} \cdot \text{s} \cdot \text{K})$，$h=1.67\text{J}/(\text{cm}^2 \cdot \text{s} \cdot \text{K})$，根据 $Bi \geqslant 20$，计算可得 $r_{\text{m}} > 0.2\text{cm}$，此时可使用式(3.59)进行计算材料在骤冷时的最大允许温差。因此当玻璃厚度小于 4mm 时，最大热应力则会下降，这正是薄玻璃杯不易因冲开水而炸裂的根本原因。

(2) 第二热应力断裂抵抗因子 R'

在实际 $Bi \ll 1$ 时，将式(3.59)、式(3.62)与式(3.65)合并，可得：

$$\left(\sigma^*\right)_{\max} = \frac{\sigma_{\text{f}}}{\dfrac{E\alpha}{1-\mu}\Delta T_{\max}} = 0.31\frac{r_{\text{m}}h}{\lambda} \tag{3.66}$$

$$\Delta T_{\max} = \frac{\lambda\sigma_{\text{f}}\left(1-\mu\right)}{E\alpha} \times \frac{1}{0.31r_{\text{m}}h} \tag{3.67}$$

第二热应力断裂抵抗因子也称为第二热应力因子，其定义为：

$$R' = \frac{\lambda\sigma_{\text{f}}\left(1-\mu\right)}{E\alpha} \tag{3.68}$$

式中，R' 的单位为 $\text{J}/(\text{cm} \cdot \text{s})$。

考虑形状的影响，则有：

$$\Delta T_{\max} = R'S \times \frac{1}{0.31r_{\text{m}}h} \tag{3.69}$$

对于无限平板状的材料 $S = 1$；而其它形状的材料，应乘以前面给出的 S 值。

图 3.24 表示某些材料在 673K(其中 Al$_2$O$_3$ 分别按 373K 及 1273K 计算)时 $\Delta T_{\max} - r_{\text{m}}h$ 的计算曲线。由图可知，一般材料在 $r_{\text{m}}h$ 值较小时，$\Delta T_{\max}$ 与 $r_{\text{m}}h$ 成反比；当 $r_{\text{m}}h$ 值较大时，$\Delta T_{\max}$ 趋于恒定。值得一提的是，图中几种材料的曲线是交叉的，尤其以 BeO 最突出，在 $r_{\text{m}}h$ 很小时具有很大的 $\Delta T_{\max}$，说明其热稳定性很好，仅次于石英玻璃和 TiC 金属陶瓷；而当 $r_{\text{m}}h$ 很大时(如 $r_{\text{m}}h > 1$)，热稳定性就很差，仅优于 MgO。因此，不能简单地排列出各种材料抗热冲击断裂性能的顺序。

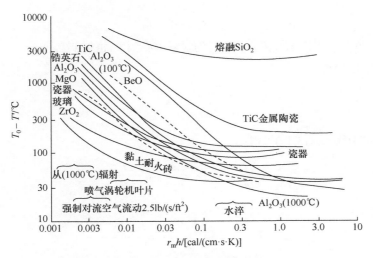

图 3.24 不同传热条件下材料淬冷断裂的最大温差

(1ft² = 0.0929m²；1lb = 0.45359kg；1cal = 4.1868J)

(3) 冷却速率引起材料中的温度梯度及热应力

图 3.25 表示了厚度为 $2r_m$ 的无限平板在降温过程中，内外温度的变化。其温度分布呈抛物线形状，即：

$$T_c - T = kx^2 \qquad (3.70)$$

式中，T_c 为材料中心温度，K；k 为与材料有关的系数。所以：

$$-\frac{\mathrm{d}T}{\mathrm{d}x} = 2kx \qquad (3.71)$$

$$-\frac{\mathrm{d}^2T}{\mathrm{d}x^2} = 2k \qquad (3.72)$$

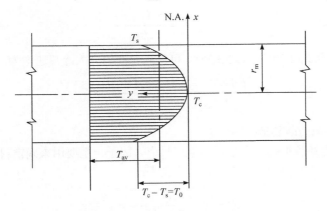

图 3.25 无限平板剖面上的温度分布图

在无限平板的表面，$x = r_m$，所以有：

$$T_c - T_s = kr_m^2 = T_0 \tag{3.73}$$

式中，T_s 为材料表面温度，K；T_0 为材料中心到表面的温差，K。

代入式(3.72)得：

$$-\frac{d^2 T}{dx^2} = 2 \times \frac{T_0}{r_m^2} \tag{3.74}$$

将式(3.74)代入式(3.45)可得：

$$\frac{\partial T}{\partial t} = \frac{\lambda}{\rho c_p} \times \frac{-2T_0}{r_m^2} = a \frac{-2T_0}{r_m^2} \tag{3.75}$$

$$T_0 = T_c - T_s = \frac{\dfrac{\partial T}{\partial t} r_m^2 \times 0.5}{\dfrac{\lambda}{\rho c_p}} = \frac{\dfrac{\partial T}{\partial t} r_m^2 \times 0.5}{a} \tag{3.76}$$

式中，$a = \dfrac{\lambda}{\rho c_p}$，称为导温系数或热扩散率，m²/s，表征材料在温度变化时，内部各部分温度趋于均匀的能力。a 越大，材料内的温差越小，产生的热应力越小，越有利于热稳定。对于其它形状的材料，该式也是适用的，只是系数不是 0.5。

表面温度 T_s 低于中心温度 T_c 会引起表面张应力，其大小正比于表面温度与平均温度 T_{av} 之差。如图 3.25 所示，温度分布有如下关系：

$$T_{av} - T_s = \frac{2}{3}(T_c - T_s) = \frac{2}{3}T_0 \tag{3.77}$$

如果认为在平均温度面上应力为零，该面以外受张应力，该面以内受压应力，则由式(3.59)可知，当达到断裂的临界温差时，有：

$$T_{av} - T_s = \frac{\sigma_f (1 - \mu)}{E\alpha} \tag{3.78}$$

将式(3.77)和式(3.78)代入式(3.75)，可得到允许的最大冷却速率为：

$$-\left(\frac{dT}{dt}\right)_{max} = \frac{\lambda}{\rho c_p} \times \frac{\sigma_f (1 - \mu)}{E\alpha} \times \frac{3}{r_m^2} \tag{3.79}$$

(4) 第三热应力断裂抵抗因子 R''

第三热应力断裂抵抗因子也称为第三热应力因子，主要用来确定材料可承受的最大冷却速度，属于材料的自身性质，其定义为：

$$R'' = \frac{\sigma_f (1 - \mu)}{\alpha E} \times \frac{\lambda}{\rho c_p} = \frac{R'}{\rho c_p} \tag{3.80}$$

所以，式(3.79)就具有下列的形式：

$$-\left(\frac{dT}{dt}\right)_{\max}=R''\times\frac{3}{r_{\mathrm{m}}^{2}} \tag{3.81}$$

这是材料所能承受的最大冷却速率。陶瓷烧结后的冷却速率超过这一临界值就会炸裂。通过计算可得到 ZrO_2 的 $R''=0.4\times10^{-4}\mathrm{m}^2\cdot\mathrm{K/s}$，当平板厚为 10cm 时，能承受的冷却速率为 0.0483K/s(172K/h)。

3.4.4 抗热冲击损伤性能

材料的抗热冲击损伤性能从断裂力学观点出发，以应变能-断裂能为判据，认为：热应力导致的储存于材料中的应变能释放足以满足裂纹成核和扩展生成新表面所需的能量时，裂纹就形成和扩展，直至破坏。适用于含有微孔的材料(如黏土质耐火制品等)和非均质的金属陶瓷等。

研究发现，以热冲击损伤为主的材料在热冲击作用下产生裂纹时，即使裂纹是从表面开始，在裂纹的瞬时扩张过程中也可能被微孔、晶界或金属相所阻止，而不致引起材料的完全破坏。例如，一些窑炉用的耐火砖中含有 10%～20%气孔率时反而具有最好的抗热冲击损伤性能，而气孔的存在会降低材料的强度和热导率，使 R 和 R' 值都减小，这一现象则无法用应变能-断裂能理论加以解释。

按照断裂力学的观点，对于材料的损坏，不仅要考虑材料中裂纹的产生情况(包括材料中已存在的裂纹情况)，还要考虑在应力作用下裂纹的扩展和蔓延。如果裂纹的扩展、蔓延能抑制在一个很小的范围内，也可能不至于使材料完全破坏。

通常在实际材料中都存在一定大小、数量的固有微裂纹，在热冲击作用下，这些裂纹扩展以及蔓延的程度与材料中储存的弹性应变能和裂纹扩展的断裂表面能有关。当材料中储存的弹性应变能较小，则固有裂纹的扩展可能性就小；当裂纹蔓延时的断裂表面能大，则裂纹的蔓延程度就小，材料的热稳定性就好。因此抗热冲击损伤性正比于断裂表面能，反比于弹性应变能释放率。基于此，提出了两个抗热应力损伤因子 R''' 和 R''''，分别定义为：

$$R'''=\frac{E}{\sigma^2(1-\mu)} \tag{3.82}$$

$$R''''=\frac{2E\gamma}{\sigma^2(1-\mu)} \tag{3.83}$$

式中，E 为弹性模量，Pa；σ 为强度，Pa；μ 为泊松比；γ 为断裂表面能，J；2 表示形成两个断裂表面。R''' 实际上是材料的弹性应变能释放率的倒数，可用来比较具有相同断裂表面能的材料；R'''' 可用来比较具有不同断裂表面能的材料。

R''' 或 R'''' 值高的材料抗热冲击损伤性能好。根据 R''' 或 R'''' 的定义可知，热稳定性好的材料应该具有低的 σ 和高的 E，这与由 R 和 R' 的定义得出的结论正好相反。原因是二者的判据不同。抗热冲击损伤性研究认为在强度高的材料中，固有裂纹在热应力作用下容易扩展蔓延，对热稳定性不利，尤其在一些晶粒较大的样品中经常会遇到这类情况。

为了描述材料抵抗裂纹扩展的能力，海塞曼(D. P. H. Hasselman)提出了一个热应力裂纹安定性因子 R_{st}，其定义为：

$$R_{st} = \left(\frac{\lambda^2 G}{\alpha^2 E_0} \right)^{\frac{1}{2}} \tag{3.84}$$

式中，λ 为热导率，J/(m•s•K)；G 为弹性应变能释放率，Pa；α 为线膨胀系数，K^{-1}；E_0 为材料无裂纹时的弹性模量，Pa。

显然，R_{st} 大，裂纹不易扩展，热稳定性好。这实际上与 R 和 R' 的考虑是一致的。

图 3.26 为理论上预期的裂纹长度以及材料强度随 ΔT 的变化关系曲线。假设材料中原有裂纹的长度为 l_0，相应材料强度为 σ_0，ΔT_c 为临界温差，则当 $\Delta T < \Delta T_c$ 时，裂纹是稳定的；当 $\Delta T = \Delta T_c$ 时，裂纹迅速地从 l_0 扩展到最终裂纹长度 l_f，相应地 σ_0 迅速降到 σ_f。由于 l_f 对 ΔT_c 是亚临界的，只有 ΔT 增长到一新值 $\Delta T_c'$ 后，裂纹才准静态地、连续地扩展。因此，在 $\Delta T_c < \Delta T < \Delta T_c'$ 区间，裂纹长度无变化，相应地强度也不变。当 $\Delta T > \Delta T_c'$ 时，强度出现连续地降低。这一结论已被很多实验所证实。例如，图 3.27 所示为将直径 5mm 的氧化铝杆加热到不同温度时投入水中急冷后，在室温下测得的强度曲线，可以看出其与图 3.26 所示的理论预期结果是符合的。

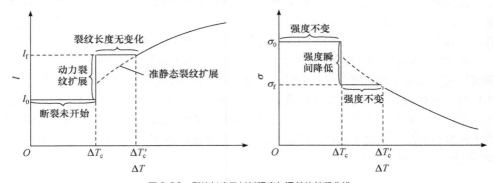

图 3.26 裂纹长度及材料强度与温差的关系曲线

然而，要精确地测定材料中微小裂纹及其分布和裂纹扩展过程，目前在技术上还存在不少困难，因此还不能对 Hasselman 的理论做出直接的验证。此外，由于材料中原有裂纹的尺寸不固定，影响热稳定性的因素又是多方面的，包括热冲击的方式、条件和材料中热应力的分布等，加之材料的一些物理性能在不同条件下会有变化，因此，该理论还有待进一步发展。

3.4.5 提高抗热冲击断裂性能的措施

提高无机非金属材料抗热冲击断裂性能的措施，主要是根据三个热应力断裂抵抗因子所涉及的各个性能参数对热稳定性的影响。现分述如下。

① 提高材料强度 σ_f，减小弹性模量 E，使 σ_f / E 提高。即提高材料的柔韧性，使

其在热冲击过程中能吸收较多的弹性应变能而不致开裂，从而提高材料的热稳定性。大多数无机非金属材料的σ_f较高，但E也很大，普通玻璃更是如此。另一方面，金属材料的σ_f大而E小，因此金属材料的抗热冲击断裂性能一般都优于无机非金属材料。此外，对于同一种材料，如果晶粒比较细，晶界缺陷小，气孔少且分散均匀，则往往强度高，抗热冲击断裂性好。

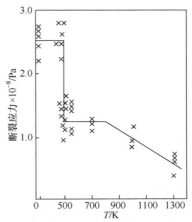

图3.27 不同温度的氧化铝杆在水中急冷后的强度

② 提高材料的热导率λ，使R'提高。λ大的材料导热快，因此在热冲击过程中，材料表面与内部之间的温差能够较快地得到缓解，达到平衡，从而减少短时期热应力的聚集。金属的λ一般较大，所以其热稳定性比无机非金属材料好。在无机非金属材料中只有 BeO 瓷可以和金属相媲美。

③ 减小材料的热膨胀系数α。在同样的温差条件下，α小的材料产生的热应力小。例如石英玻璃的σ_f较低，仅为 100MPa 左右，其σ_f / E比陶瓷稍高一些，但α很小，只有$0.5 \times 10^{-6} K^{-1}$，比一般陶瓷低一个数量级，所以第一热应力因子$R$高达 3000，其$R$在陶瓷类材料中也是较高的，故石英玻璃的热稳定性好。又如Al_2O_3的$\alpha = 8.4 \times 10^{-6} K^{-1}$，$Si_3N_4$的$\alpha = 2.75 \times 10^{-6} K^{-1}$，虽然二者的$\sigma_f$与$E$都相差不大，但后者的热稳定性却明显优于前者。

④ 减小材料表面传热系数h。周围环境的散热条件对降低材料的表面散热速率至关重要。例如在制品烧成冷却工艺阶段，维持一定的窑炉内部降温速率、制品表面不吹风、保持缓慢地散热降温等都是提高产品质量及成品率的重要措施。

⑤ 减小产品的有效厚度r_m。

3.4.6 提高抗热冲击损伤性能的措施

对于多孔、粗粒、干压和部分烧结的制品，则需要从抗热冲击损伤性能角度加以考虑。如具有较多表面孔隙的耐火砖类材料，其热稳定性较差，主要表现为在循环热冲击过程中表面层剥落，这是由表面裂纹或微裂纹的扩展导致的。根据R'''或R''''因子的定义，要提高耐火砖的热稳定性，避免原有裂纹的长程扩展而引起深度损伤，应尽可能减小材料的弹性应变能释放率G，即要求材料具有高的E及低的σ_f，使材料在胀缩时，所储存的弹性应变能小；另一方面，要选择断裂表面能γ大的材料，若一旦开裂就会吸收较多的能量使裂纹很快止裂。

研究表明，微裂纹(例如晶粒间相互收缩引起的晶间裂纹)对抵抗热冲击损伤有显著的作用。由表面撞击引起的比较尖锐的初始裂纹，在不太大的热应力作用下就会导致破坏。而Al_2O_3-TiO_2陶瓷内晶粒间的收缩孔隙可使初始裂纹变钝，从而阻止裂纹扩展，大大地降低热冲击损伤。利用各向异性热膨胀，有意引入裂纹，也是避免灾难性热冲击破坏的一个有效途径。

第**4**章
无机非金属材料的电导

对于无机非金属材料(简称无机材料)而言，电学性能的差异决定了材料的应用领域。根据无机材料不同的电学性能，可以将其制成导体材料，电阻和电热材料，热电、压电和光电材料，半导体材料和绝缘材料等。半导体材料已作为电子元件被广泛用于电子领域，成为现代电子学的一个重要部分。各种半导体敏感材料，如压敏材料、热敏材料、光敏材料、气敏材料、快离子导电材料等是制作各类传感器的重要材料之一，由于它们与信息等高新技术的发展密切相关，因而获得了迅猛发展，成为无机功能材料的一个重要分支。

4.1 电导的基本性能

4.1.1 电阻率和电导率

当材料两端施加电压 U 时，材料中有电流 I 流过，这种现象称为电导。电流 I 值可由欧姆定律(图 4.1)得出：

$$I = \frac{U}{R} \tag{4.1}$$

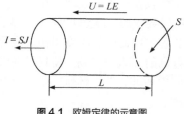

图 4.1 欧姆定律的示意图

式中，U 的单位为 V；I 的单位为 A；则 R 的单位为 Ω。R 为材料的电阻，其值不仅与材料的性质有关，还与试验材料的长度 L 及横截面积 S 有关，因此不能根据材料电阻的数值大小直接衡量材料的导电性。在实际应用中，常常采用电阻率和电导率作为某一材料导电性的基本参数。

以柱状导体为例，导体的电阻 R 与导体的长度 L 成正比，与横截面积 S 成反比，即：

$$R = \rho \frac{L}{S} \tag{4.2}$$

式中，ρ 称为电阻率，Ω·m 或 Ω·cm。电阻率在数值上等于单位长度和单位面积上导电体的电阻，可写成：

$$\rho = R\frac{S}{L} \tag{4.3}$$

在研究材料的导电性时，还常用电导率 σ 这一物理量，它等于电阻率的倒数，即：

$$\sigma = \frac{1}{\rho} \tag{4.4}$$

电导率的单位为(S/m)，也可以用$(\Omega \cdot m)^{-1}$或$(\Omega \cdot cm)^{-1}$表示。式(4.3)和式(4.4)表明，ρ愈小，σ愈大，材料的导电性就愈好。

4.1.2 欧姆定律的微分表达式

对于形状规则的均匀导体而言，欧姆定律[式(4.1)]能够说明导体内部各处电流的分布情况，即电流是均匀的，电流密度处处相等，且电场强度处处相同，则电流密度 J 和电场强度 E 分别表示为：

$$J = \frac{I}{S} \tag{4.5}$$

$$E = \frac{U}{L} \tag{4.6}$$

而在实际应用中，导体内部并非是绝对均匀的，常遇到电流分布不均匀的情况，即流过不同截面的电流强度 I 不一定相同，因此可以采用欧姆定律的微分表达式描述实际导体中电流密度和电场强度之间的关系。

将式(4.5)和式(4.6)代入式(4.1)中，则：

$$SJ = \frac{LE}{R} \tag{4.7}$$

则电流密度 J：

$$J = \frac{L}{SR}E = \frac{1}{\rho}E = \sigma E \tag{4.8}$$

因此电场强度 E 与电流密度 J 为线性关系，即：

$$J = \sigma E \tag{4.9}$$

这就是欧姆定律的微分表达式，适应于一切导体，包括非均匀导体。微分表达式说明导体中任何一点的电流密度正比于该点的电场强度，比例系数为电导率 σ。电导率只取决于材料的性质，不同种类的材料其电导率相差很大。表 4.1 列出了几种典型材料的电阻率数值。

表 4.1　在室温下几种典型材料的电阻率

导电材料	电阻率/(Ω·cm)	半导体材料	电阻率/(Ω·cm)	绝缘材料	电阻率/(Ω·cm)
铜	1.7×10^{-6}	致密碳化硅	10	SiO_2 玻璃	$>10^{14}$
铁	10×10^{-6}	碳化硼	0.5	滑石瓷	$>10^{14}$
钼	5.2×10^{-6}	纯锗	40	黏土耐火砖	10^{8}
钨	5.5×10^{-6}	Fe_3O_4	10^{-2}	低压瓷	$10^{12}\sim10^{14}$

4.1.3　体积电阻和体积电阻率

对于大多数无机材料而言，由材料表面传导的电流与内部传导的电流并不相同，这与金属材料不同。可以由图 4.2 对材料的传导电流进行说明。

图 4.2(b)中的电流由两部分组成，即：

$$I = I_V + I_s \tag{4.10}$$

式中，I_V 为体积电流；I_s 为表面电流。因而定义体积电阻 R_V 和表面电阻 R_s：

$$R_V = U / I_V \tag{4.11}$$

$$R_s = U / I_s \tag{4.12}$$

将式(4.11)和式(4.12)代入式(4.10)可得：

$$\frac{1}{R} = \frac{1}{R_V} + \frac{1}{R_s} \tag{4.13}$$

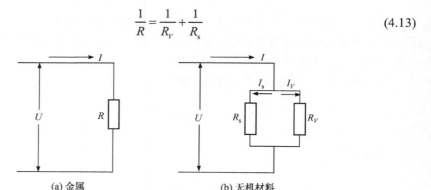

(a) 金属　　　　　　　　(b) 无机材料

图 4.2　材料的表面电流和体积电流

该式表示了总绝缘电阻、体积电阻和表面电阻之间的关系。由于表面电阻与样品的表面环境有关，而体积电阻与材料性质及样品几何尺寸有关，因此只有体积电阻才能反映材料的导电能力。

对于板状试样，体积电阻和体积电阻率的关系为：

$$R_V = \rho_V \times \frac{h}{S} \tag{4.14}$$

式中，R_V 为体积电阻，Ω；h 为板状样品厚度，cm；S 为板状样品的电极面积，cm^2；ρ_V 为体积电阻率，$\Omega \cdot cm$，是描述材料电阻性能的参数，只与材料的性质有关。

管状试样(图4.3)的体积电阻可由下列微分形式求得：

$$dR_V = \rho_V \times \frac{dx}{2\pi xl} \tag{4.15}$$

$$R_V = \int_{r_1}^{r_2} \frac{\rho_V}{2\pi l} \times \frac{dx}{x} = \frac{\rho_V}{2\pi l} \ln \frac{r_2}{r_1} \tag{4.16}$$

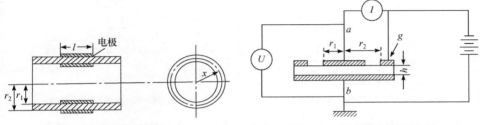

图4.3 管状试样   图4.4 圆片试样体积电阻率的测量

对于圆片试样(图4.4)，两环形电极 a、g 间为等电位，其表面电阻可以忽略。设主电极 a 的有效面积为 S，则：

$$S = \pi r_1^2 \tag{4.17}$$

体积电阻：

$$R_V = \frac{U}{I} = \rho_V \times \frac{h}{S} = \rho_V \times \frac{h}{\pi r_1^2} \tag{4.18}$$

由此可得体积电阻率为

$$\rho_V = \frac{\pi r_1^2}{h} \times \frac{U}{I} = \frac{\pi r_1^2}{h} \times R_V \tag{4.19}$$

如果要得到更精确的测定结果，可以采用下面的经验公式：

$$S = \frac{\pi}{4}(r_1 + r_2)^2 \tag{4.20}$$

$$R_V = \rho_V \times \frac{4h}{\pi(r_1 + r_2)^2} \tag{4.21}$$

$$\rho_V = \frac{\pi(r_1 + r_2)^2}{4h} \times \frac{U}{I} = \frac{\pi(r_1 + r_2)^2}{4h} \times R_V \tag{4.22}$$

4.1.4 表面电阻和表面电阻率

在试样表面放置两块长条电极，如图4.5，两电极间的表面电阻 R_s 由式(4.23)计算：

$$R_s = \rho_s \times \frac{l}{b} \tag{4.23}$$

式中，l 为电极间的距离，cm；b 为电极的长度，cm；ρ_s 为样品的表面电阻率。R_s 和 ρ_s 的单位相同，均为欧姆(Ω)。

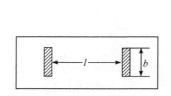

图 4.5　板状试样表面电阻率的测量　　　　　　图 4.6　圆片试样表面电阻率的测量

对于圆片试样(图4.6)，则电极间的表面电阻 R_s 可由下列微分形式求得：

$$dR_s = \rho_s \frac{dx}{2\pi x} \tag{4.24}$$

$$R_s = \int_{r_1}^{r_2} \rho_s \times \frac{dx}{2\pi x} = \rho_s \times \frac{\ln\dfrac{r_2}{r_1}}{2\pi} \tag{4.25}$$

表面电阻率 ρ_s 不能反映材料的性质，其数值由样品的表面状态决定，可由实验测得。

4.1.5 电导的物理特性

4.1.5.1 载流子

材料内部只要有电荷的迁移就意味着有带电粒子的定向运动，这些带电粒子称为"载流子"。载流子可以是电子、空穴，也可以是离子、离子空位。材料所具有的载流子种类不同，其导电性能也有较大的差异，金属与合金的载流子为电子，半导体的载流子为电子和空穴，离子类导电的载流子为离子、离子空位。对于混合型导体，其载流子电子和离子兼而有之。

根据载流子的种类可以把电导分为电子电导和离子电导：载流子为电子的电导称为电子电导，载流子为离子的电导称为离子电导。电子电导和离子电导具有不同的物理效应，由此可以确定材料的电导性质。

(1) 霍尔效应

电子电导的特征是具有霍尔效应。如图 4.7，载有电流密度 J_x 的导体处在一个与电流方向正交的磁场 B_z 中，导体中的电子在电场 E_x 作用下做漂移运动，因受正交磁

场 B_z 的洛伦兹力作用而向 y 方向发生偏转，在导体两侧面上形成电荷积累，产生一个与电流方向 J_x 及磁场方向 B_z 都正交的横向电场 E_y，此横向电场使导体内产生一个横向的电势差 V_y，这一现象称为霍尔效应(Hall effect)。所产生的电场：

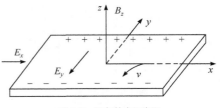

图 4.7 霍尔效应示意图

$$E_y = R_H J_x H_z \qquad (4.26)$$

这一现象说明导体中存在一个横向电场，其电场强度 E_y 与电流密度 J_x 及磁场强度 H_z 之积成正比，比例系数 R_H 为一个仅由电子浓度决定的常数，称为霍尔系数，其定义为：

$$R_H = \pm \frac{1}{ne} \qquad (4.27)$$

式中，n 为载流子浓度。式(4.27)中正负号与载流子带电符号相一致，即如果载流子是自由电子，则 R_H 是负值；相反，如果载流子是空穴，则 R_H 为正值。

霍尔效应的产生是由于电子在磁场作用下产生横向移动的结果。由于离子的质量比电子大很多，磁场作用力不足以使离子产生横向位移，故纯离子电导不具有霍尔效应。因此利用霍尔效应可检查材料是否存在电子电导。

(2) 电解效应

离子电导的特征是存在电解效应。离子的迁移伴随着一定的质量变化，离子在电极附近发生电子得失，产生新的物质，这就是电解现象。固体电解质的 Tubandt 实验原理如图 4.8 所示，图中 M、X、MX 分别为各物质原子量或分子量。当在 MX 型化合物中通过电量 Q 进行电解时，其总电流可以分为三部分，其迁移数分别为 t_{e^-}、t_{X^-}、t_{M^+}，结果产生如图中所示各部分的重量变化。因此可以利用电解效应检验材料是否存在离子电导，并且可以判定载流子是正离子还是负离子。

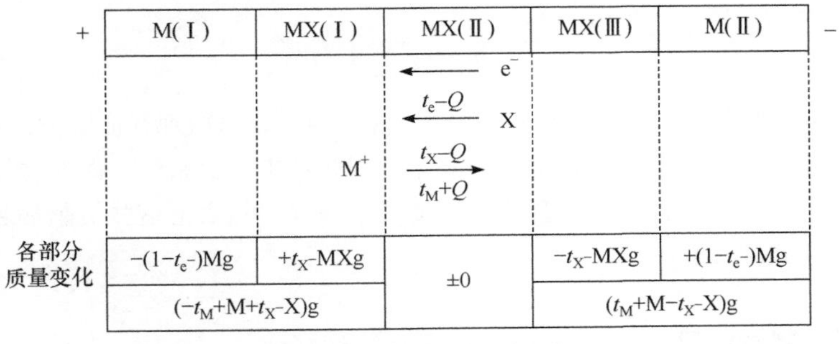

+	M(Ⅰ)	MX(Ⅰ)	MX(Ⅱ)	MX(Ⅲ)	M(Ⅱ)	−
			$\xleftarrow{\quad}$ e⁻			
			$\xleftarrow{t_e-Q}$ X			
		M⁺	$\xrightarrow{t_X-Q}$			
			t_M+Q			
各部分质量变化	$-(1-t_{e^-})$Mg	$+t_X$-MXg	±0	$-t_X$-MXg	$+(1-t_{e^-})$Mg	
	$(-t_M+M+t_X-X)$g			(t_M+M-t_X-X)g		

图 4.8 Tubandt 法实验原理

4.1.5.2 迁移率和电导率

材料的导电现象，其微观本质是载流子在电场作用下的定向运动，即固体中的载流子在电场作用下的远程迁移。如图 4.9，设单位横截面积为 $S(1cm^2)$，在单位体积

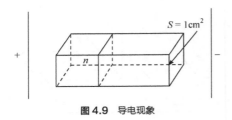

图4.9　导电现象

$V(1cm^3)$内载流子数为n，每一个载流子的荷电量为q，则单位体积内参加导电的自由电荷为nq。当介质处在外电场中，则每一个载流子受到的力等于qE。在电场力的作用下，每一个载流子在E方向发生漂移，其平均速度为$v(cm/s)$，单位时间内流经某一横截面的电荷量为：

$$Q = JS = nqV = nqvS \tag{4.28}$$

则电流密度：

$$J = nqv \tag{4.29}$$

根据欧姆定律的微分形式，得电导率为：

$$\sigma = \frac{J}{E} = \frac{nqv}{E} \tag{4.30}$$

令$\mu = v / E$，并定义为载流子的迁移率，其物理意义为在单位电场下载流子的平均漂移速度，单位是$m^2/(V \cdot s)$或$cm^2/(V \cdot s)$。μ为正值，它描述了载流子的导电能力。因此，电导率是载流子的数量、电荷量和迁移率的乘积，即：

$$\sigma = nq\mu \tag{4.31}$$

对电子和一价离子而言，q就是电子的电荷量，大小为$1.6 \times 10^{-19}C$。

如果载流子为多价离子，则需要考虑离子价态z，则上式可以写成：

$$\sigma = nzq\mu \tag{4.32}$$

在一种材料中如果含有多种载流子，则每种载流子都会对其电导率有贡献，电导率的一般表达式为：

$$\sigma = \sum \sigma_i = \sum n_i q_i \mu_i \tag{4.33}$$

式(4.31)反映了电导率的微观本质，即宏观电导率σ与微观载流子的浓度n，载流子的电荷量q以及载流子的迁移率μ的关系。因此从本质上来讲，阐明并控制材料中的电导问题，应包括每种可能的载流子浓度和迁移率，然后把这些贡献加起来，得到总电导率，即式(4.33)。

4.2　离子电导

离子晶体中的电导主要为离子电导。晶体的离子电导可以分为两类：第一类源于晶体点阵的基本离子的热振动所形成的热缺陷，即弗仑克尔缺陷和肖特基缺陷，具有

无机非金属材料物理性能

这种载流子的电导称为固有离子电导或本征电导。热缺陷所形成的间隙离子或者离子空位都是带有电荷的，因而都可作为离子电导的载流子。由于温度升高，热缺陷的浓度增加，载流子的数量也随之增加，因此固有电导在高温下特别显著。第二类是由固定较弱的离子，如杂质离子运动引起的，因而常称为杂质(离子)电导。杂质离子是弱联系离子，所以在较低温度下杂质电导表现得显著。

4.2.1　载流子的浓度

对于固有离子电导(本征电导)而言，载流子来源于晶体本身的热缺陷。如果形成了弗仑克尔缺陷，则间隙离子和空位同时出现，且浓度相等，都可表示为：

$$N_f = N\exp\left(-\frac{E_f}{2kT}\right) \tag{4.34}$$

式中，N 为单位体积内离子结点数；E_f 为形成一个弗仑克尔缺陷(即同时生成一个间隙离子和一个空位)所需要的能量；k 为玻耳兹曼常数，$k = 1.38\times10^{-23}\text{J/K}$；$T$ 为热力学温度，K。

如果形成了肖特基缺陷，则阴阳离子空位同时出现，且浓度相等。肖特基空位浓度在离子晶体中可表示为：

$$N_s = N\exp\left(-\frac{E_s}{2kT}\right) \tag{4.35}$$

式中，N 为单位体积内离子对的数目，E_s 为解离一个阴离子和一个阳离子并到达表面所需要的能量。

由式(4.34)和式(4.35)可以看出，热缺陷的浓度取决于温度 T 和解离能(形成能)E。常温下，kT 比 E 小得多，因而只有在高温下热缺陷的浓度才显著增大，即本征离子电导在高温下显著。E 和晶体结构有关，在离子晶体中，一般肖特基缺陷形成能比弗仑克尔缺陷形成能低许多，只有在结构松散、离子半径很小的情况下才易形成弗仑克尔缺陷，如 AgCl 晶体易生成间隙离子 Ag_i。

杂质离子载流子的浓度取决于杂质的数量和种类。因为杂质离子的存在，不仅增加了载流子的数目，而且使晶格点阵发生畸变，因此杂质离子的解离活化能变小。与固有离子电导(本征电导)不同，在低温下离子晶体的电导主要由杂质载流子的浓度决定。

4.2.2　离子的迁移率

离子电导的微观机构为载流子——离子，在电场的作用下穿过晶格而移动，即离子在晶体中扩散或迁移。下面以间隙离子为例讨论一下离子在晶格中的扩散现象。如图 4.10 所示，处于间隙位置的离子，受周围离子的作用，处在一定的平衡位置。由于该位置的能量高于格点离子的能量，所以也称此为半稳定位置。如果某一离子要从一个间隙位置跃迁到相邻原子的间隙位置，需获得足够的能量，如热能，以克服一定高

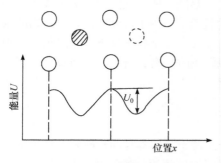

图 4.10 间隙离子的扩散势垒

度的势垒 U_0。此势垒处于晶格结点之间，离子完成一次跃迁，又处于新的平衡位置上。这种扩散过程就构成了宏观离子的"迁移"。由于 U_0 相当大，远大于一般的电场能，即在一般的电场强度下，间隙离子从电场中获得的能量根本不可能克服势垒 U_0 进行跃迁，因而热运动能 kT 是间隙离子在晶体中迁移所需能量的主要来源。通常热运动平均能量仍比 U_0 小许多(相应于 1eV 的温度为 10^4K)，因而可用热运动的涨落现象来解释。

根据玻耳兹曼统计规律，某一间隙离子由于热运动，单位时间内越过位垒迁移到邻近间隙位置的概率或单位时间内间隙离子越过势垒的次数为：

$$P = \gamma_0 \exp\left(-\frac{U_0}{kT}\right) \tag{4.36}$$

式中， γ_0 为间隙离子在半稳定位置上振动的频率。

在无外加电场的作用下，间隙离子沿六个方向跃迁的概率相同，即单位时间内沿某一方向跃迁的次数为：

$$P = \frac{\gamma_0}{6} \exp\left(-\frac{U_0}{kT}\right) \tag{4.37}$$

此时宏观上无电荷的定向运动，因此材料中无电导现象。

当有外电场存在时，由于电场力的作用，晶体中间隙离子的势垒不再对称，如图 4.11 所示。每跃迁一次间隙离子移动距离为 a(相邻半稳定位置间的距离，等于晶格常数)。对于带电量为 q 的正离子，受电场力作用，$F = qE$，F 与 E 同方向。设电场在 $a/2$ 距离上造成的位势差为：

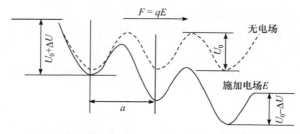

图 4.11 外电场作用下间隙离子的势垒变化

$$\Delta U = \frac{a}{2} F = \frac{a}{2} qE \tag{4.38}$$

由图 4.11 可知，顺电场方向运动的势垒降低，逆电场方向运动的势垒升高。因此正离子顺电场方向"迁移"容易，逆电场方向"迁移"困难。

顺电场方向间隙离子单位时间内跃迁的次数为：

$$P_{顺} = \frac{\gamma_0}{6} \exp\left(-\frac{U_0 - \Delta U}{kT}\right) \tag{4.39}$$

逆电场方向间隙离子单位时间内跃迁的次数为：

$$P_{逆} = \frac{\gamma_0}{6} \exp\left(-\frac{U_0 + \Delta U}{kT}\right) \tag{4.40}$$

由此，单位时间内每一间隙离子沿电场方向的净跃迁次数应该为：

$$\Delta P = P_{顺} - P_{逆} = \frac{\gamma_0}{6} \exp\left(-\frac{U_0}{kT}\right)\left[\exp\left(\frac{\Delta U}{kT}\right) - \exp\left(-\frac{\Delta U}{kT}\right)\right] \tag{4.41}$$

每跃迁一次的距离为 a，则间隙离子沿电场方向的迁移速度为：

$$v = \Delta Pa = \frac{\gamma_0 a}{6} \exp\left(-\frac{U_0}{kT}\right)\left[\exp\left(\frac{\Delta U}{kT}\right) - \exp\left(-\frac{\Delta U}{kT}\right)\right] \tag{4.42}$$

当电场强度不太大时，$\Delta U \ll kT$，则指数式 $\exp[\Delta U/(kT)]$ 可展开为：

$$\exp\left(\frac{\Delta U}{kT}\right) = 1 + \frac{\frac{\Delta U}{kT}}{1!} + \frac{\left(\frac{\Delta U}{kT}\right)^2}{2!} + \frac{\left(\frac{\Delta U}{kT}\right)^3}{3!} + \cdots \approx 1 + \frac{\Delta U}{kT} \tag{4.43}$$

同理：

$$\exp\left(-\frac{\Delta U}{kT}\right) \approx 1 - \frac{\Delta U}{kT} \tag{4.44}$$

将式(4.38)、式(4.43)和式(4.44)一起代入式(4.42)，则：

$$v = \frac{\gamma_0 a}{6} \times \frac{qaE}{kT} \exp\left(-\frac{U_0}{kT}\right) = \frac{\gamma_0}{6} \times \frac{qa^2}{kT} \exp\left(-\frac{U_0}{kT}\right) \times E \tag{4.45}$$

故载流子沿电场方向的迁移率为：

$$\mu = \frac{v}{E} = \frac{a^2 \gamma_0 q}{6kT} \exp\left(-\frac{U_0}{kT}\right) \tag{4.46}$$

式中，q 为间隙离子的电荷数，C；k 的数值是 0.86×10^{-4}eV/K；U_0 为无外电场时间隙离子的势垒，eV。

从式(4.46)可知载流子在迁移时所需要克服的势垒高度 U_0 对载流子迁移率有很大

影响。对于不同类型的载流子，其扩散时所需克服的势垒 U_0 亦不相同，因而各种载流子的迁移率是不同的。通常离子迁移率约为 $10^{-16} \sim 10^{-13} \text{m}^2/(\text{s} \cdot \text{V})$。

由表 4.2 可知，间隙离子的扩散能远大于空位的扩散能，因此碱卤(碱金属卤化物)晶体的电导主要为空位电导。

表 4.2　碱金属卤化物晶体内的作用能　　　　　　　　　　单位：eV

能量类型	NaCl	KCl	KBr	能量类型	NaCl	KCl	KBr
解离正离子的能量	4.62	4.49	4.23	阳离子空位扩散能	0.51		
解离负离子的能量	5.18	4.79	4.60	间隙离子的扩散能	2.90		
一对离子的晶格能	7.94	7.18	6.91	一对离子的扩散能	0.38	0.44	
阴离子空位扩散能	0.56						

例题：设离子晶体的晶格常数 $a = 5 \times 10^{-8} \text{cm}$，带电量 $q = 1 \text{eV}$，振动频率 $\gamma_0 = 10^{12} \text{Hz}$，势垒 $U_0 = 0.5 \text{eV}$，求在温度 $T = 300 \text{K}$ 时的离子迁移率。

解：

$$\mu = \frac{a^2 \gamma_0 q}{6kT} \exp\left(-\frac{U_0}{kT}\right)$$

$$= \frac{\left(5 \times 10^{-8}\right)^2 \times 10^{12} \times 1}{6 \times 0.86 \times 10^{-4} \times 300} \times \exp\left(-\frac{0.5}{0.86 \times 10^{-4} \times 300}\right)$$

$$\approx 6.19 \times 10^{-11} \text{cm}^2 / (\text{s} \cdot \text{V})$$

4.2.3　离子电导率

4.2.3.1　离子电导率的表达方式

在离子晶体中，由于肖特基缺陷形成能较低，因此本征电导主要由肖特基缺陷引起。根据式(4.31)、式(4.35)和式(4.46)，本征电导率可写成：

$$\sigma_s = n_s q \mu = N_1 \exp\left(-\frac{E_s}{2kT}\right) \times q \times \frac{a^2 \gamma_0 q}{6kT} \exp\left(-\frac{U_0}{kT}\right)$$

$$= A_s \exp\left(-\frac{U_0 + \frac{1}{2}E_s}{kT}\right) = A_s \exp\left(-\frac{W_s}{kT}\right) \tag{4.47}$$

式中，W_s 称为电导活化能，它包括肖特基缺陷形成能和迁移能。由于 $A_s = N_1 q^2 a^2 \gamma_0 / (6kT)$，因此在温度较小的范围内，可认为 A_s 是常数，因而电导率主要由指数式决定。

本征离子电导率的一般表达式可简化为：

$$\sigma = A_1 \exp\left(-\frac{W_s}{kT}\right) = A_1 \exp\left(-\frac{B_1}{T}\right) \tag{4.48}$$

式中，$B_1 = W_s / k$，A_1 为常数。

实际材料中往往存在杂质离子，杂质离子无论是以间隙离子存在还是以置换离子存在，其电导率都可以仿照式(4.48)写成：

$$\sigma = A_2 \exp\left(-\frac{B_2}{T}\right) \tag{4.49}$$

式中，$A_2 = N_2 q^2 a^2 \gamma_0 / (6kT)$，$N_2$ 为杂质离子浓度。虽然单位体积内杂质离子的个数 N_2 远远小于位于正常晶格点阵上的离子对数量 N_1，但杂质离子的活化能小于热缺陷(肖特基缺陷)的活化能，即 $B_2 < B_1$，$e^{-B_2} \gg e^{-B_1}$，因此杂质电导率比本征电导率仍然大得多。在低温时，离子晶体的电导主要为杂质电导。

材料中如果只有一种载流子，电导率可用单项式表示，即：

$$\sigma = \sigma_0 \exp(-B / T) \tag{4.50}$$

上式写成对数式为：

$$\ln\sigma = \ln\sigma_0 - B / T \tag{4.51}$$

以 $\ln\sigma$ 和 $1/T$ 为坐标，可绘制一条直线，从直线斜率 B 可求出活化能：

$$W = Bk \tag{4.52}$$

利用式(4.51)和式(4.52)，通过在不同的温度下测量其电导率可得出活化能。表 4.3 列出了非碱卤晶体的活化能数据，其离子电导主要来自于杂质离子，其中 B 的数值由实验得出。

表 4.3　某些非碱卤晶体的活化能数据

晶体	B	$W/10^{-19}\mathrm{J}$	W/eV
石英(平行 c 轴)	21000	2.88	1.81
方镁石	13500	1.85	1.16
白云石	8750	1.2	0.75

对于碱卤晶体，电导率大多满足二项式：

$$\sigma = A_1 \exp\left(-\frac{B_1}{T}\right) + A_2 \exp\left(-\frac{B_2}{T}\right) \tag{4.53}$$

式中第一项由本征缺陷决定，第二项由杂质决定，其实验数据见表 4.4。

表 4.4 碱卤化物的实验数据

晶体	$A_1/(\Omega^{-1} \cdot m^{-1})$	$W_1/(kJ/mol)$	$A_2/(\Omega^{-1} \cdot m^{-1})$	$W_2/(kJ/mol)$
NaF	2×10^8	216	—	—
NaCl	5×10^7	169	50	82
NaBr	2×10^7	168	20	77
NaI	1×10^6	118	6	59

如果材料中存在多种载流子，则总电导率为所有载流子电导率之和，可表示为：

$$\sigma = \sum_i A_i \exp\left(-\frac{B_i}{T}\right) \tag{4.54}$$

例题：根据表 4.4 中数据，计算 NaCl 在室温下的电导率。

解：设 T=300K

根据公式 $\sigma = A_1 \exp\left(-\frac{B_1}{T}\right) + A_2 \exp\left(-\frac{B_2}{T}\right)$

其中 $B_1 = W_1 / k = \dfrac{169 \times 10^3}{6.03 \times 10^{23} \times 1.38 \times 10^{-23}} = 2.03 \times 10^4 (K)$

$$B_2 = W_2 / k = \frac{82 \times 10^3}{6.03 \times 10^{23} \times 1.38 \times 10^{-23}} = 9.85 \times 10^3 (K)$$

$$\sigma = 5 \times 10^7 \exp\left(-\frac{2.03 \times 10^4}{300}\right) + 50 \exp\left(-\frac{9.85 \times 10^3}{300}\right)$$

$$= 2.05 \times 10^{-22} + 2.7 \times 10^{-13}$$

$$\approx 2.7 \times 10^{-13} (S/m)$$

由此可见，电导主要由第二项的杂质电导引起。

4.2.3.2　离子扩散机构

离子导电性可以认为是离子电荷载流子在电场的作用下，通过材料的长距离迁移。与电子相比，离子的尺寸和质量要大很多，其运动方式是从一个平衡位置迁移到另一个平衡位置。因此，也可以从另一个角度讲，离子导电是离子在电场作用下的扩散现象，其主要扩散机构有空位扩散、间隙扩散、亚晶格间隙扩散，如图 4.12 所示。

空位扩散所需能量小，较易发生，以正常晶格点阵的离子迁移到临近晶格离子空位的方式进行，因此空位扩散方向实际与离子扩散方向相反。空位扩散以 MgO 中的 V_{Mg}'' 作为载流子的扩散运动为代表。间隙扩散则是以间隙离子作为载流子的直接扩散运动，即间隙离子从某一个间隙位置扩散到另一个间隙位置。一般情况下，间隙扩散需要的能量比空位扩散大很多，其原因在于间隙离子的直接扩散会造成晶格较大的畸变，因此扩散难以发生。在这种情况下，往往产生亚晶格间隙扩散，即某一间隙离子取代附近的晶格离子，被取代的晶格离子进入新的晶格间隙，从而产生离子移动。这种扩散运动由于晶格变形小，比较容易产生，AgBr 中的 Ag⁺扩散就是通过亚晶格间隙扩散形式进行的。

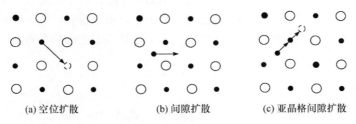

(a) 空位扩散　　　　　　(b) 间隙扩散　　　　　　(c) 亚晶格间隙扩散

图 4.12 离子扩散机构示意图

4.2.3.3　能斯特-爱因斯坦方程

在材料内部，如果存在载流子浓度梯度 $\partial n / \partial x$，也会引起载流子的定向运动，由此形成的电流密度为：

$$J_1 = -Dq\frac{\partial n}{\partial x} \tag{4.55}$$

式中，n 为单位体积浓度；x 为扩散方向；q 为离子的电荷量；D 为扩散系数。当有电场存在时，产生的电流密度可以用欧姆定律的微分式表示：

$$J_2 = \sigma E = \sigma\frac{\partial V}{\partial x} \tag{4.56}$$

式中，V 为电位。因此，总电流密度 J 可用下列公式表示：

$$J = J_1 - J_2 = -Dq\frac{\partial n}{\partial x} - \sigma\frac{\partial V}{\partial x} \tag{4.57}$$

在热平衡状态下，可以认为总电流密度 $J=0$。根据玻耳兹曼能量分布，载流子的浓度和电势能存在以下关系：

$$n = n_0\exp\left(-\frac{qV}{kT}\right) \tag{4.58}$$

式中，n_0 为常数。对上式进行微分，得到浓度梯度为：

$$\frac{\partial n}{\partial x} = -\frac{qn}{kT}\times\frac{\partial V}{\partial x} \tag{4.59}$$

将式(4.59)代入式(4.57)得：

$$J = 0 = \frac{Dq^2n}{kT}\times\frac{\partial V}{\partial x} - \sigma\frac{\partial V}{\partial x} \tag{4.60}$$

$$\sigma = D\frac{nq^2}{kT} \tag{4.61}$$

式(4.61)称为能斯特-爱因斯坦(Nernst-Einstein)方程。此方程式建立了离子电导率与扩散系数的关系，表明扩散路径越畅通，离子扩散系数越高，电导率也就越高。由式(4.61)和式(4.31)还可以建立扩散系数 D 与离子迁移率 μ 之间的关系：

$$D = \frac{\mu}{q}kT = BkT \tag{4.62}$$

式中，B 为离子绝对迁移率。将式(4.46)代入式(4.62)，得：

$$D = \frac{a^2\gamma_0}{6}\exp\left(-\frac{U_0}{kT}\right) \tag{4.63}$$

由此可见，扩散系数按指数规律随温度变化：

$$D = D_0\exp\left(-\frac{W}{kT}\right) \tag{4.64}$$

式中，W 为扩散活化能，扩散系数 D 可由实验测得。

4.2.4 影响离子电导的因素

4.2.4.1 温度

根据式(4.48)和式(4.49)可知，随着温度的升高，电导率按指数规律增加。图 4.13 表示含有杂质时离子电导率随温度的变化曲线。曲线 1 表示低温下杂质电导占主要地位，这是由于杂质活化能比晶格点阵离子的活化能小许多；而曲线 2 表示高温下固有离子电导(本征电导)占主要地位，其原因在于高温条件下，热运动能量的增高，使本征电导的载流子数量显著增加。两种不同的导电机构导致了曲线出现转折点 A。但是温度曲线中的转折点并不一定都是由两种不同的离子导电机构引起的，有时可能是电子电导导致的。例如，刚玉瓷在低温下发生杂质离子电导，高温下则发生电子电导。

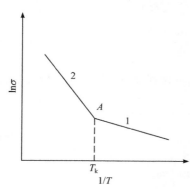

图 4.13 离子电导与温度的关系

4.2.4.2 晶体结构

由式(4.50)可知，电导率随活化能按指数规律变化，而活化能与晶体结构密切相关。对于熔点高的晶体，晶体中离子结合力也大，相应的活化能也高，电导率就低。从表 4.4

列出的碱卤化合物离子活化能的数据可以看出，负离子半径增大，正离子活化能显著降低。此外，离子电荷的高低对活化能也有影响。一价正离子尺寸小，电荷少，活化能小；高价正离子，价键强，活化能大，故迁移率较低。图 4.14(a)、(b) 分别表示离子电荷、离子半径与电导(扩散)的关系。除了离子的状态以外，晶体的结构状态对离子活化能也有影响。结构紧密的离子晶体，由于可供移动的间隙小，则间隙离子迁移困难，即其活化能高，因而电导率较低。

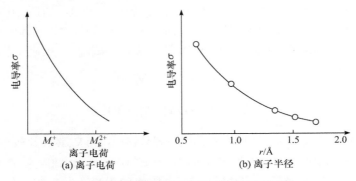

图 4.14 离子晶体中阳离子电荷和半径对电导的影响

4.2.4.3 晶格缺陷

晶格缺陷的形成是影响离子电导载流子浓度的主要因素之一。在离子晶体中，造成晶格缺陷的原因主要有以下几种：

① 热激励引起晶格缺陷。理想离子晶体中离子不可能脱离晶格点阵位置而移动。但是由于热激励，晶体中产生肖特基缺陷(V''_A 和 V''_B)或弗仑克尔缺陷(V''_A 和 A''_i)；

② 不等价固溶掺杂形成晶格缺陷，例如在 $AgBr$ 中掺杂 $CdBr_2$ 生产 $Cd^{\cdot}_{Ag}$ 和 V'_{Ag}；

③ 离子晶体中正负离子计量比随气氛的变化发生偏离，形成非化学计量化合物。例如稳定型 ZrO_2，由于氧的脱离形成氧空位，其平衡式为：

$$O^{\times}_O = \frac{1}{2}O_2 + V^{\cdot\cdot}_O + 2e'$$

此时，除了产生离子性缺陷——氧空位，还产生了电子性缺陷。因此几乎所有的电解质或多或少都具有电子电导。

4.2.5 固体电解质

利用离子电导特性的固体称为固体电解质，它们既保持固体特点，又具有高的离子电导率，因此固体电解质材料的结构特点不同于一般的离子固体。对于非晶态固体，由于结构比晶体疏松，造成大量的弱联系离子，因而表现出较大的离子电导。

共价键晶体和分子晶体都不能成为固体电解质，实际上只有离子晶体才能成为固体电解质。但是这并不意味着所有的离子晶体都可以作为固体电解质。离子晶体要具有离子电导的特性，必须具备以下两个条件：

① 非常低的电子电导率；

② 离子晶格缺陷浓度大并参与电导，离子电导率应在 $10^{-2}\sim10^2$S/m 范围，晶格活化能很低，约为 $0.01\sim0.1$eV 之间。

因此，离子性晶格缺陷的生成及其浓度大小是决定离子电导的关键。

固体电解质按传导离子种类分有氧离子、银离子、铜离子、钠离子、锂离子、氢离子、氟离子等导体。按材料的结构分有晶体和玻璃两类。按呈现离子电导性的温度来分，有高温固体电解质和低温固体电解质。对于氧离子导体，研究最早的是氧化锆基固溶体，属于高温固体电解质。它在高温下具有较高的氧离子(O^{2-})电导率，并远低于其熔点。

在 ZrO_2 电解质材料中固溶 CaO、Y_2O_3 等可以形成氧空位，反应如下：

$$CaO \xrightarrow{ZrO_2} Ca''_{Zr} + V_O^{\cdot\cdot} + O_O^{\times}$$

$$Y_2O_3 \xrightarrow{ZrO_2} 2Y'_{Zr} + V_O^{\cdot\cdot} + 3O_O^{\times}$$

ZrO_2 中 $V_O^{\cdot\cdot}$ 的大量生成，使 O^{2-} 在高温下容易移动。当 $V_O^{\cdot\cdot}$ 浓度比较小时，离子电导率 σ_i 与 $[V_O^{\cdot\cdot}]$ 成正比；当 $V_O^{\cdot\cdot}$ 浓度比较大时，σ_i 饱和，达到最大值。随着 $V_O^{\cdot\cdot}$ 浓度进一步增大，电导率反而降低。这是因为 $V_O^{\cdot\cdot}$ 与固溶的阳离子发生综合作用，生成了 $(V_O^{\cdot\cdot} \cdot Ca''_{Zr})$。实验结果表明，在 1000℃下，固溶 13%(摩尔分数)CaO 或 8%(摩尔分数)Y_2O_3，其电导率呈现极大值。表 4.5 列出了几种添加剂对氧化锆材料电导率的影响。

表 4.5 氧化锆掺杂后的氧离子空位与电导率

组成[①]	负离子空位/%	1000℃电导率/(S/cm)
$ZrO_2\cdot12\%$ CaO	6.0	0.055
$ZrO_2\cdot9\%$ Y_2O_3	4.1	0.12
$ZrO_2\cdot10\%$ Sm_2O_3	4.5	0.058
$ZrO_2\cdot8\%$ Y_2O_3	3.7	0.088
$ZrO_2\cdot10\%$ Se_2O_3	4.5	0.25

① 此列中百分数是指摩尔分数。

氧化锆基电解质的离子电导率较大，可应用于测氧计、高温燃料电池、高温氧气氛中使用的加热元件。图 4.15 为稳定型 ZrO_2 氧敏感元件的构造。

$$P_{O_2}(C):Pt\|稳定型ZrO_2\|Pt:P_{O_2}(A)$$

当 $P_{O_2}(C) > P_{O_2}(A)$，氧离子从高氧分压侧 $P_{O_2}(C)$ 向低氧分压侧 $P_{O_2}(A)$ 移动，结果在高氧分压侧产生正电荷积累，在低氧分压侧产生负电荷积累，即：

在阳极侧：$\dfrac{1}{2}O_2[P_{O_2}(C)] + 2e' \longrightarrow O^{2-}$

无机非金属材料物理性能

在阴极侧：$O^{2-} \longrightarrow \frac{1}{2} O_2[P_{O_2}(A)] + 2e'$

按照能斯特理论，产生的电动势为

$$E = [RT/(4F)] \ln[P_{O_2}(C)/P_{O_2}(A)] \qquad (4.65)$$

式中，R 为摩尔气体常数；F 为法拉第常数；T 为热力学温度。

当一侧氧分压已知时，可以通过式(4.65)检测另一侧的氧分压值。ZrO_2 氧敏感元件广泛应用于汽车锅炉燃烧空燃比的控制、冶炼金属中氧浓度以及氧化物热力学数据的测量等。

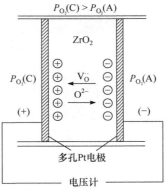

图 4.15 稳定型 ZrO_2 氧敏感元件

4.3 电子电导

电子电导主要以电子、空穴作为载流子，主要发生在导体和半导体中。金属主要以电子电导为主，而半导体的载流子主要为电子和空穴。空穴的出现是半导体区别于导体的一个重要特征。下面我们仍从载流子的浓度以及迁移率两个方面来讨论电子电导问题。

4.3.1 载流子浓度

从电导性能的角度，可将材料分为导体、半导体和绝缘体三类，其中半导体和绝缘体属于非导体的类型。这一划分是基于固体中电子的能带结构特点。根据固体电子理论，周期势场中运动电子的能级形成能带是能带论最基本的结果之一。电子允许具有的能量只能存在于某一能量区域中，在这些能量范围中，允许的能级构成一个个带状区域，即能带。能量较高的能带较宽，而能量较低的能带较窄。各能带之间的间隔称为禁带。

图 4.16 为导体和非导体的能带模型。在非导体中，电子恰好填满能量最低的一系列能带(称满带)，再高的各带全部是空的。由于满带不产生电流，所以尽管存在很多电子，却没有导电的作用。在导体中，除了完全充满的一系列能带外，还有只是部分被电子填充的能带，因后者可以起导电作用，所以常称之为导带。

金属、半导体和绝缘体的能带结构如图 4.17 所示。对于金属导体而言，导带的能带图有两种情况：一种是由于价带和导带重叠，在 0K 时，电子部分地填充在导带上，许多金属的优良电导特性来自于价带和导带的重叠，因此有大量的自由电子可以运动；对于其它一些金属，出现了部分填充的导带，但没有能带重叠。

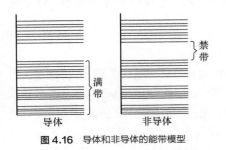

图 4.16 导体和非导体的能带模型

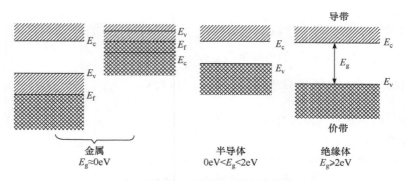

图 4.17 金属、半导体和绝缘体的能带结构

半导体的能带结构类似于绝缘体。但半导体的禁带较窄,绝缘体的禁带较宽。在绝缘体中,电子从价带到导带需要外部供给能量,使电子激发,实现电子从价带到导带的跃迁,因而通常导带中的电导电子浓度很小,以致没有可觉察的导电性。相比而言,半导体的禁带较小,电子比较容易跃迁。一般绝缘体禁带宽度约为 6~12eV,半导体禁带宽度小于 2eV。由此可知,晶体中并非所有电子,也并非所有价电子都具有电导性,只有导带中的电子或价带顶部的空穴才具有电导性。表 4.6 列出了某些化合物的禁带宽度。

表 4.6 本征半导体室温下的禁带宽度

晶体	E_g/eV	晶体	E_g/eV
$BaTiO_3$	2.5~3.2	TiO_2	3.05~3.8
C(金刚石)	5.2~5.6	CaF_2	12
Si	1.1	PN	4.8
α-SiO_2	2.8~3	LiF	12
PbSe	0.27~0.5	CoO	4
PbTe	0.25~0.30	CdS	2.42
Fe_2O_3	3.1	GaAs	1.4
KCl	7	ZnSe	2.6
MgO	>7.8	Te	1.45
α-Al_2O_3	>8	γ-Al_2O_3	2.5

无机材料中电子电导比较显著的主要是半导体材料。下面以半导体为例,讨论载流子的浓度。

4.3.1.1 本征半导体中的载流子浓度

半导体材料是一种特殊的固体材料,其能带结构的特点是在绝对零度时,价带是满的(即满带),而导带是空的。但它的导带与价带之间的禁带较窄,$E_g < 2eV$。这意味着半导体的价电子与其原子结合不太紧密,不需要太多的热、电、磁或其它形式的能量就能使它激发到导带。这样,不仅在导带中出现了导电电子,而且在价带中出现了空穴(电子留下的空位),如图 4.18 所示。当电子由导带回落到价带时要释放能量,这一过程称为复合。

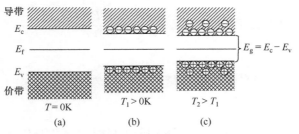

图 4.18　本征半导体的能带结构

上面这种导带中的电子导电和价带中的空穴导电同时存在，称为本征电导。这类电导的载流子只由半导体晶格本身提供，所以称为本征半导体。本征半导体是纯净的共价键晶体。以硅为例，如图 4.19 中每一个硅原子最外层有四个价电子，这些价电子的轨道通过适当的杂化，与相邻的四个硅原子形成四面体型共价键结构。当共价键中的电子获得足够的能量时，能够克服共价键的束缚从价带跃迁到导带而成为自由电子。同时，在原来的共价键位置上留下一个空位，而周围邻近键上的电子随时可能跳过来填补这个空位，因而使空位又转移到邻近的共价键上去，这种可移动的空位称为空穴。

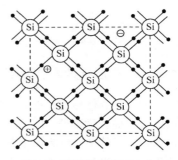

图 4.19　晶体硅中导电电子和空穴

进入导带的电子在电场作用下可在晶体中自由运动，从而产生电导；而价带中的电子可以逆电场方向运动到这些空位上，而本身又留下新的空位。换而言之，空位顺电场方向运动，产生空穴电导。半导体就是这样靠电子和空穴的移动来导电的，所以电子和空穴都是半导体的载流子。

本征半导体的载流子电子和空穴浓度相等，其载流子浓度与温度有很大的关系。

$$n_e = n_h = 2\left(\frac{2\pi kT}{h^2}\right)^{\frac{3}{2}}\left(m_e^* m_h^*\right)^{\frac{3}{4}}\exp\left(-\frac{E_c - E_v}{2kT}\right)$$

$$= 2\left(\frac{2\pi kT}{h^2}\right)^{\frac{3}{2}}\left(m_e^* m_h^*\right)^{\frac{3}{4}}\exp\left(-\frac{E_g}{2kT}\right) = N\exp\left(-\frac{E_g}{2kT}\right)$$

(4.66)

式中，n_e 为电子浓度；n_h 为空穴浓度；h 为普朗克常数；m_e^* 为电子有效质量；m_h^* 为空穴有效质量；E_c 为导带底部能级；E_v 为价带顶部能级；E_g 为禁带宽度；N 为等效状态密度。

$$N = 2\left(\frac{2\pi kT}{h^2}\right)^{\frac{3}{2}}\left(m_e^* m_h^*\right)^{\frac{3}{4}}$$

(4.67)

例题：设本征半导体 PbS 的 $m_e^* = m_h^* = 0.5m_e$，$E_g = 0.35\text{eV}$。求室温下载流子的浓度。

解：设 $T = 300\text{K}$

根据本征半导体载流子浓度 $n_e = n_h = N \exp\left(-\dfrac{E_g}{2kT}\right)$

$$\exp\left(-\frac{E_g}{2kT}\right) = e^{\frac{0.35 \times 1.6 \times 10^{-19}}{2 \times 1.38 \times 10^{-23} \times 300}} = 1.1 \times 10^{-3}$$

$$N = 2\left(\frac{2\pi kT}{h^2}\right)^{\frac{3}{2}} \left(m_e^* m_h^*\right)^{\frac{3}{4}} = 2 \times \left[\frac{2 \times 3.14 \times 1.38 \times 10^{-23} \times 300 \times 0.5 \times 9 \times 10^{-28}}{\left(6.63 \times 10^{-34}\right)^2}\right]^{\frac{3}{2}}$$

$$= 8.8 \times 10^{18}$$

故 $n_e = n_h = 8.8 \times 10^{18} \times 1.1 \times 10^{-3} = 9.68 \times 10^{15}(\text{cm}^{-3})$

4.3.1.2 杂质半导体中的载流子浓度

本征半导体导电性很差，没有太大的实用价值。如果对本征半导体掺入适当的杂质，也能提供载流子，即杂质或是向导带提供电子，或是向价带提供空穴。我们把提供导带电子的杂质称为施主杂质，而将提供价带空穴的杂质称为受主杂质。这种含有杂质原子的半导体即为杂质半导体。在一般杂质半导体中，杂质的含量极微，但对半导体的导电性能影响极大，例如在本征半导体硅单晶中掺入十万分之一的硼原子，可使硅的导电能力增加一千倍。

如图 4.20(a)所示，当本征半导体硅中掺有 V A 族元素杂质 P(或 As、Sb)时，一部分 P 原子占据了 Si 原子的位置。P 原子的外层有 5 个价电子，与邻近 Si 原子形成共价键后，还剩余一个价电子没有成键。所以 P 原子取代 Si 原子后，其效果是形成一个正电中心 P$^+$和一个多余的价电子。由于共价键是一种结合很强的键，束缚在共价键上的电子能量是相当低的。就能带而言，应是位于价带中的电子。而剩余的电子不在共价键上，仅被 P 原子微弱地束缚着，所以只需要很小的能量就可以摆脱束缚，进入导带成为自由电子。由此可见，束缚于 P 原子的这个剩余电子的能量状态在能带图上的位置 E_d，应处于禁带中而又接近导带底 E_c[图 4.20(b)]。导带中小黑点表示进入导带中的电子，施主能级处的符号 ⊕ 表示施主杂质电离后带正电荷，黑点处的箭头表示被束缚的电子得到能量 ΔE_d 后，从施主能级跃迁到导带成为导电电子的电离过程。E_d 离导带很近，ΔE_d 为 0.044eV，大约为硅的禁带宽度的 5%，即 $\Delta E_d \ll E_g$，因此它比价带中的电子容易激发得多。这种"多余"电子的杂质能级称为施主能级。这类掺入施主杂质的半导体称为 n 型半导体。掺杂施主杂质后，半导体中电子浓度增加，$n_e > n_h$，半导体的导电性以电子为主，电子为多数载流子(简称多子)，而空穴则为少数载流子(简称少子)。

若在本征半导体硅中掺入第 Ⅲ A 族元素杂质 B(或 Al、Ga、In)时[图 4.21(a)]，这些 B 原子可占据一部分 Si 原子的位置。因为这类元素的最外层只有 3 个价电子，当其与周围 Si 原子形成共价键时还缺少一个电子。在此情况下，附近 Si 原子键上的电

无机非金属材料物理性能

子不需获得太多能量就可以相当容易地填补 B 原子周围价键的空缺，于是在硅晶体的共价键中产生了一个空位，这也就是价带中缺少了电子而出现一个空穴，B 原子则因接受一个电子而成为带负电的硼离子(B$^-$)，形成负电中心。这类杂质称为受主杂质，相应的能级称为受主能级 E_a[图 4.21(b)]，此能级距价带顶部很近，ΔE_a 为 0.045eV。掺杂受主杂质后，半导体中空穴浓度增加，$n_h > n_e$，空穴导电占优势，因而称之为 p 型半导体。在 p 型半导体中，空穴为多子，而电子为少子。

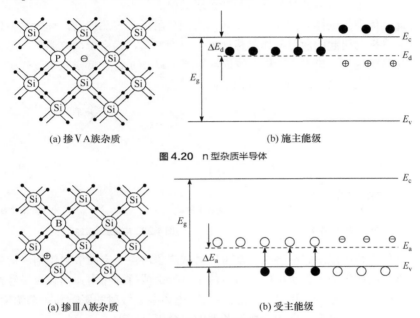

(a) 掺ⅤA族杂质　　　　　　(b) 施主能级

图 4.20　n 型杂质半导体

(a) 掺ⅢA族杂质　　　　　　(b) 受主能级

图 4.21　p 型杂质半导体

　　n 型半导体的载流子主要为导带中的电子。设单位体积中有 N_d 个施主原子，施主能级为 E_d，具有电离能 $\Delta E_d = E_c - E_d$。当温度不很高时，$\Delta E_d \ll E_g$，导带中的电子几乎全部由施主能级提供，则导带中的电子浓度 n_e 为：

$$n_e = (N_c N_d)^{\frac{1}{2}} \exp\left[-\frac{(E_c - E_d)}{2kT}\right] = (N_c N_d)^{\frac{1}{2}} \exp\left(-\frac{\Delta E_d}{2kT}\right) \tag{4.68}$$

　　式中，N_c 为导带的有效状态密度；N_d 为施主杂质浓度；E_d 为施主能级。
　　p 型半导体的载流子主要是空穴，在温度不很高时，仿照上式，有：

$$n_h = (N_v N_a)^{\frac{1}{2}} \exp\left[-\frac{(E_a - E_v)}{2kT}\right] = (N_v N_a)^{\frac{1}{2}} \exp\left(-\frac{\Delta E_a}{2kT}\right) \tag{4.69}$$

　　式中，N_v 为价带的有效状态密度；N_a 为受主杂质浓度；E_a 为受主能级。
　　由此可见，杂质半导体的载流子浓度由温度和杂质浓度所决定。

4.3.2 电子迁移率

能带理论指出，在具有严格周期性势场的理想晶体中的载流子，在绝对零度下的运动像理想气体分子在真空中的运动一样，不受阻力，迁移率为无限大。当周期性势场受到破坏时，载流子的运动才受到阻力的作用。周期性势场破坏的来源是：晶格热振动、杂质的引入、位错和裂缝等。在电子电导的材料中，影响载流子迁移率的是各种散射作用，其中最重要的是晶格散射和杂质散射。

半导体晶体中规则排列的晶格，在其晶格点阵附近产生热振动，称为晶格振动。由于这种晶格振动引起的散射叫作晶格散射。温度愈高，晶格振动愈激烈，晶格散射愈强，因此温度越高，载流子迁移率越低，如图4.22所示。在低掺杂半导体中，迁移率随温度升高而大幅度下降的原因就在于此。

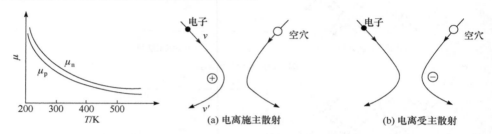

图4.22 电子和空穴的迁移率   图4.23 电离杂质散射

除此之外，杂质原子和晶格缺陷都可以对载流子产生一定的散射作用。但最重要的是由电离杂质产生的正、负电中心对载流子有吸引或排斥作用，当载流子经过带电中心附近，就会发生散射作用，如图4.23所示。电离杂质散射的影响与掺杂浓度有关。掺杂越多，载流子和电离杂质相遇而被散射的机会也就越大。

电离杂质散射的强弱也与温度有关。温度越高，载流子运动速度越大，因而对于同样的吸引和排斥作用所受影响相对就越小，散射作用越弱。这和晶格散射情况是相反的，所以在高掺杂时，由于电离杂质散射随温度变化的趋势与晶格散射相反，因此迁移率随温度变化较小。

根据电子的迁移率 $\mu_e = \dfrac{v}{E}$，得到电子迁移率为：

$$\mu_e = \frac{q\tau_e}{m_e^*} \tag{4.70}$$

同理可得空穴的迁移率为：

$$\mu_h = \frac{q\tau_h}{m_h^*} \tag{4.71}$$

式中，τ_e、τ_h 分别为电子和空穴的松弛时间(即平均自由时间)，$\dfrac{1}{\tau}$ 为单位时间平均散射次数。τ 与晶格缺陷及温度有关，温度越高，晶体缺陷越多，散射概率越大，τ 越小。m_e^*、m_h^* 分别为电子和空穴的有效质量。

如果有几种散射机构同时存在，则迁移率的关系式为：

$$\frac{1}{\mu} = \frac{1}{\mu_1} + \frac{1}{\mu_2} + \frac{1}{\mu_3} + \cdots \tag{4.72}$$

4.3.3　电子电导率

半导体中有两种载流子：电子和空穴，因此电导率 σ 可表示为：

$$\sigma = q(n_e \mu_e + n_h \mu_h) \tag{4.73}$$

式中，n_e、n_h 为电子和空穴的浓度；μ_e 和 μ_h 为电子和空穴的迁移率；q 为电子电量。对本征半导体，其电导率为：

$$\sigma = N\exp\left(-\frac{E_g}{2kT}\right)q(\mu_e + \mu_h) \tag{4.74}$$

n 型半导体的电导率为：

$$\sigma = Nq(\mu_e + \mu_h)\exp\left(-\frac{E_g}{2kT}\right) + (N_c N_d)^{\frac{1}{2}} q\mu_e\exp\left(-\frac{\Delta E_d}{2kT}\right) \tag{4.75}$$

式(4.75)中的第一项为本征电导，与杂质无关。第二项与施主杂质浓度 N_d 有关，因为 $\Delta E_d < E_g$，故在低温时，式中第二项起主要作用；高温时，杂质能级上的电子已全部解离激发，温度继续升高时，电导率增加是属于本征电导性(即第一项起主要作用)。本征半导体或高温时的杂质半导体的电导率与温度的关系可简写成：

$$\sigma = \sigma_0\exp\left(-\frac{E_g}{2kT}\right) \tag{4.76}$$

σ_0 与温度变化关系不太显著，故在温度变化范围不太大时，σ_0 可视为常数，因此 $\ln\sigma$ 与 $1/T$ 成直线关系，由直线斜率可求出禁带宽度 E_g。

将式(4.76)取倒数，可得电阻率与温度关系：

$$\rho = \rho_0\exp\left(\frac{E_g}{2kT}\right)$$

$$\ln\rho = \ln\rho_0 + \frac{E_g}{2kT} \tag{4.77}$$

图 4.24 为实验测得一些本征半导体的电阻率与温度的关系。

实际晶体具有比较复杂的导电机构，图 4.25 为电子电导率与温度关系的典型曲

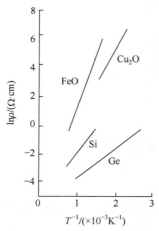

图 4.24 本征半导体的 $\ln \rho$ 与 $1/T$ 的关系

线。(a)具有线性特性，表示该温度区间具有始终如一的电子跃迁机构；(b)和(c)都在 T_k 处出现明显的曲折，其中(b)表示低温区主要是杂质电子导电，高温区以本征电子电导为主,(c)表示在同一晶体中同时存在两种杂质时的电导特性。

4.3.4　影响电子电导的因素

4.3.4.1　温度对电导率的影响

在温度变化不大时，电导率与温度关系符合指数式。根据迁移率公式 $\mu = q\tau/m^*$ 可知，电子的迁移率主要取决于 τ，τ 除了与杂质有关，还决定于温度。但一般 μ 受 T 的影响比载流子浓度 n 受 T 的影响小很多，因此电导率对温度的依赖关系主要取决于浓度项。

载流子浓度与温度关系很大，符合指数式，图4.26

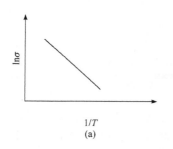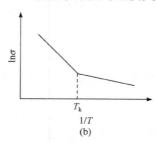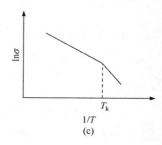

图 4.25　电导率与温度关系的典型曲线

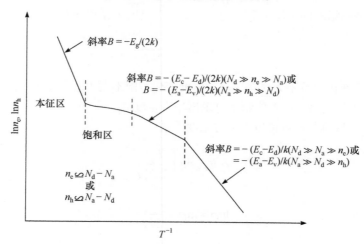

图 4.26　$\ln n$ 与 $1/T$ 的关系图

无机非金属材料物理性能

表示 $\ln n$ 与 $1/T$ 的关系。图中低温阶段为杂质电导，高温阶段为本征电导，中间出现了饱和区，此时杂质全部电解离完，载流子浓度变为与温度无关。

综合迁移率、浓度两个方面，对于实际材料而言，$\ln \sigma$ 与 $1/T$ 的关系曲线是非线性的(图4.27)。

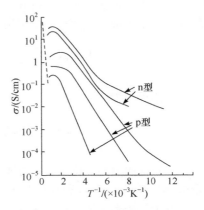

图4.27　SiC半导体的电导特性

4.3.4.2　杂质及缺陷的影响

大多数半导体氧化物材料，或者由于掺杂产生非本征的缺陷(杂质缺陷)，或者由于烧成条件使它们成为非化学计量化合物而形成组分缺陷，即离子空位和间隙离子，这些缺陷都会在禁带中形成缺陷能级(施主能级或受主能级)。当受热激发时，杂质能级中的电子或空穴可跃迁到导带或价带，因而具有导电能力，形成 n 型或 p 型半导体。下面讨论杂质缺陷及组分缺陷(离子空位等)对半导体性能的影响。

(1) 杂质缺陷

杂质对半导体性能的影响是由于杂质离子(原子)引起的新局部能级。生产上研究比较多的价控半导体就是通过杂质的引入导致主要成分中离子电价的变化，从而出现新的局部能级。下面以 $BaTiO_3$ 材料的半导化为例，阐述一下杂质缺陷对半导体材料电性能的影响。

$BaTiO_3$ 的半导化常通过添加微量的稀土元素形成价控半导体。添加 La 的 $BaTiO_3$ 原料在空气中烧结，其反应式如下：

$$Ba^{2+}Ti^{4+}O_3^{2-} + xLa^{3+} === Ba_{1-x}^{2+}La_x^{3+}\left(Ti_{1-x}^{4+}Ti_x^{3+}\right)O_3^{2-} + xBa^{2+}$$

缺陷反应式为：

$$La_2O_3 === 2La_{Ba}^{\cdot} + 2e' + 2O_O^{\times} + \frac{1}{2}O_2(g)$$

La^{3+} 占据晶格中 Ba^{2+} 的位置，但每添加一个 La^{3+} 离子，晶体中就多余一个正电荷，为了保持电中性，Ti^{4+} 俘获了一个电子，形成 Ti^{3+}。这个被俘获的电子只处于半束缚状态，提供施主能级，容易激发，参与电导，因而 $BaTiO_3$ 变成 n 型半导体。

如果添加微量 Nb 也可以实现 $BaTiO_3$ 的半导化，置换固溶的结果同样可以形成 n 型半导体。反应式如下：

$$Ba^{2+}Ti^{4+}O_3^{2-} + yNb^{5+} === Ba^{2+}Nb_y^{5+}(Ti_y^{3+}Ti_{1-2y}^{4+})O_3^{2-} + yTi^{4+}$$

缺陷反应式为：

$$Nb_2O_5 === 2Nb_{Ti}^{\cdot} + 2e' + 4O_O^{\times} + \frac{1}{2}O_2(g)$$

通过不等价掺杂也可获得 p 型半导体，如把少量的氧化锂加入氧化镍中，将混合物在空气中烧成，可得到电阻率极低的半导体($\rho \approx 1\Omega \cdot cm$)，其反应式如下：

$$\frac{x}{2}Li_2O + (1-x)NiO + \frac{x}{4}O_2 =\!\!=\!\!= \left(Li_x^+ Ni_{1-2x}^{2+} Ni_x^{3+}\right)O^{2-}$$

缺陷反应为：

$$Li_2O + \frac{1}{2}O_2(g) =\!\!=\!\!= 2Li'_{Ni} + 2h^\cdot + 2O_O^\times$$

在正常的阳离子位置上，通过引进低价离子 Li^+ 促进了高价 Ni^{3+} 的生成。Ni^{3+} 可以看成($Ni^{2+} + h^\cdot$)。此过程提供与 Li^+ 掺杂量相同数量的空穴，因而为 p 型半导体。

对于价控半导体，可以通过改变杂质的组成，获得不同的电性能，但必须注意杂质离子应具有和被取代离子几乎相同的尺寸，而且杂质离子本身有固定的价态，具有高的离子化势能。表 4.7 列举了一些代表性的价控半导体陶瓷。

表 4.7　价控半导体陶瓷

基体	掺杂	生成缺陷种类		半导体类型	应用
NiO	Li_2O	Li'_{Ni}	$Ni^\cdot_{Ni}$	p	热敏电阻
CoO	Li_2O	Li'_{Co}	$Co^\cdot_{Co}$	p	热敏电阻
FeO	Li_2O	Li'_{Fe}	$Fe^\cdot_{Fe}$	p	热敏电阻
MnO	Li_2O	Li'_{Mn}	$Mn^\cdot_{Mn}$	p	热敏电阻
ZnO	Al_2O_3	$Al^\cdot_{Zn}$	Zn'_{Zn}	n	气敏元件
TiO_2	Ta_2O_5	$Ta^\cdot_{Ti}$	Ti'_{Ti}	n	气敏元件
Bi_2O_3	BaO	Ba'_{Bi}	$Bi^\cdot_{Bi}$	p	高阻压敏材料组分
Cr_2O_3	MgO	Mg'_{Cr}	$Cr^\cdot_{Cr}$	p	高阻压敏材料组分
Fe_2O_3	TiO_2	$Ti^\cdot_{Fe}$	Fe'_{Fe}	n	
$BaTiO_3$	La_2O_3	$La^\cdot_{Ba}$	Ti'_{Ti}	n	PTC
$BaTiO_3$	Ta_2O_5	$Ta^\cdot_{Ti}$	Ti'_{Ti}	n	PTC
$LaCrO_3$	CaO	Ca'_{La}	$Cr^\cdot_{Cr}$	p	高温电阻发热体
$LaMnO_3$	SrO	Sr'_{La}	$Mn^\cdot_{Mn}$	p	高温电阻发热体
$K_2O \cdot 11Fe_2O_3$	TiO_2	$Ti^\cdot_{Fe}$	Fe'_{Fe}	n	离子-电子混合电导
SnO_2	Sb_2O_3	$Sb^\cdot_{Sn}$	Sn'_{Sn}	n	透明电极

(2) 组分缺陷

非化学计量化合物中，由于晶体化学组成的偏离，形成离子空位或间隙离子等晶格缺陷称为组分缺陷。这些晶格缺陷的种类、浓度将给材料的电导带来很大的影响。

阳离子空位：化学计量配比的化合物分子式为 MO，主要氧化物包括 MnO、FeO、CoO、NiO 等，由于氧过剩形成了阳离子空位，氧化物分子式通常写为 $M_{1-x}O$。x 值决定于温度和周围氧分压的大小，并因物质种类而异。

在平衡状态下，缺陷化学反应如下：

$$\frac{1}{2}O_2(g) === V_M^{\times} + O_O^{\times}$$

$$V_M^{\times} === V_M' + h^{\cdot}$$

$$V_M' === V_M'' + h^{\cdot}$$

此类氧化物的阳离子通常具有正二价，一旦氧过剩，为了保持电中性，一部分阳离子变为正三价，这可视为二价阳离子俘获一个空穴，形成弱束缚的空穴。通过热激励，极易放出空穴而参与电导，成为 p 型半导体。如能带图 4.28(a)所示，V_M'、V_M'' 在能带间隙中形成受主能级。如果在一定的温度下，阳离子空位全部电离成 V_M''，缺陷化学反应式可简化为：

$$\frac{1}{2}O_2(g) === V_M'' + 2h^{\cdot} + O_O^{\times}$$

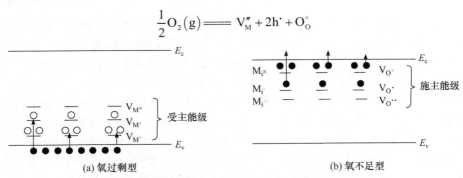

图 4.28 非化学计量氧化物的能带结构和晶格缺陷的能级模型

根据质量作用定律，平衡常数为：

$$K_p = [V_M''][O_O^{\times}][h^{\cdot}]^2 / P_{O_2}^{\frac{1}{2}}$$

其中 $[V_M''] = \frac{1}{2}[h^{\cdot}]$，$[O_O^{\times}] = 1$，可得 $[h^{\cdot}] = 2[V_M''] \propto P_{O_2}^{\frac{1}{6}}$，因此在一定温度下，空穴浓度和氧分压的 1/6 次方成正比。若迁移率不随氧分压变化，则电导率与氧分压的 1/6 次方成正比。图 4.29 为 NiO 单晶高温电导与氧分压关系的实验测试结果。

阳离子空位是一个负电中心，能弱束缚空穴。这种束缚了空穴的阳离子空位的能级距价带顶部很近，当吸收外来能量时，价带中的电子很容易跃迁到此能级上，形成导电的空穴。此过程吸收的能量对应一定波长的可见光能量，从而使晶体具有某种特

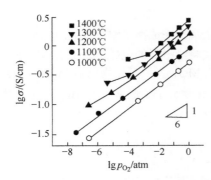

图 4.29 NiO 单晶高温电导与氧分压的关系模型
1atm = 101.325kPa

殊的颜色。这种俘获了空穴的阳离子空位(负电中心)叫作 V-心。V-心也称为色心。

阴离子空位：当氧分压不足或在还原气氛中焙烧时，某些氧化物能够失去部分晶格氧，同时在晶格中产生氧空位，如金红石瓷(主要成分 TiO$_2$)。每个氧离子在离开晶格时要交出两个电子。这些电子可将 Ti^{4+} 还原成 Ti^{3+}，但 Ti^{3+} 不稳定可以释放此电子重新变为 Ti^{4+}。

$$\text{Ti}^{4+}\text{O}_2 \longrightarrow \frac{x}{2}\text{O}_2(\text{g}) + \text{Ti}^{4+}_{1-2x}\text{Ti}^{3+}_{2x}\text{O}^{2-}_{2-x}\,\square_x$$

式中，□为氧离子缺位。由于氧离子缺位，氧化物分子表达式为 TiO$_{2-x}$。反应缺陷方程为：

$$\text{O}^{\times}_{\text{O}} = \text{V}^{\cdot\cdot}_{\text{O}} + 2\text{e}' + \frac{1}{2}\text{O}_2(\text{g})$$

同样，利用质量作用定律，可得：

$$[\text{e}'] = 2\left[\text{V}^{\cdot\cdot}_{\text{O}}\right] \propto P_{\text{O}_2}^{-\frac{1}{6}}$$

氧离子空位相当于一个带正电荷的中心，能束缚电子。被束缚的电子处在氧离子空位上，为最邻近的 Ti^{4+} 所共有，它的能级距导带很近，如图 4.28(b)所示。当受激发时，该电子可跃迁到导带中，因而具有导电能力。因此俘获了电子的氧离子空位的性质同杂质半导体的施主能级很相似，相当于 n 型半导体的特征。当吸收外来能量时，这个电子跃迁到激发态能级上，吸收的能量对应于一定波长的可见光的能量。因此这种晶体对某种波长的光具有特殊的吸收能力，也具有某种特殊的颜色。这就是 TiO$_2$ 在还原气氛中会发黑的原因。通常将这类俘获了电子的阴离子空位称为 F-心，也是一种色心。

间隙离子：金属氧化物 ZnO 中，由于金属离子过剩形成间隙离子缺陷，通常表示为 Zn$_{1+x}$O。在一定温度下，ZnO 晶体和周围氧分压处于平衡状态，其缺陷化学反应为：

$$\text{ZnO} = \text{Zn}^{\times}_{\text{i}} + \frac{1}{2}\text{O}_2(\text{g})$$

$$\text{Zn}^{\times}_{\text{i}} = \text{Zn}^{\cdot}_{\text{i}} + \text{e}'$$

$$\text{Zn}^{\cdot}_{\text{i}} = \text{Zn}^{\cdot\cdot}_{\text{i}} + \text{e}'$$

利用质量作用定律，当生成的主要缺陷为 Zn$^{\cdot}_{\text{i}}$ 时，缺陷化学反应为：

$$\text{ZnO} = \text{Zn}^{\cdot}_{\text{i}} + \text{e}' + \frac{1}{2}\text{O}_2(\text{g})$$

电子浓度与氧分压之间的关系为：

$$[\text{e}'] = [\text{Zn}^{\cdot}_{\text{i}}] \propto P_{\text{O}_2}^{-\frac{1}{4}}$$

当主要缺陷为 $Zn_i^{\cdot\cdot}$ 时，缺陷化学反应简化为：

$$ZnO = Zn_i^{\cdot\cdot} + 2e' + \frac{1}{2}O_2(g)$$

其电子浓度：

$$[e'] \ = 2[\,Zn_i^{\cdot\cdot}\,] \propto P_{O_2}^{-\frac{1}{6}}$$

间隙离子缺陷在能带间隙内，形成施主中心，如图 4.28(b)所示，其施主能级离导带底部很近，例如 $Zn_i^{\times}$ 的能级离导带底部约为 0.05eV，$Zn_i^{\cdot}$ 的能级离导带底部约为 2.2eV。因此，$Zn_i^{\times}$ 较易吸收外界能量而电离，电子跃迁到导带，从而参与电导，形成 n 型半导体。

表 4.8 列出了常见半导体的类型。某材料属于哪一种类型的半导体，可以用霍尔效应来判断。

表4.8 部分半导体材料

n 型					
TiO_2	Nb_2O_5	CdS	Cs_2Se	$BaTiO_3$	Hg_2S
V_2O_5	MoO_3	CdSe	BaO	$PbCrO_4$	ZnF_2
V_3O_8	CdO	SnO_2	Ta_2O_5	Fe_3O_4	ZnO
Ag_2S	CsS	WO_3			
p 型					
Ag_2O	CoO	Cu_2O	SnS	Bi_2Te_3	MoO_2
Cr_2O_3	SnO	Cu_2S	Sb_2S_3	Te	Hg_2O
MnO	NiO	Pr_2O_3	CuI	Se	
两性的					
Al_2O_3	SiC	PbTe	Si	Ti_2S	Mn_3O_4
PbS	UO_2	Ge	Co_3O_4	PbSe	IrO_2，Sn

图 4.30 为杂质半导体霍尔效应示意图。由图可知，在相同条件下 n 型半导体与 p

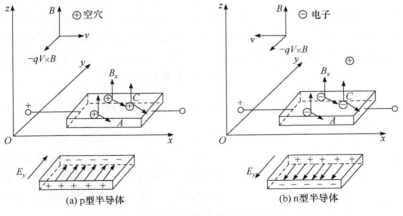

(a) p型半导体 (b) n型半导体

图4.30 杂质半导体的霍尔效应

型半导体产生的霍尔电场的方向相反，根据式(4.27)霍尔系数 R 的符号也相反，n 型半导体的霍尔系数为负，p 型半导体的霍尔系数为正，因此通过霍尔系数的正负可以判断杂质半导体的类型。

4.4　玻璃态电导

玻璃的电导基本上是离子电导，电子电导可以忽略。由于玻璃中电导机理与晶体的相似，因此从晶体情况推导的式(4.48)和式(4.49)也适用于玻璃体。只是由于玻璃的结构比较松散，一般电导活化能比较低，电导率要比相同组成的晶体大一些。但在单一成分的纯玻璃中，如石英玻璃，由于它的结构仍然有一定的规律性，故单一组分玻璃的电阻仍接近同组成的晶体。在实际的工业玻璃或陶瓷材料的玻璃相中，为了改善工艺性能，往往加入其它的金属氧化物(如 Na_2O、K_2O、CaO、MgO、BaO 等)。这些金属氧化物使玻璃的电性能受到很大的影响，尤其是碱金属氧化物使电导率大大增加。由于玻璃体的结构比晶体疏松，碱金属离子能够穿过大于其原子大小的空隙而迁移，同时克服一定的位垒。与晶体不同，玻璃中碱金属离子的能阱(位垒)不是单一的数值，有高有低，如图 4.31 所示。这些位垒的体积平均值就是载流子的活化能。

碱金属离子杂质对玻璃电导起着十分显著的影响。由实验可知碱金属离子浓度对电导率的影响如图 4.32 所示。当碱金属氧化物浓度较小时，电导率随碱金属氧化物浓度的增大而直线性地增加，并且每一种离子都有相同的影响。但随着碱金属离子浓度增加到一定限度时，电导率随碱金属氧化物的浓度增加呈指数式增加，并且碱金属离子的半径越小影响越大。其原因在于：玻璃结构中有些比较疏松的部位，当碱金属氧化物 R_2O 含量不高的情况下，R^+ 离子首先填充到疏松部位的空隙中，碱金属氧化物的增加只是增加电导载流子——碱金属离子浓度，而整个玻璃结构并没有明显地被拆散。即电导率公式 $\sigma = \sigma_0 \exp(-B/T)$ [式(4.50)]中 B 值不发生明显变化，而 σ_0 值增大，于是电导率 σ 直线式增加，电导率和碱金属氧化物浓度成正比。当 R_2O 加入量继续增加，玻璃结构中疏松部位填满以后，开始破坏原来结构比较紧密的部位，使整个玻璃结构进一步松散。这样，除了载流子数量增加以外，其迁移所需克服的势垒高度也大为下降，也就是 B 值随之降低了(如图 4.33)，因而电导率呈指数式上升。这一段的常数 B 与浓度 C 的关系可用下式表示：

$$B\sqrt[3]{C} = 常数 \qquad (4.78)$$

式中，C 为碱金属离子的浓度。

在实际生产中发现，含碱玻璃的电导率可以利用"双碱效应"和"压碱效应"降低，在适当的比例下，甚至可以使玻璃电导率降低 4～5 个数量级。

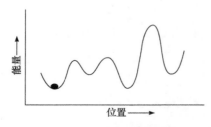

图 4.31　碱金属离子在玻璃中的位垒

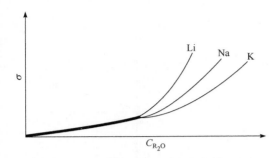

图 4.32　碱金属离子浓度对碱硅玻璃电导率的影响

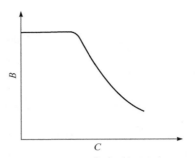

图 4.33　碱金属离子浓度对 B 值的影响

　　双碱效应，亦称"中和效应"，是指当玻璃中碱金属离子总浓度较大时(占玻璃组成25%～30%)，在碱金属离子总浓度不变的情况下，含两种碱金属离子的玻璃电导率比含一种碱金属离子的玻璃电导率要小。当两种碱金属离子浓度比例适当时,电导率可以降到很低(图 4.34)。

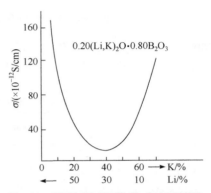

图 4.34　硼钾锂玻璃电导率与锂、钾含量的关系

　　导致这个现象的原因在于，在玻璃体中锂、钠、钾离子的氧离子配位数不同。当含有两种碱金属离子的玻璃相从熔融态冷却时，氧离子根据不同离子尺寸而对碱金属离子做不同的配位，碱金属离子半径大时，其配位空间也大，当此碱金属离子离开后留下的缺位也大，反之则较小。大体积离子难以进入小体积缺位，小体积离子进入大体积缺位也会产生一定的应力，即在能量上不如进入同体积缺位更容易实现。因而可知，在含两种碱金属离子的玻璃中，碱金属离子基本上只进入同种碱金属离子留下的缺位，这样互相干扰的结果使电导率大大下降。此外，由于大离子不能进入小离子缺位，堵塞通路，妨碍了小离子的运动，使迁移率下降，这是"双碱效应"的另一方面原因。

　　"压碱效应"也可称作"压抑效应"，是指含碱玻璃中加入二价金属氧化物，能使玻璃的电导率降低。相应的二价阳离子半径越大，这种效应越强。如加入 Ba^{2+}($r=1.38$Å)、Pb^{2+}($r=1.26$Å)、Sr^{2+}($r=1.20$Å)等大体积离子，这种效应就更显著。这是由于在玻璃结构网络中，二价阳离子同时和两个氧离子相连接，不会使连续的玻璃网络中断，相反还能够把由于碱金属离子破坏的网络重新连接起来，起到"补网"的作用，使碱金属离子移动困难；另外，由于这些二价离子的半径大，质量亦大，因而其活化能很高，即使在高温下也难以移动，同时还阻碍了碱金属离子的迁移。图 4.35 为 $0.18Na_2O\text{-}0.82SiO_2$ 玻璃中，各种氧化物置换 SiO_2 后，其电阻率的变化情况，表明 CaO 提高电阻率的作用最显著。

　　无机材料中的玻璃相，往往也含有复杂组成，一般玻璃相的电导率比晶体相高，因此介质材料应尽量减少玻璃相。上述规律对多晶多相材料中的玻璃相也是适用的。

　　近年来，半导体玻璃作为新型电子材料非常引人注目。半导体玻璃按其组成可分为：① 金属氧化物玻璃(SiO_2等)；② 硫属化物玻璃，这类玻璃或单独以硫(S)、硒(Se)

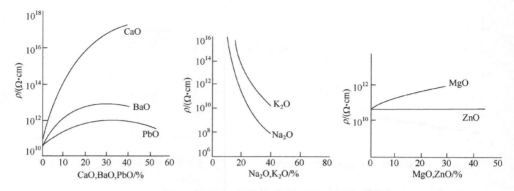

图 4.35 0.18 Na$_2$O-0.82 SiO$_2$ 玻璃中 SiO$_2$ 被其它氧化物置换的效应

和碲(Te)为基础或再与磷(P)、砷(As)、锑(Sb)、铋(Bi)相结合；③ Ge、Si、Se 等元素非晶态半导体。表 4.9 列出了具有代表性的硫属化物半导体玻璃的组成与性能。

表 4.9　硫属化物半导体玻璃的组成与性能

材料组成	透光范围 /μm	折射率 n	软化点/℃	热膨胀系数 $\alpha/(\times10^{-6}K^{-1})$	Knoop 硬度	弹性模量 /GPa
Si$_{25}$As$_{25}$Te$_{50}$	2～9	2.93	317	13	167	
Ge$_{10}$As$_{20}$Te$_{70}$	2～20	3.55	178	18	111	
Si$_{15}$Ge$_{10}$As$_{25}$Al$_{50}$	2～12.5	3.06	320	10	179	
Ge$_{30}$P$_{10}$S$_{60}$	2～8	2.15	520	15	185	
Ge$_{40}$S$_{60}$	0.9～12	2.30	420	14	179	
Ge$_{28}$Sb$_{12}$Se$_{60}$	1～15	2.62	326	15	154	29
As$_{50}$S$_{20}$Se$_{30}$	1～13	2.53	218	20	121	14
As$_{50}$S$_{20}$Se$_{20}$Te$_{10}$	1～13	2.51	195	27	94	10
As$_{35}$S$_{10}$Se$_{35}$Te$_{20}$	1～12	2.70	176	25	106	17
As$_{38.7}$Se$_{61.3}$	1～15	2.79	202	19	114	17
As$_8$Se$_{92}$	1～19	2.48	70	34		
As$_{40}$S$_{60}$(As$_2$S$_3$)	1～11	2.41	210	25		16

4.5　无机材料的电导

无机材料一般为多晶多相固体，具有较复杂的显微结构，含有晶粒、晶界、气孔等。因此，无机材料的电导比起单晶和均质材料要复杂得多。

4.5.1　多晶多相固体材料的电导

多晶多相系统主要包括气相、玻璃相、半导体和绝缘晶粒，其电导特性通常是几

无机非金属材料物理性能

个存在相的共同贡献结果。

(1) 气孔

对于等体积、均匀的少量气孔分布相，随着气孔率的增加，电导率几乎按比例减少，这是由于气孔相电导率较低。如果气孔量很大，形成连续相，无机材料的电导主要受气相控制。这些气孔形成通道，使环境中的潮气、杂质很容易进入，对电导有很大的影响。因此，无机材料的致密化对电导而言是非常重要的。

(2) 玻璃相

玻璃相由于结构松散，活化能比较低。如果玻璃相几乎填充了坯体的晶粒间隙，形成连续网络，那么含有玻璃相的陶瓷材料的电导很大程度决定于玻璃相，特别是在高温时玻璃相具有可观的电导率。如几乎不含玻璃相的刚玉瓷(Al_2O_3)，其电导率很小；而玻璃相含量高(且含有大量碱金属氧化物组成)的绝缘子瓷的电导率较大。

(3) 晶界

晶界对多晶材料的电导影响应联系到离子运动的自由程及电子运动的自由程。对于离子电导，离子运动的自由程的数量级为原子间距；对于电子电导，电子运动的自由程为 $100 \sim 150 Å$。因此，除了薄膜及超细颗粒外，晶界的散射效应比晶格小得多，因而均匀材料的晶粒大小对电导影响很小。相反，半导体材料急剧冷却时，晶界在低温已达平衡，结果晶界比晶粒内部有较高的电阻率，由于晶界包围晶粒，所以整个材料有很高的直流电阻。例如 SiC 电热元件，SiO_2 在半导体颗粒间形成，晶界中 SiO_2 越多，电阻越大。

除此以外，杂质浓度和晶界中组成变化也会对电导产生显著的影响，特别是氧化物材料在颗粒间的边界有形成硅酸盐玻璃的趋势。这种结构相当于两相系统，数量较少相为连续相。系统的电导率取决于各相电导率的相对值。随着温度升高，玻璃相的电导率比晶相的电导率显著，结果系统的电导率随温度上升增加得更为迅速。

(4) 微晶相

绝缘晶粒是低电导相，而半导体晶粒具有高电导率。对于氧化物半导体材料，非化学计量配比组成和气氛的平衡在很大程度上决定着电导率，其性质上的重大变化可能基于不同的烧成条件和冷却时高温组成被保存的程度。快速冷却趋于保存高温、高电导的结构。

材料的电导在很大程度上决定于电子电导。这是由于与弱束缚离子比较，杂质半束缚电子的解离能很小，容易被激发，因而载流子的浓度可随温度剧增。此外，电子或空穴的迁移率比离子迁移率要大许多个数量级。

因此多晶多相固体材料的情况比较复杂，而且其导电机构有电子电导又有离子电导。在这类材料中，相组成和排列是最重要的。相排列与热学性能的热导率相似，主要差别在于各个相变动范围对电性能来说要比热性能大得多。

4.5.2 次级现象

在工程无机电介质中常有一些次级现象伴随着电导同时发生。例如空间电荷效应、电化学老化等，这些现象值得引起注意。

4.5.2.1 吸收现象

测量陶瓷电阻时，经常可以发现，加上直流电压后，会出现一个大的、快速的充电电流和一个与本身电阻有关的、小的、稳定的传导电流，此外还有一个中值电流。在室温下此电流经过几秒到几分钟或更长时间后衰减，电流趋于稳定。切断电源后，将电极短路，发现类似的反向放电电流，并随时间减小到零，如图4.36。随时间变化的这部分电流称为吸收电流，恒定的电流称为漏导电流，这种现象称为吸收现象。

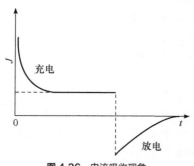

图 4.36 电流吸收现象

吸收现象主要是因为在外电场作用下，瓷体内自由电荷重新分布的结果。当不加外电场时，因热扩散，正负离子在瓷体内均匀分布，各点的密度、能级基本一致。但在外电场作用下，正负离子分别向负、正极移动，引起介质内各点离子密度变化，并保持在高势垒状态。在介质内部，离子减少；在电极附近，离子增加或在某地方积聚，这样形成自由电荷的积累，称为空间电荷，也叫容积电荷。空间电荷的形成和电位分布改变了外电场在瓷体内的电位分布，因此引起电流变化。

空间电荷的形成主要是因为陶瓷内部具有微观和宏观不均匀结构，因而各部分的电导率不一样。微观不均匀结构包括杂质、晶格畸变、晶界等，能够阻止离子的运动，导致电荷聚集在结构不均匀处；宏观不均匀结构包括：①在直流电场中，离子电导的结果使电极附近生成大量的新物质，形成宏观绝缘电阻不同的两层或多层介质；②介质内的气泡、夹层等宏观不均匀性，在其分界面上有电荷积聚，形成电荷极化。

空间电荷的形成导致了吸收电流的产生，因此电流吸收现象主要发生在离子电导为主的陶瓷材料中。电子电导为主的陶瓷材料，因电子迁移率很高，所以不存在空间电荷和吸收电流现象。

4.5.2.2 电化学老化现象

电化学老化现象也往往跟离子电导同时出现。当材料中存在离子电导时，参与电导的基质离子及电极中扩散出来的银离子，在电场作用下迁移到阴极附近时被还原成金属原子，或以胶体状态弥散在电极附近或者以枝蔓状态存在于电极附近使电极间距离缩短。也可能发生阳离子脱离晶格，这就使材料各部分化学成分发生变化，引起材料的电性能发生不可逆的恶化，称为电化学老化。材料的电化学老化在直流高温下进行得十分迅速，须引起注意。

任何形成电导的情况都必然存在着电极和介质的复合系统，因此便有可能在电极和介质间发生离子交换，无机电介质中最常用的电极材料是银，而银离子又十分容易发生扩散现象。对于含有变价离子的电介质，如金红石瓷，在高温下使用时，器件上电极的银原子向坯体内扩散发生下列变化：

$$Ti^{4+} + Ag^0 \longrightarrow Ti^{3+} + Ag^+$$

Ti^{3+}不稳定，能释放电子变成高价态：

$$Ti^{3+} \longrightarrow Ti^{4+} + e^-$$

在这一过程中不断有电子从阴极向阳极移动，银离子向介质中的扩散过程在高温下进行得十分迅速，造成介电性能的急剧恶化。因此高温下工作的介质材料不宜用银电极，且含钛陶瓷要限制使用温度。以锆、锡等氧化物为基础的无钛陶瓷材料在高温下的老化现象比较微弱，因而可作为高温条件下工作的陶瓷材料。除了选用无钛陶瓷，还可以使用铂(金)电极或钯银电极，以避免电化学老化过程。

一般电化学老化的原因主要是离子在电极附近发生氧化还原过程，因此电化学老化的必要条件是介质中至少有一种离子参加电导。如果电导为纯电子电导，则不会发生电化学老化现象。

4.5.3　电导的混合法则

陶瓷材料一般由晶粒、晶界、气孔等所组成，具有复杂的显微结构，因此影响陶瓷材料的电导理论计算因素很复杂。为了简化模型，假设陶瓷材料由晶粒和晶界组成，并且其界面的影响和局部电场的变化等因素可以忽略，则总电导率为：

$$\sigma_T^n = \varphi_G \sigma_G^n + \varphi_B \sigma_B^n \tag{4.79}$$

式中，σ_G、σ_B分别为晶粒、晶界的电导率；φ_G、φ_B分别为晶粒、晶界的体积分数；$n=-1$，相当于图4.37(a)的串联状态，$n=1$为图4.37(b)的并联状态。图4.37(c)相当于晶粒均匀分散在晶界中的混合状态，可以认为n趋近于零。对式(4.79)进行微分，得：

$$n\sigma_T^{n-1}d\sigma_T = n\varphi_G \sigma_G^{n-1}d\sigma_G + n\varphi_B \sigma_B^{n-1}d\sigma_B$$

因为$n \to 0$，则：

$$\frac{d\sigma_T}{\sigma_T} = \varphi_G \frac{d\sigma_G}{\sigma_G} + \varphi_B \frac{d\sigma_B}{\sigma_B}$$

即：

$$\ln\sigma_T = \varphi_G \ln\sigma_G + \varphi_B \ln\sigma_B \tag{4.80}$$

这就是陶瓷电导的对数混合法则，图4.38表示当$\sigma_B/\sigma_G = 0.1$及$\sigma_B/\sigma_G = 0.01$时，总电导率σ_T和φ_B的关系。通常由于陶瓷烧结体中φ_B的值非常小，所以总电导率σ_T随σ_B和φ_B值的变化较小。

但是，实际陶瓷材料由晶粒和晶界组成，当晶粒和晶界之间的电导率、介电常数、多数载流子差异很大时，往往在晶粒和晶界之间产生相互作用，引起各种陶瓷材料特有的晶界效应，例如$ZnO-Bi_2O_3$系陶瓷的压敏效应、半导体$BaTiO_3$的PTC效应、晶界层电容器的高介电特性等。

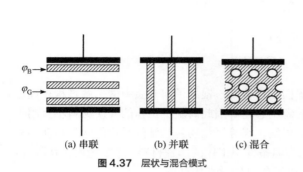

图 4.37　层状与混合模式

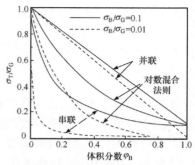

图 4.38　各种模型的 σ_T / σ_G 和 φ_B 的关系

4.6　半导体陶瓷的物理效应

4.6.1　晶界效应

4.6.1.1　压敏效应

　　压敏效应(varistor effect)是指对电压变化敏感的非线性电阻效应，即在某一临界电压以下，电阻值非常高，几乎无电流可以通过，可视为绝缘体；当超过该临界电压(敏感电压)，电阻迅速降低，让电流通过。ZnO 压敏电阻器具有的对称非线性电压-电流特性如图 4.39 所示。

　　压敏电阻器的电压可以用下式近似表示：

$$I = (U/C)^a \tag{4.81}$$

　　式中，I 为压敏电阻器流过的电流；U 为所施加的电压；a 为非线性指数；C 为相当于电阻值的量，是一常数。压敏特征通常由 a 和 C 值决定。a 值大于 1，其值越大，压敏特性越好。C 值的测定是相当困难的，常用在一定电流下(通常为 1mA)所施加的电压 U_c 代替 C 值。U_c 定义为压敏电阻器电压，其值为厚 1mm 试样流过 1mA 电流的电压值。因此压敏电阻器特性可以用 U_c 和 a 来表示。

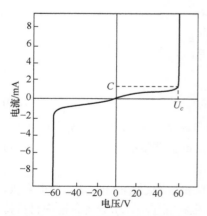

图 4.39　ZnO 压敏电阻器具有的对称非线性

电压-电流特性

　　ZnO 压敏电阻器的生产过程中，烧成温度、烧成气氛、冷却速度等对陶瓷微观结构有很大的影响，因此要获得压敏特性的一个很重要的条件是：要在空气中(氧化气氛下)烧成，缓慢冷却，使晶界充分氧化。所得烧结体表面往往覆盖着高电阻氧化层，因此在被电极前应将此氧化层去除。

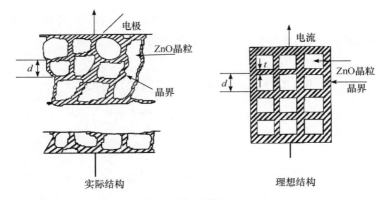

图 4.40　ZnO 压敏陶瓷显微结构

　　压敏效应是陶瓷的一种晶界效应,可采用晶界势垒模型解释其机理。ZnO-Bi$_2$O$_3$ 系陶瓷的显微结构(图 4.40)是由晶粒和包围它的三维富 Bi$_2$O$_3$ 相或固溶体骨架构成,Bi$_2$O$_3$ 副成分相很少存在于两个晶粒间的晶界处,大部分存在于三个晶粒所形成的晶界部位。晶界势垒模型认为,分凝进入晶界极薄的富 Bi 的吸附层带有负电荷,使 n 型半导化的 ZnO 晶粒表面处的能带向上弯曲,形成电子的肖特基势垒。两晶粒的肖特基势垒被富 Bi 层隔开,形成分离的双肖特基势垒。

　　图 4.41 为 ZnO 压敏电阻的双肖特基势垒,图中(a)为施加电压前的肖特基势垒,(b)为施加电压后的情形。当电压较低时,由于热激励,电子必须越过肖特基势垒而流过晶界(热电离过程)。电压达到某一值以上,晶界面上所捕获的电子,由于隧道效应通过势垒,造成电流急剧增大,从而呈现出异常的电压-电流非线性关系。

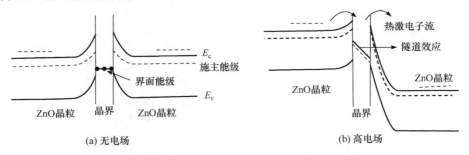

图 4.41　ZnO 压敏电阻双肖特基势垒模型

　　ZnO 压敏电阻已广泛用于半导体和电子仪器的稳压和过压保护以及设备的避雷器等。压敏电阻器是一种无极性过电压保护元件,无论是交流还是直流电路,只需将压敏电阻器与被保护电器设备或元器件并联即可达到保护设备的目的。

4.6.1.2　PTC 效应

　　1955 年,Hayman 第一个发表了价控型 BaTiO$_3$ 半导体专利,继而发现 BaTiO$_3$ 半导体陶瓷的 PTC(positive temperature coefficient,正温度系数)效应。PTC 效应是指电阻

值随温度升高而增大的特性，特别是在居里温度点附近电阻值跃升有 3～7 个数量级，见图 4.42。BaTiO$_3$ 陶瓷的半导化的模式有以下两种，如：

价控型：

$$BaTiO_3 + xLa \longrightarrow Ba_{1-x}^{2+} La_x^{3+} \left(Ti_x^{3+}Ti_{1-x}^{4+}\right) O_3^{2-}$$

$$BaTiO_3 + yNb \longrightarrow Ba^{2+} \left[Nb_y^{5+} \left(Ti_y^{3+}Ti_{1-2y}^{4+}\right)\right] O_3^{2-}$$

还原型：

$$BaTiO_3 - zO \longrightarrow Ba^{2+} \left(Ti_{2z}^{3+}Ti_{1-2z}^{4+}\right) O_{3-z}^{2-}$$

PTC 效应是价控型 BaTiO$_3$ 半导体所特有的，BaTiO$_3$ 单晶和还原型半导体都不具有这种特性。PTC 现象发现以来，有各种各样的理论试图解释这种现象。目前能较好解释 PTC 效应的理论主要为 Heywang 晶界模型。图 4.43 为 Heywang 的晶界模型图。该理论认为 n 型半导体陶瓷的晶界具有表面能级，此表面能级可以捕获载流子，从而在两边晶粒内产生一层电子耗损层，形成肖特基势垒。这种肖特基势垒的高度与介电常数有关。在铁电相范围内，介电常数大，势垒低；当温度超过居里点时，根据居里-外斯定律，材料的介电常数急剧减小，势垒增高，从而引起体积电阻率的急剧增加。由泊松方程可以得到势垒的高度 φ_0：

$$\varphi_0 = \frac{eN_d}{2\varepsilon\varepsilon_0} r^2 \tag{4.82}$$

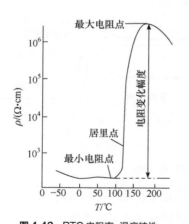

图 4.42 PTC 电阻率-温度特性

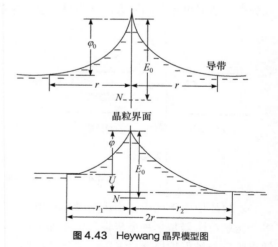

图 4.43 Heywang 晶界模型图

式中，r 为势垒厚度的一半；ε 为绝对介电常数；N_d 为施主密度；e 为电子电荷。PTC 陶瓷的电阻率可以用下式表示：

$$\rho = \rho_0 \exp\left(\frac{e\varphi_0}{kT}\right) \tag{4.83}$$

铁电体在居里温度以上的介电常数遵循居里-外斯定律：

$$\varepsilon = C / \left(T - T_c\right) \tag{4.84}$$

式中，C 为居里常数，T_c 为居里温度。由此可以看出，在居里点以下的铁电相范围内，介电常数大，φ_0 小，所以 ρ 就低；温度超过居里点，ε 就急剧减小，φ_0 变大，ρ 就增高，出现 PTC 效应。Heywang 晶界模型能较好地定性说明 PTC 现象。

PTC 陶瓷一般应用于温度敏感元件、限电流元件以及恒温发热体等方面。温度敏感元件有两种类型：一是利用 PTC 电阻-温度特性，主要用于各种家用电器的过热报警器以及马达的过热保护；另一类是利用 PTC 静态特性的温度变化，主要用于液位计。

限电流元件应用于电子电路的过流保护、彩电的自动消磁。近年来广泛应用于冰箱、空调机等电器的马达起动。

PTC 恒温发热元件应用于家用电器，具有构造简单、容易恒温、无过热危险、安全可靠等优点。从小功率发热元件，诸如电子灭蚊器、电热水壶、电吹风机、电饭锅等发展为大功率蜂窝状发热元件，广泛应用于干燥机、温风暖房机等。目前，PTC 电阻-温度特性获得了更多的工业用途，如电烙铁、石油汽化发热元件、汽车冷起动恒温加热器等。

4.6.2 表面效应

4.6.2.1 表面空间电荷层

通常固体材料的表面不像内部那样具有晶格点阵形成的周期性势场，表面的能带结构也与内部不同。对于离子晶体而言，表面离子朝外的一端，由于没有异性离子的屏蔽作用，对电子具有不同的吸引力。表面正离子具有较大的电子亲和力，因此在能带图上，略低于导带底处出现受主能级，见图 4.44(a)。同时，表面负离子比体内负离子对电子有较小的亲和力，因而在略高于价带顶处出现表面施主能级，这种施主能级和受主能级必然成对出现，这就是离子晶体的本征表面态。除此之外，杂质、空位、吸附、偏析及应变都能产生附加能级。类似于 n 型半导体与 p 型半导体的接触，这些表面能级将作为施主或受主和半导体内部产生电子授受关系，引起电子的转移。这种电子的转移一直持续到表面能级中电子的平均自由能与半导体内部的费米能级相等时为止，在表面层形成表面空间电荷层，平衡状态下表面附近的能带发生弯曲。例如 p 型半导体，当其表面能级高于半导体的费米能级即为施主能级时，从半导体内部俘获空穴而带正电，层内带负电，在表面层形成表面空间电荷层，平衡状态下表面附近的能带向下弯曲，见图 4.44(b)。而 n 型半导体，当其表面能级低于半导体的费米能级即为受主表面能级时，从半导体内部俘获电子而带负电，层内带正电，在表面层形成表面空间电荷层，平衡状态下表面附近的能带向上弯曲，见图 4.44(c)。这两种授受关系都使空间电荷层中的多数载流子浓度比内部小，这种空间电荷层称为多数载流子的耗尽层。

表面空间电荷层内的电荷分布随外界条件的变化，即根据表面能级所俘获的电荷和数量大小，可以形成积累层、耗尽层、反型层三种空间电荷层，材料的电导率也会随之发生变化。利用这一特性可以制作许多敏感元件。

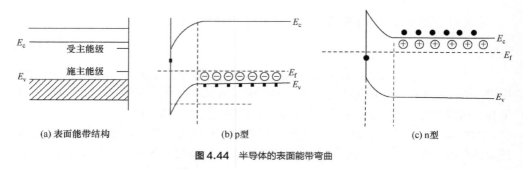

| (a) 表面能带结构 | (b) p型 | (c) n型 |

图 4.44 半导体的表面能带弯曲

4.6.2.2 表面效应的种类

(1) 气敏效应

半导体表面吸附气体时，半导体和吸附气体分子(或气体分子分解后所形成的基团)之间即使电子的转移不那么显著，也会在半导体和吸附分子间产生电荷的偏离。当 n 型半导体负电吸附，p 型半导体正电吸附时，表面均形成耗尽层，因此表面电导率减少。当 n 型半导体正电吸附，p 型半导体负电吸附时，表面均形成积累层，因此表面电导率增加。比如氧分子对 n 型和 p 型半导体都捕获电子而带负电(负电吸附)：

$$\frac{1}{2}O_2(g) + ne^- \longrightarrow O_{ad}^{n-}$$

而 H_2、CO 和酒精等，往往产生正电吸附。但是，它们对半导体表面电导率的影响，即使同一类型的半导体也会因氧化物的不同而不同。

半导体气敏元件的表面与空气接触时，氧常以 O^{n-} 的形式被吸附。实验表明，温度不同，吸附氧离子的形态也不一样。随着温度的升高，氧的吸附形态变化如下：

$$低温 \longrightarrow 高温$$

$$O_2 \longrightarrow \frac{1}{2}O_4^- \longrightarrow O_2^- \longrightarrow 2O^- \longrightarrow 2O^{2-}$$

例如，ZnO 半导体在温度 200～500℃时，氧离子吸附为 O^-、O^{2-}。氧吸附的结果使半导体表面电导减少，电阻增加。在这种情况下，如果接触 H_2、CO 等还原性气体，则它们与已吸附的氧发生反应：

$$\begin{cases} O_{ad}^{n-} + H_2 \longrightarrow H_2O + ne^- \\ O_{ad}^{n-} + CO \longrightarrow CO_2 + ne^- \end{cases}$$

结果释放出电子，因此表面电导率增加。表面控制型气敏元件就是利用表面电导率变化的信号来检测各种气体的存在和浓度。

(2) 湿敏效应

对于湿敏效应有两种机理：表面电子电导和表面离子电导，在此仅分析表面电子电导。

对于 n 型半导体，表面受主能级俘获被激发到导带中的电子，形成表面负空间电荷，形成电子的表面势垒，能带在近表面处相应地上弯，使近表面处电子减少，形成耗尽层，表面电阻因此增大。对于 p 型半导体，由于被激发的是空穴，形成正空间电荷，引起能带向下弯曲，形成空穴的耗尽层，同样使表面电阻增大。

由于在半导体表面形成空间电荷层，成为正电吸附或负电吸附，因而表面对外界杂质有极强的吸引力。对于 p 型湿敏半导体，主要表现为表面氧离子与水分子中的氢原子的吸引。氢原子具有很强的正电场，必然会从半导体表面俘获电子，形成表面束缚态的负空间电荷，而在表面内层形成自由态的正电荷，高正电荷被氧的施主能级俘获，使氧的施主能级密度下降，原来下弯的能带变平，耗尽层变薄，表面载流子密度增加。随着湿度的增大，水分子在表面的附着量增加，表面束缚的负空间电荷增加，为了平衡这种表面负空间电荷，在近表面处集积更多的空穴，形成空穴积累层，使已变平缓的能带上弯，空穴极易通过，载流子密度大大增加，电阻值进一步下降。

对于 n 型半导体，水分子附着后同样形成表面束缚的负空间电荷，使原来已上弯的能带进一步向上弯。当表面价带顶的能级比表面导带底的能级更接近费米能级时，表面层中的空穴浓度将超过电子的浓度，出现反型层。因此空穴很容易在表面迁移，使表面电导增加。对于多孔半导体陶瓷，其晶粒之间的晶界或相界附近，同样由于空间电荷的积累，形成耗尽层，水汽的浸入同样也使耗尽层变薄或反型，使表面电导增大。属于这一类的湿敏陶瓷有 ZnO、CuO、CoO、Fe_2O_3、Cr_2O_3、TiO_2、V_2O_5、SnO_2、$ZnCr_2O_4$、$BaTiO_3$ 等。

4.6.3 西贝克效应

半导体材料的两端如果有温度差，那么在较高的温度区有更多的电子被激发到导带中去，但热电子趋向于扩散到较冷的区域。当这两种效应引起的化学势梯度和电场梯度相等且方向相反时，就达到稳定状态。多数载流子扩散到冷端，产生 $\Delta V/\Delta T$，结果在半导体两端就产生温差电动势。这种现象称为温差电动势效应，如图 4.45 所示。此现象首先由西贝克(Seebeck)发现，因此也称为西贝克效应。

温差电动势系数 α 定义为：

$$\alpha = \frac{dV}{dT} = -\left(V_h - V_c\right)/\left(T_h - T_c\right) \tag{4.85}$$

式中，$(V_h - V_c)$ 为半导体高温区和低温区之间的电位差，V；$(T_h - T_c)$ 为温度差，K。温差电动势系数的符号同载流子带电符号一致，因此测量 α 还可以判断半导体是 p 型还是 n 型。

表 4.10 列出一些主要半导体材料的温差电动势系数 α 的值。

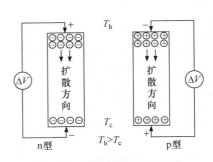

图 4.45　半导体陶瓷的西贝克效应

表 4.10　主要半导体材料的温差电动势系数

材料	$\alpha/(\mu V/℃)$	材料	$\alpha/(\mu V/℃)$	材料	$\alpha/(\mu V/℃)$
ZnO	−710	MoS_2	−770 (30～230℃)	PbTe(n)	−230～−120 (20～400℃)
CuO	−700	CuS	−10	PbTe(p)	+150～+180 (20～110℃)
FeO	−500	FeS	+30	Sb_2Te_3(p)	+30～+130 (−220～30℃)
NiO	+240	PbSe(n)	−220～−180	Bi_2Te_3(n)	−240
Mn_2O_3	+390	PbSe(p)	+190～+230	Bi_2Te_3(p)	+220
Cu_2O	+470～+1150 (−180～360℃)	ZnSb	+150～+200 (−40～180℃)	As_2Te_3	+230～+260

4.6.4　p-n 结

p-n 结是许多半导体器件的核心部分，通常是在一块半导体基片上，用各种方法(如合金法、扩散法、生长法、离子注入法等)把 p 型或 n 型杂质渗入其中，使同一块半导体单晶的不同区域分别具有 p 型和 n 型的导电类型。p 型区与 n 型区的边界及其很薄的过渡区即称为 p-n 结。二极管就是由一个 p-n 结安上两个电极组成，三极管则是由两个 p-n 结构成的。

4.6.4.1　平衡态 p-n 结

p-n 结之所以会出现只允许电流单向通过的整流性质，其物理根源在于 p-n 结区内存在载流子的势垒。当 p 型和 n 型半导体单独存在时，p 区一侧空穴是多子，电子是少子；在 n 区一侧，电子是多子，空穴是少子，但无论 p 型和 n 型半导体均呈电中性。当 p 型和 n 型半导体两者紧密接触组成 p-n 结时，在 p 型和 n 型半导体交界处，由于载流子浓度的差别而导致载流子的扩散运动，即空穴从 p 区向 n 区扩散，电子从 n 区向 p 区扩散。对于 p 区，空穴离开后留下不可移动的带负电荷的电离受主；对于 n 区，电子离开后留下不可移动的带正电的电离施主。这样，在 p-n 结交界附近就出现了以 p 区为负、n 区为正的空间电荷区，如图 4.46 所示。空间电荷区的正、负电荷将形成由 n 区指向 p 区的电场，称为内建电场。在内建电场的作用下，空间电荷区内的电子从 p 区向 n 区漂移，空穴从 n 区向 p 区漂移。随着载流子扩散运动的不断进行，空间电荷区不断扩大，内建电场也不断增强，载流子的漂移运动也不断增大。在无外电场的情况下，最终载流子的扩散运动与漂移运动达到平衡，电子和空穴的扩散电流和漂移电流大小相等、方向相反，所以无净电流

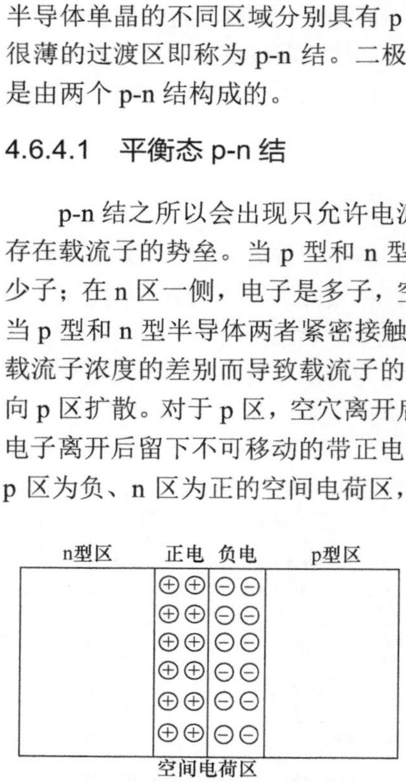

图 4.46　p-n 结的空间电荷区

流过 p-n 结，这种状态称为平衡态 p-n 结。由于 p 区一侧的势能高于 n 区，显然在结区形成了对于电子和空穴的势垒，其作用是阻碍了电子和空穴分别向 p 区和 n 区的扩散。

关于势垒的形成，还可以通过能带的变化看得更为清楚。图 4.47 表示 p 区和 n 区彼此接触前(a)、后(b)的能带图，图中 ⊕ 及 ⊖ 分别代表电离施主和电离受主，E_{fn} 及 E_{fp} 分别代表 n 区和 p 区的费米能级。在接触过程中，由于费米能级高度的差别，引起电子从费米能级高的 n 区向费米能级低的 p 区扩散，空穴由 p 区向 n 区扩散，平衡时达到统一的费米能级，导致 p 区的能带相对高于 n 区。显而易见，发生弯曲的能带对 n 区的电子和 p 区空穴都是势垒，所以电子从势能低的 n 区向势能高的 p 区运动时，必须克服这一势能高坡(势垒)，才能到达 p 区，同理空穴的运动也是如此，因此空间电荷区也称为势垒区。在 p-n 结空间电荷区两端的电势差为 U_d，相应的电子电势能之差为 qU_d，也称为势垒高度。由于势垒高度正好补偿了 n 区和 p 区的费米能级之差，因此势垒的高度可以表示为：

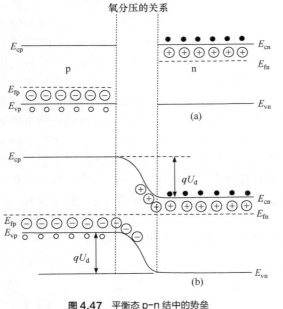

图 4.47 平衡态 p-n 结中的势垒

$$qU_d = E_{fn} - E_{fp} \tag{4.86}$$

4.6.4.2 非平衡态 p-n 结

当对 p-n 结施加正向偏压或反向偏压时，p-n 结处于非平衡态。由于空间电荷区存在内建电场，其中的电子和空穴都被电场"推向"两边而耗尽，因此空间电荷区被视为载流子耗尽区，其电阻率远大于 p 型区和 n 型区的体内电阻率。所以，如果接上外加偏压，则外加电压基本上全部施加在空间电荷区上。

如图 4.48，对 p-n 结施加正向偏压，即 p 区接正、n 区接负时，会有较大的电流通

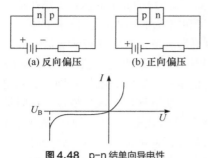

(a) 反向偏压   (b) 正向偏压

图 4.48   p-n 结单向导电性

过 p-n 结，而且其数值随外加电压的增加迅速增大。反之，当对 p-n 结施加反向偏压，即 p 区接负、n 区接正时，只有极微弱的电流通过 p-n 结，并且随电压的增加无明显变化，因此 p-n 结具有单向导电性。当反向偏压达到某一值 U_B 时，反向电流突然增加，这种情形称为反向击穿，U_B 为击穿电压。

如图 4.49(a)所示，当对 p-n 结施加正向偏压时，由于外电源在 p-n 结处的电场方向与 p-n 结内建电场的方向相反，使 p-n 结势垒高度降低，能带弯曲减小，空间电荷区(势垒区)宽度变窄，因此减弱了空间电荷区内建电场的作用，破坏了载流子的扩散内运动与漂移运动之间原有的平衡，使漂移运动减弱。由于 p-n 结两侧载流子浓度并未改变，所以导致 n 区作为多子的电子容易流向 p 区，p 区作为多子的空穴容易流向 n 区，施加较小的正向偏压便可产生较大的电流。当正向偏压增加时，使空间电荷区的内建电场更低，这样就进一步增大了流入 p 区的电子流和流入 n 区的空穴流，使得流过 p-n 结的电流随着所施加的正向偏压增加而增大，此为 p-n 结的正向导通状态。外加反向偏压时，如图 4.49(b)所示，外电源在结处的电场方向与 p-n 结内建电场的方向一致，因此增强了空间电荷区内建电场的作用，使 p-n 结的势垒上升，能带弯曲加大，空间电荷区变宽，使漂移电流大于扩散电流。由于空间电荷区的内建电场是由 n 区指向 p 区，所以 p-n 结具有"抽取"作用，即把 p 区进入空间电荷区的电子(p 区中少子)推向 n 区，把 n 区进入空间电荷区的空穴(n 区的少子)推向 p 区。由于能进入空间电荷区的少子数量是有限的，因而这样形成的反向电流很小，电流很容易饱和，即在一定的电压范围内反向电流一直保持不变。当负偏压继续增大时，势垒很大，能带弯曲变大，空间电荷区变薄，如图 4.49(c)所示，出现隧道效应，即 n 区的导带和 p 区的价带具有相同的能量量子态，此时电流急剧增大，产生绝缘破坏。

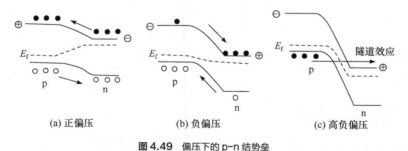

(a) 正偏压   (b) 负偏压   (c) 高负偏压

图 4.49   偏压下的 p-n 结势垒

4.6.4.3 半导体的光生伏特效应

在一定温度下，半导体内价带电子可以从晶格原子的热振动中获得大于禁带的能量，从价带激发到导带，形成导带的电子和价带的空穴(即电子-空穴对)。通常把单位

无机非金属材料物理性能

时间和单位体积内所产生的电子-空穴对数称为产生率。另一方面导带的电子和价带的空穴也会不断地相遇复合而消失(电子-空穴对的复合), 将多余的能量传给晶格原子, 通常把单位时间和单位体积内复合掉的电子-空穴对数称为复合率。在稳定时, 两种相反的作用相平衡, 即产生率等于复合率, 半导体处于热平衡态。它是动态、相对的平衡。

半导体中除热激发能产生电子-空穴对外, 光激发也能产生电子-空穴对, 使原来相对的平衡态被破坏而使半导体处于与热平衡偏离的状态。当光照射半导体时, 如果光子能量大于禁带宽度 E_g, 价带电子吸收光子的能量跃迁到导带, 导致导带的电子和价带的空穴数目增加, 引起半导体的电导率增高。因此, 用能量等于或大于禁带宽度的光子照射 p-n 结, p 区和 n 区都产生电子-空穴对, 产生非平衡载流子, 非平衡载流子破坏原来的热平衡; 非平衡载流子在内建电场作用下, n 区空穴向 p 区扩散, p 区电子向 n 区扩散, 能带变化见图 4.50; 若 p-n 结开路, 在 p-n 的两边积累电子-空穴对, 产生开路电压, 此过程为光生伏特效应(图 4.51)。

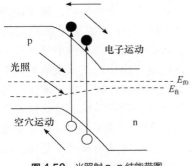

图 4.50　光照射 p-n 结能带图

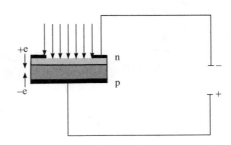

图 4.51　光生伏特效应

第**5**章

无机非金属材料的介电性能

按对外电场的响应方式，材料的电学性能可分为导电性能和介电性能。材料的导电性能是指以电荷(电子、离子和空位等载流子)长程迁移，即以传导的方式对外电场做出响应。材料的介电性能是指以感应方式对外电场等物理作用做出的响应，不存在载流子在电场作用下的长程迁移，但仍然有电现象，即产生电偶极矩或电偶极矩的改变。这一类材料即所谓的介电材料，属于绝缘体。

介电材料中的荷电粒子被束缚在固定的位置上，但可以发生微小移动，这种微小移动起因于材料中束缚电荷在电场作用下，正负束缚电荷中心发生分离，从而引起电极化，如此将电荷作用传递开来。可以说，介电材料的电学性质是通过外界作用(包括电场、应力、温度等)来实现的，相应形成介电晶体、压电晶体、热释电晶体和铁电晶体，这几类材料的相互关系如图 5.1 所示。

图 5.1 几种介电材料的相互关系

5.1 电介质极化

5.1.1 极化现象及其物理量

组成电介质的粒子(原子、分子或离子)可分为极性和非极性两类。非极性介质粒子在没有外电场作用时，其正、负电荷中心是重合的，对外不显示极性。当外电场作用时，粒子的正、负电荷中心将发生移动，形成电偶极子，如图 5.2 所示。电偶极子中的一对正、负电荷因互相牢固束缚而一起运动，可以看成是一个复合粒子。设正、负电荷带电量分别为 $+q$、$-q$，电荷中心的相对位移矢量为 l，则可定义此偶极子的电偶极矩 $\mu = ql$，并规定其方向从负电荷指向正电荷，即电偶极矩的方向与外电场的方向一致。

介质材料被极化后，电偶极子的方向都沿外电场方向，因此在电介质表面出现正、负束缚电荷。外电场越强，每个粒子的正、负电荷中心的距离越大[图 5.3(b)]，粒子的电偶极矩也越大，电介质表面出现的束缚电荷也就越多

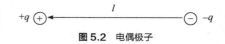

图 5.2 电偶极子

[图 5.3(c)]，电极化的程度也就越高。当外电场去除后，粒子的正、负电荷中心又重合，束缚电荷也随之消失[图 5.3(a)]。

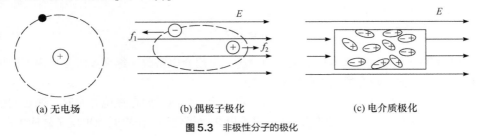

(a) 无电场 (b) 偶极子极化 (c) 电介质极化

图 5.3 非极性分子的极化

　　由极性分子组成的电介质，虽然每个分子都有一定的电偶极矩，但是在没有外电场时，由于分子热运动，电偶极矩的排列一般是混乱的，整个电介质呈电中性，对外不显示出极性。当把极性电介质放在外电场中时，每个分子都受到电力矩的作用，使分子电偶极矩有转向外电场方向的趋势，如图 5.4。转向后每个偶极子的电偶极矩 μ 应看作原极性分子偶极矩在电场方向的投影。因此，外电场越强，偶极子的排列越整齐，电介质表面出现的束缚电荷也就越多，电极化的程度也就越高。当外电场去除后，电偶极矩的排列又处于混乱状态，介质表面的束缚电荷也随之消失。

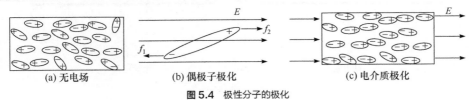

(a) 无电场 (b) 偶极子极化 (c) 电介质极化

图 5.4 极性分子的极化

　　对于晶体而言，在晶体的一个晶胞中，如果正、负电荷中心不重合，亦可视为一个偶极子，可以用电偶极矩来进行定量的描述。

　　从微观上看，极化是由于组成介质的原子(或离子)在电场作用下使其电子壳层发生变形，以及由于正、负离子的相对位移而产生感应电矩。此外，极化还可能是由于分子(或晶胞)中的不对称所引起的固有电矩，在外电场作用下，趋于转至与电场平行方向而发生的。因此，所有不同形式的电介质极化都可以归结为介质中形成了一些偶极子。它们的轴沿电场方向排列，所有这些偶极子的正极靠近电场负极，负极靠近电场正极。

　　电介质材料在电场作用下的极化程度用极化强度 P 表示，它是介质单位体积中的感生电偶极矩，简称电矩，或介质表面的面电荷密度(极化电荷密度)，即：

$$P = \frac{\sum \mu}{V} = n\bar{\mu} \tag{5.1}$$

　　式中，P 为极化强度，C/m^2；n 是单位体积中的偶极子数(也就是单位体积中的质点数)；$\bar{\mu}$ 是偶极子的平均电偶极矩。

　　组成电介质的质点的平均偶极矩 $\bar{\mu}$ 与作用在质点上的电场强度 E_{loc} 成正比，即：

$$\bar{\mu} = \alpha E_{loc} \tag{5.2}$$

比例系数 α 称为质点的极化率，代表了单位电场强度作用下所产生的电偶极矩的大小，是反映电介质极化特性的微观物理量，只与材料的性质有关，其单位是 $F \cdot m^2$ (法·米)。因此，极化强度 P 也可以写成：

$$P = n\alpha E_{loc} \tag{5.3}$$

电极化是电介质最基本和最主要的性质，可用介电常数 ε 综合反映介质内部的电极化行为。下面讨论介质充电的微观过程。

设想在平行板电容器的两板上充以一定电荷，当两板间存在电介质时，两板间的电场总是比没有电介质存在时低。这是由于电介质极化后，在表面上出现了感应电荷，如图 5.5 所示。

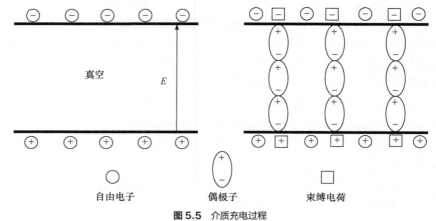

图 5.5 介质充电过程

对于极板面积为 S，两极板内表面距离为 d 的电容器，当两极板间放入电介质时，电容器的电容 C 要比两极板间为真空时的电容 C_0 大，可表示为：

$$C = \varepsilon_r C_0 = \varepsilon_r \frac{\varepsilon_0 S}{d} = \varepsilon \frac{S}{d} \tag{5.4}$$

式中，$\varepsilon = \varepsilon_r \varepsilon_0$，$\varepsilon$ 和 ε_0 分别为电介质的介电常数(绝对介电常数)和真空介电常数($\varepsilon_0 = 8.85 \times 10^{-12} F/m$)，量纲相同；$\varepsilon_r$ 为介质的相对介电常数，无量纲。ε 和 ε_r 都是描述电介质材料极化性能的基本参数，它们是极化性能的平均值。对于均匀电介质材料，ε 和 ε_r 为常数，其中 ε_r 恒大于 1。表 5.1 为一些常用材料的相对介电常数。

表 5.1 常用材料的相对介电常数

材料	ε_r	材料	ε_r	材料	ε_r
石蜡	2.0~2.5	石英晶体	4.27~4.34	TiO_2 晶体	86~170
聚乙烯	2.26	Al_2O_3 陶瓷	9.5~11.2	TiO_2 陶瓷	80~110
聚氯乙烯	4.45	NaCl 晶体	6.12	$CaTiO_3$ 晶体	130~150
天然橡胶	2.6~2.9	LiF 晶体	9.27	$BaTiO_3$ 晶体	1600~4500
酚醛树脂	5.1~8.6	云母晶体	5.4~6.2	$BaTiO_3$ 陶瓷	1700

在真空状态，极板上的电荷密度 D 与外电场 E 的关系为：

$$D = \varepsilon_0 E \tag{5.5}$$

当两极板间充以均匀电介质材料时，极板上电荷密度 D 等于自由电荷密度 Q 与束缚电荷密度(极化电荷密度)P 之和，即：

$$D = Q + P = \varepsilon_0 E + P = \varepsilon_0 \varepsilon_r E = \varepsilon E \tag{5.6}$$

因此，极化强度 P 亦可表示为：

$$P = \varepsilon_0 (\varepsilon_r - 1) E \tag{5.7}$$

把束缚电荷和自由电荷的比例定义为电介质的相对电极化率 χ_e：

$$\chi_e = \frac{P}{\varepsilon_0 E} = \varepsilon_r - 1 \tag{5.8}$$

极化强度可用下式表示：

$$P = \varepsilon_0 \chi_e E \tag{5.9}$$

5.1.2 电介质中的有效电场和克劳修斯-莫索蒂方程

在外电场的作用下，电介质发生极化，整个介质出现宏观电场，如图 5.6 所示。外加电场 $E_{外}$ 为由物体外部固定电荷所产生的电场，即极板上的所有电荷产生的电场。退极化电场 E_1 是构成介质所有质点电荷的电场，由介质外表面上的表面电荷密度所产生。宏观电场强度为外加电场和退极化电场之和，即：

$$E = E_{外} + E_1 \tag{5.10}$$

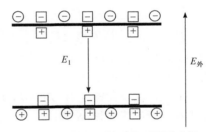

图 5.6 宏观电场和外加电场、退极化电场之间的关系

宏观电场强度是对整个介质而言的，它只考虑了介质表面极化电荷的影响，而没有考虑介质内部极化了的原子(或分子)的影响，因为只有在认为介质是连续的条件下，才有可能假定各个极化原子之间的相互作用得到补偿。但作用在每个分子或原子上使之极化的局部电场并不包括该分子或原子自身极化所产生的电场，因此局部电场不等于宏观电场，它由两个电场相加而成，即宏观电场和因介质的极化质点(原子或分子等)作用于所考虑的质点而造成的电场。计算局部电场的方法是由洛伦兹最先提出的，他把介质中所有分子对于某一个分子的作用分成两部分，在介质中假想割出一个空球，称为洛伦兹空腔(见图 5.7)。球的体心即为被考察的分子，取球的半径 r 远大于原子间距，这样球外部分电介质可作为连续的介质；另一方面球半径应比整个介质小得多，这两个条件是容易满足的，只要取球半径等于原子尺度的几十倍或几百倍就可以了。因此从宏观来说，可视球内为均匀的，即宏观电场对球内各点作用相同。作用在被考察分子

上的有效电场由三部分组成，一是宏观电场强度 E，二是空球表面极化电荷作用场 E_2，三是球内只考虑原点附近偶极子的影响即 E_3，因此有效内电场(局部电场)强度等于：

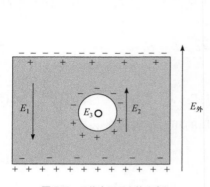

图 5.7　晶体中原子上的内电场

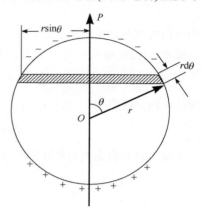

图 5.8　球形空腔电场的计算

$$E_{\text{loc}} = E + E_2 + E_3 = E_{\text{外}} + E_1 + E_2 + E_3 \tag{5.11}$$

对于平行板电容器，E_1 为束缚电荷在无介质存在时形成的电场，即：

$$E_1 = \frac{P}{\varepsilon_0} \tag{5.12}$$

计算 E_2 时，应设想球里面除了这个被考察的分子以外的所有分子都除去，由于半径为 r 的空球在实际中是不存在的，不可能引起介质中电场畸变，因此可以认为球的内部和外部电场都是均匀的。如图 5.8 所示，以 θ 表示相对于极化方向的夹角，θ 处空腔表面上的面电荷密度为 $-P\cos\theta$，环半径为 $r\sin\theta$，环的宽度是 $r\mathrm{d}\theta$，则 $\mathrm{d}\theta$ 角对应的微小环球面的表面积 $\mathrm{d}S$ 为：

$$\mathrm{d}S = 2\pi r\sin\theta r\mathrm{d}\theta = 2\pi r^2\sin\theta\mathrm{d}\theta \tag{5.13}$$

$\mathrm{d}S$ 面上的电荷为：

$$\mathrm{d}q = -P\cos\theta\mathrm{d}S = -2\pi r^2 P\cos\theta\sin\theta\mathrm{d}\theta \tag{5.14}$$

所以 $\mathrm{d}q$ 在空腔球心 O 点产生的电场(在 P 方向上投影)为：

$$\mathrm{d}E = -\frac{1}{4\pi\varepsilon_0} \times \frac{\mathrm{d}q}{r^2}\cos\theta = \frac{1}{2\varepsilon_0}P\sin\theta\cos^2\theta\mathrm{d}\theta \tag{5.15}$$

则整个空腔球面上的电荷在 O 点产生的电场(洛伦兹场)强度为：

$$E_2 = \int_0^\pi \mathrm{d}E = \int_0^\pi \frac{1}{2\varepsilon_0}P\sin\theta\cos^2\theta\mathrm{d}\theta = \int_0^\pi -\frac{1}{2\varepsilon_0}P\cos^2\theta\mathrm{d}(\cos\theta) = \frac{1}{3\varepsilon_0}P \tag{5.16}$$

电场强度 E_3 是球内所有极化分子(即感应的偶极子)的作用电场强度,它与介质的结构有关,对于单原子立方点阵晶体和双原子立方点阵晶体的内电场强度 $E_3=0$,所以局部电场强度为:

$$E_{loc} = E + E_2 + E_3 = E + \frac{1}{3\varepsilon_0}P \qquad (5.17)$$

根据式(5.7)和式(5.17)可知:

$$E_{loc} = E + \frac{1}{3\varepsilon_0}P = E + \frac{1}{3\varepsilon_0}\varepsilon_0(\varepsilon_r - 1)E = \frac{\varepsilon_r + 2}{3}E \qquad (5.18)$$

由式(5.3)、式(5.7)和式(5.18),可得:

$$\frac{\varepsilon - 1}{\varepsilon + 2} = \frac{n\alpha}{3\varepsilon_0} \qquad (5.19)$$

式(5.19)就是克劳修斯-莫索蒂方程(简称克-莫方程)的一种形式,适用于分子间作用很弱的气体、非极性液体和非极性固体以及一些 NaCl 型离子晶体和具有适当对称性的晶体。

由克-莫方程可知,为了获得高介电常数 ε,应选择极化率 α 大的离子,且单位体积内极化质点数 n 多的材料。

5.1.3　极化的形式及其影响因素

极化的基本形式一般分为两种:第一种是弹性的、瞬时完成的极化,不消耗能量,电子位移极化、离子位移极化属于这种类型;第二种是松弛极化,这种极化需要一定的时间,并且是非弹性的,因而消耗一定的能量。电子松弛极化、离子松弛极化属于这种类型。实际上电介质的极化过程是非常复杂的,其极化形式也是多种多样的。

5.1.3.1　电子位移极化

没有受电场作用时,组成电介质的分子或原子所带正、负电荷中心重合,对外呈电中性;受电场作用时,正、负电荷中心产生相对位移,这一物理过程可以解释为电子云发生了变形而使正、负电荷中心分离,中性分子则转化为偶极子,从而产生了电子位移极化(图 5.9)。电子位移极化建立时间非常短,与光振动周期相近,达 $10^{-16}\sim$
10^{-14}s,因此 ε_r 不随频率变化。电子位移极化完全是弹性的,即外电场消失后会立即恢复原状,且不消耗任何能量,这种极化形式在所有电介质中都存在。仅有电子位移极化而不存在其它极化形式的电介质只有中性的气体、液体和少数非极性固体。当材料中只有电子位移极化时,其损耗是很低的。

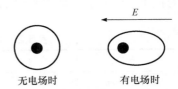

无电场时　　　有电场时
图 5.9　电子位移极化

研究电子位移极化，关键是计算电子极化率，经典理论将质点看作具有一个点状核的球状负电壳体，由带+q电荷的核和具有均匀电荷密度、半径为r的带负电的球状电子云组成(图5.10)。在外电场作用下，电子云相对于原子核发生位移，而使核中心沿电场方向移动到离原子中心的距离为x的新位置(图5.11)。

当驱动力与原子体系内库仑弹性恢复力相等时，即为平衡状态。由高斯定理可知，恢复力只是由总电荷(包含在半径为x的小球内部的那部分电荷)引起的。

采用不同的经典理论模型，可以估算出电子位移极化率α_e的大小。下面采用玻尔原子模型来计算α_e。玻尔圆周轨道模型将负电荷看作一个点电荷绕核做圆周运动，在电场作用下，轨道沿电场反方向移动距离x(图5.11)，电子位移极化率α_e随r的增大而增大，计算公式如下：

$$\alpha_e = 4\pi\varepsilon_0 r^3 \tag{5.20}$$

式中，α_e单位为cm³。

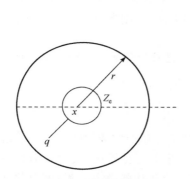

图5.10 点核球状负电壳模型

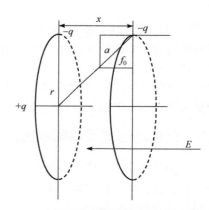

图5.11 玻尔圆周轨道模型

式(5.20)表明电子轨道半径增大时，α_e应剧增，因为这时电子与核的联系减弱。原子中电子增多时，α_e也应增长，每一个电子将在电场作用下都会有一些位移，而价电子在电场作用下应得到最大位移，因为它的轨道半径最大，与核的联系最弱。由此可以预知元素按门捷列夫元素周期表顺次变化时α_e的变化规律。从周期表来看，同一族元素的原子自上而下半径增大，电子数目也增多，故α_e必然增大，这在实验中得到证实，见表5.2。同一周期的元素的原子自左至右，电子数增多，但半径减小，故α_e可能增大或减小，要看哪个因素占优势。

表5.2 周期表中同一族元素的电子位移极化率

元素	F	Cl	Br	I
$\alpha_e/(\times 10^{-24}\text{cm}^3)$	0.4	2.4	3.6	5.8

在许多情形中，因为很多晶体介质是由离子点阵构成的，在无定形介质和多晶介质中，有大量不同的离子，因此知道每种离子的电子极化率具有重要意义。离子中电子位移极化的性质与原子中的大致相同。把周期表中同一周期的离子的 α_e 加以比较，可知原子序数增大时，离子的 α_e 减小，见表 5.3。

表 5.3　离子的电子极化率

离子	原子的电子数		离子的电子数	$\alpha_e/(\times 10^{-24}cm^3)$
	K 层	L 层		
He	2	—	—	0.197
Li^+	2	1	2	0.079
Be^{2+}	2	2	2	0.035
B^{3+}	2	2；1	2	0.020
C^{4+}	2	2；2	2	0.012
O^{2-}	2	2；4	10	2.76
F^-	2	2；5	10	0.985

由表 5.3 可知，如果离子结构相同，α_e 随原子序数或核电荷的增大而减小。这是因为核电荷的增大使电子与核的联系大大增加，因此使 α_e 减小。负离子 O^{2-} 和 F^- 比起同一周期的正离子，壳内电子多很多，电子轨道的半径较大，因此 α_e 很大。

对于陶瓷介质材料而言，其电子式极化程度的大小实际上是组成它的各种离子的电子式极化程度的总和。而一种离子的电子式极化程度除了与它的 α_e 大小有关，还与离子的大小有关。如果离子较小，则单位体积内的离子数就多，对电子式极化的贡献也就大。因此用 $\dfrac{\alpha_e}{r^3}$ 值（r 为离子半径）可以比较全面地评价一种离子对陶瓷材料电子式极化所起的作用。各种离子的 α_e、r 和 $\dfrac{\alpha_e}{r^3}$ 值列于表 5.4。

表 5.4　各种离子的 α_e、r 和 $\dfrac{\alpha_e}{r^3}$ 值

离子	$\alpha_e/$ $(\times 10^{-24}cm^3)$	$r/\times 10^{-8}cm$	$r^3/$ $(\times 10^{-24}cm^3)$	$\dfrac{\alpha_e}{r^3}$	离子	$\alpha_e/$ $(\times 10^{-24}cm^3)$	$r/\times 10^{-8}cm$	$r^3/$ $(\times 10^{-24}cm^3)$	$\dfrac{\alpha_e}{r^3}$
与惰性气体相似的结构									
He	0.197	—	—	—	Kr	2.51	—	—	—
Li^+	0.079	0.78	0.475	0.166	Rb^+	1.81	1.49	3.31	0.547
Be^{2+}	0.035	0.34	0.039	0.891	Sr^{2+}	1.42	1.27	2.05	0.692
B^{3+}	0.020	(0.26)	(0.018)	(1.14)	Y^{3+}	1.02	1.06	1.19	0.857
C^{4+}	0.012	0.20	0.008	1.5	Zr^{4+}	0.80	0.87	0.66	1.21
O^{2-}	2.26	1.32	2.30	1.20	Te^{2-}	9.60	2.11	9.40	1.02
F^-	0.985	1.33	2.36	0.417	I^-	9.29	2.20	10.64	0.684

离子	$\alpha_e/$ $(\times10^{-24}cm^3)$	$r/\times10^{-8}cm$	$r^3/$ $(\times10^{-24}cm^3)$	$\dfrac{\alpha_e}{r^3}$	离子	$\alpha_e/$ $(\times10^{-24}cm^3)$	$r/\times10^{-8}cm$	$r^3/$ $(\times10^{-24}cm^3)$	$\dfrac{\alpha_e}{r^3}$
				与惰性气体相似的结构					
Ne	0.394	—	—		Xe	4.10	—	—	—
Na^+	0.197	0.98	0.940	0.210	Cs^+	2.48	1.65	4.49	0.552
Hg^{2+}	0.114	0.78	0.475	0.24	Ba^{2+}	1.69	1.43	2.92	0.579
Al^{3+}	0.067	0.57	0.186	0.36	La^{3+}	1.58	1.22	1.82	0.869
Si^{4+}	0.039	0.39	0.059	0.657	Ce^{4+}	1.20	1.02	1.06	1.13
S^{2-}	5.90	1.74	5.27	1.12					
Cl^-	3.34	1.81	5.93	0.579			其他离子		
Ar	1.65	—	—	—	Cu^+	1.81	1.0	1.0	1.81
K^+	0.879	1.33	2.30	0.382	Zn^{2+}	0.114	0.83	0.572	0.199
Ca^{2+}	0.531	1.06	1.19	0.444	Ag^+	1.85	1.13	1.44	1.28
Sc^{3+}	0.382	0.80	0.51	0.75	Cd^{2+}	0.96	1.03	1.09	0.88
Ti^{4+}	0.272	0.64	0.262	1.04	Hg^{2+}	1.99	1.12	1.41	1.41
S^{2+}	6.42	1.91	6.96	0.922	Cu^{2+}	0.670	(0.82)	(0.552)	(1.21)
Br^-	4.80	1.96	7.53	0.638	Pb^{2+}	4.32	1.32	2.3	1.89

注：括弧中数据用外推法得出。

从表 5.4 中可以看出，O^{2-}、B^{3+}、Ti^{4+}、Zr^{4+}、Pb^{2+}等离子的 $\dfrac{\alpha_e}{r^3}$ 值特别大，因此高介电常数的陶瓷材料常含有这些离子是有根据的。还有 Cu^+、Ag^+等离子的 $\dfrac{\alpha_e}{r^3}$ 值也很大，不过一般在陶瓷材料中较少用。

温度对电子式极化影响不大，表现为温度升高时介质略有膨胀，单位体积内的离子数减少，又因为电子的轨道半径是量子化的，随温度的变化不大。所以随着温度的升高，电子位移极化强度降低，引起 ε_r 略有下降，使 ε_r 具有很小的负温度系数($TK\varepsilon$)。

5.1.3.2 离子位移极化

离子晶体中无电场作用时，离子处在正常结点位置并对外保持电中性，但在电场作用下，正离子沿着电场方向移动有限距离，负离子逆着电场方向移动有限距离，使正负电荷中心分离，造成感生电偶极矩，这种极化称为离子位移极化，它在离子晶体介质中是很典型的，如图 5.12 所示。

与电子位移极化类似，在电场中离子的位移，仍然受到弹性恢复力的限制(恢复力包括离子位移引起的电场作用)。在弱电场作用下，离子相对其平衡位置的位移是很小的，还在正负离子作用的力场范围内，因此它是一种可逆的弹性位移。这种极化是外电场的静电作用力与异性离子的库仑引力和离子的电子壳间的斥力达到暂时平衡的结果(图 5.13)。因此离子极化率和电子极化率一样与弹性系数 k 成反比，有：

$$\alpha_i = \frac{q^2}{k} \tag{5.21}$$

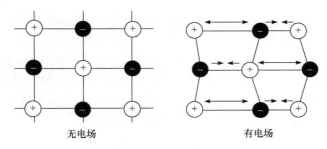

图 5.12　离子位移极化示意图

感生电偶极矩为：

$$\mu = q\left(x_+ - x_-\right) = \alpha_i E_{\text{loc}} \tag{5.22}$$

式中，x_+、x_- 分别为正、负离子位移；α_i 为离子位移极化率。

离子位移极化主要存在于离子键构成的晶体中，由于离子质量远大于电子，因此极化建立的时间也比电子位移极化慢，约 $10^{-13} \sim 10^{-12}$s，故在一般的频率范围内，可以认为 ε_r 与频率无关。

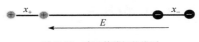

图 5.13　离子位移极化模型

离子位移极化属弹性极化，几乎没有能量损耗。当温度升高时，离子间的结合力降低，使极化程度增加，但离子的密度随温度升高而减小，使极化程度降低。通常，前一种因素影响较大，故 ε_r 一般具有正的温度系数，即温度升高，出现极化程度增强的趋势。

5.1.3.3　松弛极化

有一种极化，虽然也由电场作用造成的，但是它还与质点的热运动有关。例如，当材料中存在着弱联系电子、离子和偶极子等松弛质点时，热运动使这些松弛质点分布混乱，而电场力图使这些质点按电场规律分布，最后在一定的温度下发生极化。这种极化具有统计性质，叫作热松弛极化。松弛极化的带电质点在热运动时移动的距离可与分子大小相比拟，甚至更大。由于质点需要克服一定的势垒才能移动，因此这种极化建立的时间较长，可达 $10^{-9} \sim 10^{-2}$s，并且需要吸收一定的能量，因而与弹性位移极化不同，它是一种非可逆的过程。在无线电频率特别是在较高的频率下，极化尚未完全建立，电场已发生交变，极化永远跟不上电场的变化，因此在高频下使用时有较大的能量损耗。

根据松弛极化的质点不同可以分为离子松弛极化、电子松弛极化、偶极子松弛极化，多发生在晶体缺陷区或玻璃体内，有极性分子的物质也会发生。

(1) 离子松弛极化

在晶体中，处于正常格点(即平衡位置)上的正、负离子能量最低，最为稳定，同时离子间的相互作用也很强，把离子牢固地束缚在结点上，这些离子称为强联系离子。它们在电场的作用下，只能产生弹性位移极化。但在一些材料中，如玻璃态物质(如无机玻璃)、结构较松散的离子晶体(如堇青石、莫来石等)、存在杂质和缺陷(如填隙离子、离子缺位)的晶体，离子本身能量较高，只要有较少的外加能量，就能活化实现迁移，这些离子称为弱联系离子。弱联系离子的极化可以从一个平衡位置到另一个平衡位置，当去掉外电场，离子不能回到原来的平衡位置，因而是不可逆的迁移。这种迁移的行程可与晶格常数相比较，因而比弹性位移距离大。但是离子松弛极化的迁移和离子电导不同，离子电导是离子做远程迁移，而离子松弛极化质点仅做有限距离的迁移，它只能在结构松散区或缺陷区附近移动，需要越过势垒 $U_松$，如图 5.14 所示。由于 $U_松$ < $U_{电导}$，所以离子参加极化的概率远大于参加电导的概率。

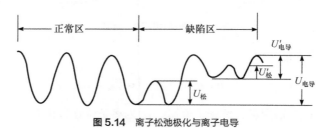

图 5.14　离子松弛极化与离子电导

离子松弛极化率为：

$$\alpha_{\mathrm{T}} = \frac{q^2 x^2}{12kT} \tag{5.23}$$

式中，α_{T} 为弱束缚离子的松弛极化率；x 为两平衡位置间的距离；k 为玻耳兹曼常数；T 为热力学温度。

离子松弛极化率比电子位移极化率、离子位移极化率大一个数量级，可导致材料大的介电常数。

温度升高时，离子松弛时间减小，松弛加快，也就是松弛极化容易发生，极化建立得更充分，这时介电常数升高；另一方面温度升高，密度减小，单位体积内的极化质点数少了，导致极化的减弱，极化率下降，使介电常数降低，所以在适当温度下，介电常数有极大值。另外一些具有离子松弛极化的无机材料的介电常数与温度并未出现极大值，这是因为参加松弛极化的离子数随温度升高而连续增加。此外，具有松弛极化的介质，一般介电常数较大，介质损耗也较大。

离子松弛极化随频率变化，由于其松弛时间长达 $10^{-5} \sim 10^{-2}$s，所以在无线电频率下(10^6Hz)，离子松弛极化来不及建立，因而介电常数随频率升高明显下降。频率很高时，无松弛极化，只存在电子和离子的位移极化(ε 趋近于 ε_∞)。

(2) 电子松弛极化

电子松弛极化是由于电介质中存在着的弱束缚电子和空穴引起的极化。电子松弛极化不同于自由电子在电场中的电导，也不同于在正常状态的电子(基态)那样只有弹性位移极化。

在讨论电子电导时已经提到，晶格的热振动、晶格缺陷、杂质的引入、化学组成的局部改变等因素都能使电子能态发生改变，出现位于禁带中的局部能级，形成弱束缚电子。如"F-心"就是由一个负离子空位俘获了一个电子所形成的。"F-心"的弱束缚电子为周围结点上的阳离子所共有，在晶格热振动下，吸收一定能量，由较低的局部能级跃迁到较高的能级而处于激发态；处于激发态的电子连续地由一个阳离子结点转移到另一个阳离子结点，类似于弱联系离子的迁移。当存在外加电场时，电场力图使弱束缚电子的运动具有方向性，这就形成了极化状态。这种极化与热运动有关，也是一个热松弛过程，所以称为电子松弛极化。电子松弛极化的过程是不可逆的，有能量的损耗。

电子松弛极化和电子位移极化明显不同。由于电子是弱束缚状态，所以极化作用强烈得多，即电子云在外电场作用下更容易发生变形，使介质中单位体积内的电矩增加，导致介质的介电常数增加。同一电子由基态跃迁到激发态成为弱束缚时对极化的贡献大大增加，这一过程就好像离子松弛极化中的弱联系离子沿着电场方向(或反向)定向移动后使单位体积的电矩增大一样。

但弱束缚电子和自由电子也不同，不能自由运动，即不能远程迁移，因此电子松弛极化和电导不同，只有弱束缚电子获得更高能量时，受激发跃迁到导带成为自由电子，才形成电导。因此，具有电子松弛极化的介质往往具有电子电导特性。

由于半束缚电子从基态跃迁到激发态也需要吸收一定的能量，与克服一定的势垒 U 相似，这种过程同样导致松弛极化，因此离子式松弛极化中所讨论的一般问题对于电子松弛极化也完全适用。其不同之处是，处在激发状态的半束缚电子数随温度的增加有一最大值。当温度较低时，激发电子数不多；而当温度过高时，大部分电子均解离成自由电子。因此随着温度的升高，电子式松弛极化率会出现最大值。

电子松弛极化的建立也需一定的时间，约 $10^{-9} \sim 10^{-2}$s，当电场频率高于 10^9Hz 时，这种极化形式就不存在了。因此具有电子松弛极化的陶瓷，其介电常数随频率升高而减小，类似于离子松弛极化。同样，介电常数随温度的变化也有极大值。和离子松弛极化相比，电子松弛极化可能出现异常高的介电常数。

电子松弛极化主要是折射率大、结构紧密、内电场大和电子电导大的电介质的特性。在电子陶瓷中，特别是含钛陶瓷中很容易出现"F-心"，导致弱束缚电子的存在，这类材料的电子松弛极化特别显著，导致材料的介电性能发生强烈的变化，介电常数可能上升到数千至一万左右，介质损耗也很大。含有 Nb^{5+}、Ca^{2+}、Ba^{2+} 杂质的钛质瓷和以铌、铋氧化物为基础的陶瓷，也具有电子松弛极化。为了减弱或消除杂质在金红石瓷(TiO_2)中的电子松弛极化造成的介电性能的恶化，往往加入低价的补偿杂质，如 Al_2O_3、MgO 等提高 TiO_2 的抗还原性，改善其介电性能。例如在含有 Nb_2O_5 的金红石瓷中引入 Al_2O_3，有：

$$(1-2x)TiO_2 + \frac{x}{2}Nb_2O_5 + \frac{x}{2}Al_2O_3 \longrightarrow [\,Ti_{(1-2x)}^{4+}Nb_x^{5+}Al_x^{3+}\,]O_2$$

由于 $Nb_x^{5+} \cdot Al_x^{3+}$ 的补偿作用，阻止了 Ti^{4+} 还原成 Ti^{3+}，消除了电子松弛极化的产生，材料的介电性能大大好转。此外，$Ta_2O_5 + Fe_2O_3$、$UO_3 + MgO$ 等也有这种作用。

5.1.3.4 转向极化

转向极化主要发生在极性分子介质中。在极性电介质中，存在固有偶极矩 μ_0。无外电场时，因热运动的缘故，固有偶极矩呈混乱排列，它在各方向概率相同，从而使

$\sum \mu_i = 0$。但有外电场时，偶极子有沿外电场方向排列的趋势，偶极矩转向成定向排列，而呈现宏观电矩，从而使电介质极化。此极化亦称偶极子转向极化或固有电矩的转向极化。这种极化所需时间较长，约 $10^{-10} \sim 10^{-2}$s，且极化是非弹性的，即撤去外电场后，偶极子不能恢复原状，故又称偶极子弛豫(松弛)式极化，在极化过程中要消耗一定能量。

根据经典统计，求得极性分子的转向极化率：

$$\alpha_{\text{or}} = \frac{\mu_0^2}{3kT} \tag{5.24}$$

对于一个典型的偶极子，$\mu_0 = e \times 10^{-10}$C·m，因此 $\alpha_{\text{or}} \approx 2 \times 10^{-38}$F·m²，比电子极化率($10^{-40}$F·m²)高很多。

偶极子转向极化的机理亦可应用于离子晶体中。带有正、负电荷的成对的晶格缺陷所组成的离子晶体中的"偶极子"，在外电场的作用下也可发生转向极化。如图5.15所示的极化，是由杂质离子(通常是带正电荷的阳离子)在阴离子空位周围跳跃引起的，有时也叫离子跃迁极化，其极化机构相当于偶极子的转动。

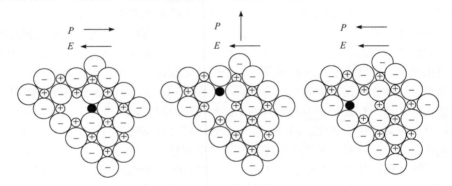

图5.15　离子跃迁极化

5.1.3.5　空间电荷极化

空间电荷极化常常发生在不均匀介质中。不均匀介质中存在晶界、相界、晶格畸变、杂质、夹层、气泡等缺陷区，都可以成为自由电荷(自由电子、间隙离子、空位等)运动的障碍，形成空间电荷极化，如图5.16所示。由于空间电荷的积累，可形成很高的与外电场方向相反的内电场，因此一般为高压式极化。这种极化建立所需时间较长，大约几秒到数十分钟，甚至数十小时，空间电荷极化与电源的频率有关，主要存在于低频至超低频阶段；高频时，因空间电荷来不及移动，就没有或很少有这种极化现象。空间电荷极化属非弹性极化，有能量损耗。

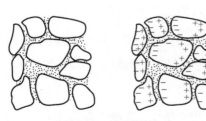

图5.16　空间电荷极化

空间电荷极化随温度升高而下降。因为温度升高，离子运动加剧，离子扩散容易，因而空间电荷的积聚就会减小。

5.1.3.6 自发极化

前面研究的几种极化机构都是介质在外电场的作用下引起的，没有外电场时，这些介质的极化强度为零。当存在外电场时，总的极化率为上述每一种极化机制所决定的极化率的总和。

$$\alpha = \alpha_e + \alpha_i + \alpha_T + \alpha_{or} + \alpha_s \tag{5.25}$$

式中，α_s 为空间电荷极化率。

实际上还存在这样的一些晶体，在低于某一温度或在某一温度范围时，即使没有外电场作用，晶胞中的正、负电荷中心也不相重合，即每一个晶胞里存在着固有电矩，这类晶体称为极性晶体。晶体自发产生的这种极化，称为"自发极化"。晶体能否产生自发极化取决于晶体的内部结构，出现自发极化的必要条件是晶体不具有对称中心。但是并不是所有不存在对称中心的晶体都能出现自发极化。自发极化现象通常发生在一些具有特殊结构的晶体中，在晶体的 32 个点群中，有 21 个不具有对称中心，其中只有 10 个出现自发极化。具有自发极化的电介质具有高的介电常数和大的介质损耗。铁电体就具有这种特殊的晶体结构。有关铁电体的晶体结构及其自发极化机理将在 5.4 节里详细介绍。各种极化形式的综合比较见表 5.5 及图 5.17。

表 5.5　各种极化形式的比较

极化形式	极化的电介质种类	极化的频率范围	与温度的关系	能量消耗
电子位移极化	一切陶瓷材料	直流～光频	无关	无
离子位移极化	离子结构材料	直流～红外	温度升高极化增强	很弱
离子松弛极化	离子不紧密的材料	直流～超高频	随温度变化有极大值	有
电子松弛极化	高价金属氧化物材料	直流～超高频	随温度变化有极大值	有
转向极化	有机材料	直流～超高频	随温度变化有极大值	有
空间电荷极化	结构不均匀的材料	直流～高频	随温度升高而减小	有

电子式、离子式位移极化的建立所需时间极短，在无线电频率范围内，位移极化建立的时间比电振荡周期短很多，极化来得及完全建立，因此由位移极化决定的介电常数实际上与频率无关。空间电荷的极化和与热运动有关的松弛极化，其极化建立的过程需要较长的时间，它们只能在较低频率下才能完全建立(空间电荷极化只能在低频、最高不超过音频下发生)。从图 5.17 中看出：在工频和音频下，由于各种极化均能发生，故介质的极化率最大，介电常数也最大。随着频率的增加，空间电荷极化开始跟不上电场的变化，到某一频率后甚至完全不能建立，因而极化率随频率的升高而减小，然后趋于一定值。当频率很高时，松弛极化也不能完全建立，介质的极化率随频率升高又逐渐减小，到松弛极化完全不能建立时，介质的极化率再度趋于一定值。

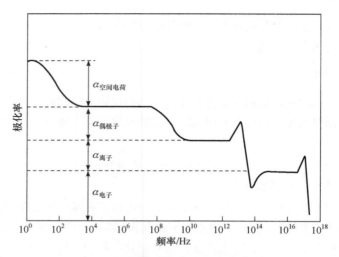

图 5.17 各种极化的频率范围及对极化率的贡献

当频率升高到 10^{12}Hz 左右时,介质发生离子谐振极化,极化率随频率的升高而迅速增大,并出现一极大值。频率继续升高时由于发生强烈的反离子谐振极化,极化率急剧下降并出现一极小值,然后又随频率迅速回升到某一值。当频率继续升高至 10^{16}Hz 左右时,介质中发生电子谐振极化,极化率又随频率迅速增大并再度出现一极大值,然后又因出现强烈的反电子谐振极化使极化率再度急剧下降。介质的介电常数随频率的变化和介质的极化率随频率的变化规律完全一致。

5.1.4 混合物电介质的介电常数

随着电子技术的发展,需要有一系列的不同介电常数和介电常数的温度系数的材料以满足不同用途所提出的要求。因此,由两种成分,即由结构和化学组成不同的两种晶体(或多种晶体、晶体及玻璃体)所制成的多晶材料,或介电常数小的有机材料和介电常数大的无机固体材料所组成的复合介质材料,愈来愈引起人们的兴趣。

陶瓷材料就是一个典型的多相系统,一般情况下,它既含有结晶相又含有玻璃相和气相。多相系统的介电常数取决于各相的介电常数、体积浓度以及相与相之间的分布情况。下面我们讨论只有两相的简单情况。设两相的介电常数分别为 ε_1 和 ε_2,两相的浓度分别为 x_1 和 $x_2(x_1 + x_2 = 1)$,当两相并联时,其简单结构如 5.18(a)所示,系统的介电常数 ε 可以利用并联电容器的模型表示:

$$\varepsilon = x_1\varepsilon_1 + x_2\varepsilon_2 \tag{5.26}$$

当两相串联时,其简单结构如 5.18(b)所示,系统的介电常数 ε 可以利用串联电容器的模型表示:

$$\varepsilon^{-1} = x_1\varepsilon_1^{-1} + x_2\varepsilon_2^{-1} \tag{5.27}$$

当两相混合分布时,情况比较复杂,系统既不倾向于并联也不倾向于串联,此时

系统的介电常数 ε 为：

$$\ln\varepsilon = x_1\ln\varepsilon_1 + x_2\ln\varepsilon_2 \tag{5.28}$$

值得注意的是上式没有涉及两相的具体分布情况，它只适用于两相的介电常数相差不大，而且是完全均匀分布的情况。

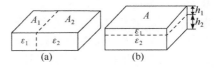

图 5.18　电介质的等效结构

当介电常数为 ε_d 的球形颗粒均匀地分散在介电常数为 ε_m 的基相中时，Maxwell 推导出如下的一般关系式：

$$\varepsilon = \frac{x_m\varepsilon_m\left(\dfrac{2}{3}+\dfrac{\varepsilon_d}{3\varepsilon_m}\right)+x_d\varepsilon_d}{x_m\left(\dfrac{2}{3}+\dfrac{\varepsilon_d}{3\varepsilon_m}\right)+x_d} \tag{5.29}$$

复合介质的介电常数的大小也可根据上式进行调节，由有机树脂和陶瓷所组成的复合介质，还可以改善陶瓷材料的脆性，这在工程技术中有重要意义。表 5.6 列出了根据式(5.28)计算的结果，其数值与实验值也比较接近。

表 5.6　复合材料的介电常数

成分	体积浓度/%	根据式(5.28)计算	测量结果ε		
			10^2Hz	10^6Hz	10^{10}Hz
TiO$_2$ + 聚二氯苯乙烯	41.9	5.2	5.3	5.3	5.3
	65.3	10.2	10.2	10.2	10.2
	81.4	22.1	23.6	23.0	23.0
SrTiO$_3$ + 聚二氯苯乙烯	37.0	4.9	5.20	5.18	4.9
	59.5	9.6	9.65	9.61	9.36
	74.8	18.0	18.0	16.6	15.2
	80.6	28.5	25.0	20.2	20.2

5.1.5　无机材料介质的极化

多晶多相介质材料，其极化机构可以不止一种。一般都含有电子位移极化和离子位移极化。介质中如果有缺陷存在，则通常存在松弛极化。

电工陶瓷材料按其极化形式可分类如下：

① 以电子位移极化为主的电介质材料。这类材料包括金红石瓷、钙钛矿瓷以及某些含锆瓷。

② 以离子位移极化为主的电介质材料。包括刚玉、斜顽辉石为基础的陶瓷材料以及碱性氧化物含量不高的玻璃介质材料。

③ 表现出显著的离子松弛极化和电子松弛极化的材料，包括绝缘子瓷、碱玻璃和

高温含钛陶瓷。一般折射率大、结构紧密、内电场大、电子电导大的电介质材料，以电子松弛极化为主，如含钛的电介质材料。一般折射率小、结构松散，如硅酸盐玻璃、绿宝石、堇青石等电介质材料以离子松弛极化为主。

表 5.7 列出了一些无机材料的 ε_r 数值，它们都反映了不同的极化性质。

表 5.7 一些无机材料的相对介电常数(25℃，10^6Hz)

材料	ε_r	材料	ε_r
LiF	9.00	金刚石	5.68
MgO	9.65	多铝红柱石	6.60
KBr	4.90	Mg_2SiO_4	6.22
NaCl	5.90	熔融石英玻璃	3.78
TiO_2(平行 c 轴)	170	Na-Li-Si 玻璃	6.90
TiO_2(垂直 c 轴)	85.8	高铅玻璃	19.0
Al_2O_3(平行 c 轴)	10.55	$CaTiO_3$	130
Al_2O_3(垂直 c 轴)	8.6	$SrTiO_3$	200
BaO	34		

5.1.6 介电常数的温度系数

根据介电常数与温度的关系，电子材料可分为两大类：一类是介电常数与温度成典型的非线性的介质材料。属于这类介质的有铁电陶瓷和松弛极化十分明显的材料。对于这一类材料很难用介电常数的温度系数($TK\varepsilon$)来描述其温度特性，本节不予讨论。另一类是介电常数与温度成线性关系的材料，这类材料(介质)可以用介电常数的温度系数来描述其介电常数 ε 与温度 T 的关系。介质材料的相对介电常数的温度系数，是指温度升高 1K(1℃)时，相对介电常数的变化值与起始温度时的相对介电常数的比值。

介电常数温度系数 $TK\varepsilon$ 的微分形式为：

$$TK\varepsilon = \frac{1}{\varepsilon} \times \frac{\mathrm{d}\varepsilon}{\mathrm{d}T} \tag{5.30}$$

实际工作中可以采用实验的方法来确定，通常是用 $TK\varepsilon$ 的平均值来表示：

$$TK\varepsilon = \frac{\Delta\varepsilon}{\varepsilon_0 \Delta T} = \frac{\varepsilon_t - \varepsilon_0}{\varepsilon_0 (T - T_0)} \tag{5.31}$$

式中，T_0 为最初的温度，一般为室温；T 为改变后的温度或元件的工作温度；ε_0、ε_t 分别为介质在 T_0、T 时的介电常数。

不同的材料具有不同的极化形式，而极化情况与温度有关，有的材料随温度的升高极化程度增大，$TK\varepsilon$ 值是正的；而有的材料随着温度的升高其极化程度反而降低，因此 $TK\varepsilon$ 值是负的。根据长期积累的经验可知，介电常数 ε 很大的材料，一般来说其 $TK\varepsilon$ 为负值；介电常数 ε 小的材料，其 $TK\varepsilon$ 值一般为正值。如高铝瓷、滑石瓷、钡长

石瓷等具有正的 $TK\varepsilon$ 值，而金红石、钛酸钙瓷等具有负的 $TK\varepsilon$ 值。

对于瓷介电容器来说，陶瓷材料的介电常数的温度系数是十分重要的。根据不同的用途，对电容器的温度系数有不同的要求，有的要求 $TK\varepsilon$ 为正值，如滤波旁路和隔直流的电容器；有的要求 $TK\varepsilon$ 为一定的负值，如热补偿电容器，这种电容器除了可以作为振荡回路的主振电容器外，还能同时补偿振荡回路中电感线圈的正温度系数值；还有的则要求 $TK\varepsilon$ 值接近零，如要求电容量热稳定度高的回路中的电容器和高精度的电子仪器中的电容器。根据 $TK\varepsilon$ 值的不同，可把电容器分成若干个组，瓷介电容器各温度系数组别及其标称温度系数、偏差等级和标志颜色见表 5.8。目前制作电容器用的高介陶瓷的一个重要任务就是如何获得 $TK\varepsilon$ 接近于零而介电常数尽可能高的材料。

表 5.8　瓷介电容器标称温度系数、偏差等级和标志颜色

组别代号	标称温度系数/($\times 10^{-6}$℃$^{-1}$)	温度系数偏差/($\times 10^{-6}$℃$^{-1}$)	标志颜色
A	+120*	±30	蓝色
V	+33*		灰色
O	0*		黑色
K	−33		褐色
Q	−47*		浅蓝色
B	−75		白色
D	−150*	±40	黄色
N	−220		紫红色
J	−330*	±60	浅棕色
I	−470	±90	粉红色
H	−750*	±100	红色
L	−1300*	±200	绿色
Z	−2200*	±400	黄底白点
G	−3300	±600	黄底绿点
R	−4700	±800	绿底蓝点
W	−5600	±1000	绿底红点

注：带*号者为优选组别。表中所指的温度系数是+20～+85℃温度的数值。

在生产实践中，人们往往采用改变双组分或多组分固溶体的相对含量来有效调节系统的 $TK\varepsilon$ 值，也就是用介电常数的温度系数具有正负的两种(或多种)化合物配制成所需 $TK\varepsilon$ 值的瓷料(混合物或固溶体)。具有负 $TK\varepsilon$ 值的化合物有：TiO_2、$CaTiO_3$、$SrTiO_3$ 等；具有正 $TK\varepsilon$ 值的化合物有：$CaSnO_3$、$2MgO \cdot TiO_2$、$CaZrO_3$、$CaSiO_3$、$MgO \cdot SiO_2$ 以及 Al_2O_3、MgO、CaO、ZrO_2 等。

当一种材料由两种介质(包括两种不同成分、不同晶体结构的化合物)复合而成，而这两种介质的粒度都非常小，分布又很均匀时，可用式(5.28)计算介电常数，如果把 $\ln\varepsilon = x_1\ln\varepsilon_1 + x_2\ln\varepsilon_2$ 两边对温度微分可得：

$$\frac{\mathrm{d}\varepsilon}{\varepsilon\mathrm{d}T} = x_1\frac{\mathrm{d}\varepsilon_1}{\varepsilon_1\mathrm{d}T} + x_2\frac{\mathrm{d}\varepsilon_2}{\varepsilon_2\mathrm{d}T}$$

即：

$$TK\varepsilon = x_1 TK\varepsilon_1 + x_2 TK\varepsilon_2 \tag{5.32}$$

从上式可以看出，如果要做一种热稳定陶瓷电容器，就可以用一种 $TK\varepsilon$ 值为很小正值的晶体作为主晶相，再加入适量的另一种具有负 $TK\varepsilon$ 值的晶体，将材料的 $TK\varepsilon$ 的绝对值调节到最小值。如钛酸镁瓷是在正钛酸镁($2MgO \cdot TiO_2$)中加入 2%～3% 的 $CaTiO_3$ 使 $TK\varepsilon$ 值降至很小的正值，并且使 ε_r 值升高。纯 $2MgO \cdot TiO_2$ 的 $\varepsilon_r = 16$，$TK\varepsilon = 60 \times 10^{-5}℃^{-1}$，调节后的钛酸镁瓷，$\varepsilon_r = 16$～17，$TK\varepsilon = (30～40) \times 10^{-6}℃^{-1}$。又如 $CaSnO_3$ 的 $\varepsilon_r = 14$，$TK\varepsilon = 110 \times 10^{-6}℃^{-1}$，加入 3% 或 6.5% 的 $CaTiO_3$ 所制得的锡酸钙瓷，其 $TK\varepsilon$ 为 $(30 \pm 20) \times 10^{-6}℃^{-1}$ 或 $TK\varepsilon$ 为 $-(60 \pm 20) \times 10^{-6}℃^{-1}$，$\varepsilon_r$ 为 15～16 或 17～18。以上几种瓷料虽然 $TK\varepsilon$ 的绝对值可以调节到很小的数值甚至等于零，但是 ε_r 值都不大，要制成小型化的电容器有一定的困难。人们经过研究发现：在金红石瓷中加入一定数量的稀土金属氧化物如 La_2O_3、Y_2O_3 等，可以降低瓷料的 $TK\varepsilon$ 值，提高瓷料的热稳定性，并使 ε_r 仍然保持较高的数值，例如当 $TK\varepsilon = 0$ 时：

TiO$_2$-BeO $\varepsilon_r = 10$～11
TiO$_2$-MgO $\varepsilon_r = 15$～16
TiO$_2$-ZrO$_2$ $\varepsilon_r = 15$～17
TiO$_2$-BaO $\varepsilon_r = 28$～30
TiO$_2$-La$_2$O$_3$ $\varepsilon_r = 34$～41

可见 TiO_2-La_2O_3 具有较大的 ε_r 值。后来还发展了 TiO_2-稀土元素氧化物的高介热稳定电容器陶瓷材料。

5.2　介质的损耗

无机材料作为电介质使用时，在交流电场作用下，材料会因极化或吸收使部分电能转变为热能，材料内部将因耗散产生能量的损耗，即电能转变为其它形式的耗散能，如机械能、光能等，这些能量的大部分最终将转化成为热能。我们把电介质在电场作用下，在单位时间因发热而消耗的能量称为电介质的损耗功率，或简称为介质损耗(介电损耗)。

介质损耗是所有应用于交流电场中电介质的很重要的品质指标之一。因为介质在电工或电子工业中的重要职能是隔直流绝缘和储存能量。介质损耗不但消耗了电能，而且由于温度上升可能影响元器件的正常工作。例如用于谐振回路中的电容器，其介质损耗过大时，将影响整个回路的调谐锐度，从而影响整机的灵敏度和选择性。介质损耗严重时，甚至会引起介质的过热而破坏绝缘。从这种意义上说，介质损耗越小越好。如果介质是作为发热元件等其它用途，那么对介质损耗的要求就不一样了。

为了制得低损耗的电介质，有必要研究介质损耗的物理过程，也就是了解哪些因素造成介质损耗，以及研究介质损耗随外界工作条件(如频率、温度等)而变化的规律。掌握了介质损耗产生的原因及其随环境条件变化的规律后，就可以根据各种不同情况，分别采取相应的措施，降低介质的损耗，使产品符合使用要求。本节先介绍电介质损耗的一般理论，然后再具体研究陶瓷材料中的损耗情况。

介质损耗一般用 $\tan\delta$ 表示，$\tan\delta$ 是绝缘体的无效消耗的能量对有效输入能量的比。玻璃的介电损耗亦取决于它的化学组成，凡是能增大玻璃电导率的成分都会增大介电损耗，所以含有大量碱金属氧化物的玻璃就有较大的介电损耗，特别是 Na_2O。反之，二价氧化物则降低介电损耗，如 PbO、BaO、CaO 等。凡是体积电阻率小的材料，其介电损耗就大，当温度升高时，由于体积电阻率减少，电导率增加，故 $\tan\delta$ 值也增大，它是导致电介质发生热击穿的根本原因。

5.2.1 介质损耗的基本形式

5.2.1.1 电导损耗

对于理想的电介质来说，应该是不存在电导的，也就不存在电导损耗。但是实际工作中的电介质总是存在着一些缺陷，如弱联系的带电质点。在外电场的作用下，这些带电质点会发生移动而引起漏导电流，漏导电流流经介质时使介质发热而损耗了电能。这种因电导而引起的介质损耗也称为"漏导损耗"。气体的电导损耗很小，而液体、固体中的电导损耗则与它们的结构有关。非极性的液体电介质、无机晶体和非极性有机电介质的介质损耗主要是电导损耗。而在极性电介质及结构不紧密的离子固体电介质中，则主要由极化损耗和电导损耗组成。它们的介质损耗较大，并在一定温度和频率上出现峰值。

电导损耗实质是相当于交流、直流电流流过电阻做功，故在这两种条件下都有电导损耗。绝缘性好时，液、固电介质在工作电压下的电导损耗是很小的。与电导一样，介质的电导损耗随温度的增加而急剧增加。

5.2.1.2 极化损耗

一切介质在电场中均会呈现出极化现象，除电子、离子弹性位移极化基本上不消耗能量外，其它缓慢极化(例如松弛极化、空间电荷极化等)在建立的过程中都会因克服阻力而引起能量的损耗，这种损耗一般称为极化损耗。它与温度和电场的频率有关。在某温度或某频率下，损耗功率都有最大值。

5.2.2 介质损耗的表示方法

电介质在恒定电场作用下，所损耗的能量与通过内部的电流有关。加上电场后，介质内部通过电流及损耗情况有以下三种：

① 由样品的几何电容充电引起的位移电流或电容电流，这部分电流不损耗能量；
② 由各种介质极化的建立所造成的电流，引起极化损耗；

③ 介质的电导或漏导造成的电流，引起电导损耗。

在直流电压下，没有周期性极化，此时介质中能量的损耗(损耗功率)为：

$$P = \frac{U^2}{R} = \frac{1}{\rho_V} E^2 Sd = \sigma E^2 Sd \tag{5.33}$$

式中，S 为介质两极板重合的面积，cm^2；d 为介质的厚度，即两极板间的垂直距离，cm；E 为电场强度，V/cm；σ 为体积电导率，$\Omega^{-1} \cdot cm^{-1}$。

单位体积中介质的能量损耗为介质损耗率，表示为：

$$p = \frac{P}{V} = \sigma E^2 \tag{5.34}$$

在交流电压下，除了电导(漏导)损耗，还有各种缓慢极化造成的损耗。为简便起见，这里用一个理想电容器(不产生损耗的电容器)和一个理想电阻来描述介质在交流电压下的损耗情况。介质(即涂有两个电极的介质)的等效电路及电流矢量示意图如图 5.19 和图 5.20 所示。

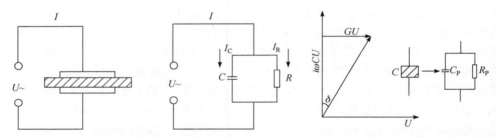

图 5.19　电介质的电导损耗(无极化损耗)等效电路　　图 5.20　电容器上的电流矢量示意图

由图 5.19 可知，流经介质的电流为：

$$I = I_C + I_R = \left(i\omega C + \frac{1}{R} \right) U = (i\omega C + G)U \tag{5.35}$$

式中，I_C 为流经电容器的电流，即电容电流；I_R 为流经电阻的电流，即漏导电流；C 为电容量，$C = \varepsilon S/d$；R 为电阻值；G 为自由电荷产生的纯电导，$G = \sigma S/d$。

故电流密度 J 为：

$$J = (i\omega\varepsilon + \sigma)E \tag{5.36}$$

$i\omega\varepsilon E$ 项为位移电流密度 D，不引起介电损耗；σE 项为漏导电流密度，引起介电损耗；ε 为绝对介电常数。

于是可以由 $J = \sigma^* E$ 定义复电导率 σ^*：

$$\sigma^* = i\omega\varepsilon + \sigma \tag{5.37}$$

也可以由 $J = i\omega\varepsilon^* E$ 定义复介电常数 ε^*：

$$\varepsilon^* = \frac{\sigma^*}{i\omega} = \varepsilon - i\frac{\sigma}{\omega} \tag{5.38}$$

由图 5.20 可知，电容电流与外电压相差 90°的位相，漏导电流与外电压同相位，损耗项和非损耗项的夹角为 δ。另外，从复电导率和复介电常数的定义中可知，它们都包含了损耗项和非损耗项(电容项)。定义介电损耗角正切 $\tan\delta$ 为：

$$\tan\delta = \frac{损耗项}{电容项} = \frac{\sigma}{\omega\varepsilon} \tag{5.39}$$

则电导率为：

$$\sigma = \omega\varepsilon\tan\delta \tag{5.40}$$

式中，$\varepsilon\tan\delta$ 仅由介质本身决定，称为介质的电损耗因子(损耗因素)。当外界条件(外加电压)一定时，介质损耗只与 $\varepsilon\tan\delta$ 有关，其大小可以作为绝缘材料的判据。

如果电导不完全由自由电荷产生，也由束缚电荷产生，那么电导率 σ 本身就是一个依赖于频率的复量，所以 ε^* 的实部不是精确地等于 ε，而虚部也不是精确等于 σ/ω，复介电常数最普通的表示式为：

$$\varepsilon^* = \varepsilon' - i\varepsilon'' \tag{5.41}$$

式中，ε' 和 ε'' 是依赖于频率的量，则介电损耗角为：

$$\tan\delta = \frac{\varepsilon''}{\varepsilon'} \tag{5.42}$$

由此可知，介质的损耗由复介电常数的虚部 ε'' 引起。

当外施电场是交变电场时，相对介电常数 $\varepsilon_r(\omega)$ 及其实部 ε_r' 和虚部 ε_r'' 分别为：

$$\varepsilon_r(\omega) = \varepsilon_\infty + \frac{\varepsilon(0) - \varepsilon_\infty}{1 + i\omega\tau} \tag{5.43}$$

$$\begin{cases} \varepsilon_r' = \varepsilon_\infty + \dfrac{\varepsilon(0) - \varepsilon_\infty}{1 + \omega^2\tau^2} \\[3mm] \varepsilon_r'' = \dfrac{\left[\varepsilon(0) - \varepsilon_\infty\right]\omega\tau}{1 + \omega^2\tau^2} \end{cases} \tag{5.44}$$

式(5.43)和式(5.44)连同 $\tan\delta = \dfrac{\varepsilon_r''}{\varepsilon_r'}$ 即为德拜(Debye)公式。式中 $\varepsilon(0)$ 为 $\omega = 0$ 时的绝对介电常数，在低频或静态时，$\varepsilon_r' = \varepsilon(0)$；$\varepsilon_\infty$ 为频率无限大时的绝对介电常数，在光频时，$\varepsilon_r'' = \varepsilon_\infty$。

此时式(5.40)中的 σ 应理解为交流电压下的介质等效电导率，等效电导率也是损耗的一种表示方法，不仅取决于材料本质，而且与频率有关。

设 σ 只与松弛极化损耗有关，则：

$$\sigma = \omega\varepsilon\tan\delta = \omega\varepsilon \times \frac{\varepsilon_r''}{\varepsilon_r'} \tag{5.45}$$

图 5.21 给出了 ε_r' 和 ε_r'' 与 $\omega\tau$ 的关系，当 $\omega\tau = 1$ 时，ε_r'' 出现极大值，因而 $\tan\delta$ 极大。

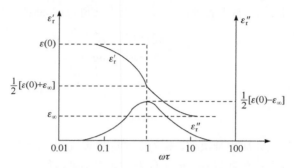

图 5.21 ε_r' 和 ε_r'' 与 $\omega\tau$ 的关系

通常电容电流由实部 ε' 引起，ε' 相当于实际测得的相对介电常数 ε_r，且 $\varepsilon = \varepsilon_0\varepsilon_r$，则式(5.45)简化为：

$$\sigma = \omega\varepsilon_0\varepsilon_r'' \tag{5.46}$$

根据德拜公式，将 ε_r'' 代入上式可得：

$$\sigma = \frac{\left[\varepsilon(0) - \varepsilon_\infty\right]\omega^2\tau\varepsilon_0}{1 + \omega^2\tau^2} \tag{5.47}$$

在高频电压下，$\omega\tau \gg 1$，$\sigma = \dfrac{\left[\varepsilon(0) - \varepsilon_\infty\right]\varepsilon_0}{\tau}$；在低频区，$\omega\tau \ll 1$，$\sigma$ 与 ω^2 成正比。

有关介质的损耗描述方法有多种，见表 5.9，哪一种描述方法比较方便，需根据用途而定。多种方法对材料来说都涉及同一现象，即实际电介质的电流位相滞后理想电介质的电流位相 δ。

表 5.9　有关介质的损耗描述方法

损耗角正切	$\tan\delta$	应用
电损耗因子	$\varepsilon'\tan\delta$	作为绝缘材料的选择依据
品质因素	$Q = 1/\tan\delta$	应用于高频
损耗功率	P	功率的计算
等效电导率	$\sigma = \omega\varepsilon''$	电介质发热
复介电常数的虚部	ε''	研究材料的功率、发热

5.2.3 介质的弛豫现象

介质在交变电场中通常发生弛豫现象。在实际介质上突然加上一电场(阶跃电场)，所产生的极化过程不是瞬时的，而是滞后于电压，这一滞后通常是由偶极子的极化和空间电荷极化所致。在外电场施加或移去后，系统逐渐达到平衡状态的过程叫介质弛豫或松弛。此过程中的电荷积累和电流特性见图 5.22。

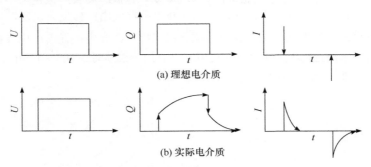

(a) 理想电介质

(b) 实际电介质

图 5.22 电荷积累与电流特性

图 5.23 为实际电介质在突然加上一电场时的极化过程。P_0 代表瞬时建立的极化(位移极化)，$P_1(t)$ 为随时间变化的松弛极化，随时间的持续渐渐达到一稳定值 $P_{1\infty}$。

设 $P(t)$ 为时间 t 时介质的总极化，由图 5.23 可知，极化包括两项，即：

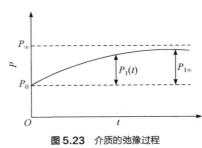

图 5.23 介质的弛豫过程

$$P(t) = P_0 + P_1(t) \tag{5.48}$$

当极化时间足够长时，$P_1(t) \rightarrow P_{1\infty}$，总极化 $P(t) \rightarrow P_\infty$。

电介质极化趋于稳态的时间称为弛豫时间，弛豫时间与极化机制密切相关，是造成介质材料存在介质损耗的原因之一。

5.2.4 影响介电常数和介质损耗的主要因素

5.2.4.1 频率的影响

一般绝缘材料的相对介电常数和介质损耗角随频率有明显的变化，这是因为相对介电常数由介质极化决定的，而介质损耗角是由介质极化和电导所产生的。图 5.24 为频率与相对介电常数、损耗角、损耗功率的关系，可以看出：

① 当外加电场频率很低，即 $\omega \rightarrow 0$ 时，介质的各种极化过程都能跟上外加电场的变化，此时不存在极化损耗，相对介电常数 ε_r 达到最大值。介电损耗主要由漏导电流引起，P 与频率无关，基本上为一常数。由式(5.39)可知，$\tan\delta = \sigma/(\omega\varepsilon)$，则当 $\omega \rightarrow 0$ 时，$\tan\delta \rightarrow \infty$。随着 ω 的升高，$\tan\delta$ 逐渐减小。

② 当外加电场频率逐渐升高时，松弛极化在某一频率开始跟不上外加电场的变化，松弛极化对介电常数的贡献逐渐减少，因而 ε_r 随 ω 升高而减小。由于缓慢极化滞后于电场的变化而产生了电能的损耗，此时介电损耗不仅与漏导电流有关，还与松弛极化过程有关，所以介电损耗随 ω 升高而增大。在这一频率范围内，由于 $\omega\tau \ll 1$，由式(5.42)和式(5.44)可知，$\tan\delta$ 随 ω 升高而增大。

③ 当外加电场的频率达到很高时，即 $\omega\rightarrow\infty$，弛豫时间长的极化来不及响应交变电场的变化，此时只有位移极化存在，因此介电常数仅由位移极化决定，ε_r 趋于最小值。此时不存在极化损耗，主要表现为电导损耗特征，介电损耗仅由电导损耗和吸收电流初始电导率决定，P 再度趋于一定值。由于频率很高时，$\omega\tau \gg 1$，$\tan\delta$ 随 ω 升高而减小。$\omega\rightarrow\infty$时，$\tan\delta \rightarrow 0$。

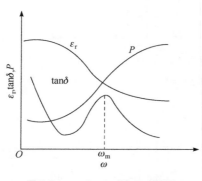

图 5.24　ε_r、$\tan\delta$、P 与 ω 的关系

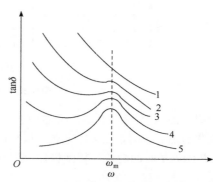

图 5.25　不同介质 $\tan\delta$ 与 ω 的关系

由图 5.24 可知，在 ω_m 下，$\tan\delta$ 达到最大值，ω_m 可由式(5.44)的微分式 $\partial\tan\delta / \partial\omega$ 得到：

$$\omega_m = \frac{1}{\tau}\sqrt{\frac{\varepsilon(0)}{\varepsilon_\infty}} \tag{5.49}$$

$\tan\delta$ 的最大值主要由松弛过程决定。如果介质电导显著变大，则 $\tan\delta$ 的最大值变得平坦；在很大的电导下，$\tan\delta$ 无最大值，主要表现为电导损耗特征：$\tan\delta$ 与 ω 成反比，如图 5.25。

5.2.4.2　温度的影响

温度改变时，电损耗因子 $\varepsilon\tan\delta$ 在一定频率下出现一个最大值，出现最大值的频率因温度的不同而不同。温度的影响主要是增大材料极化时的松弛频率，松弛极化随温度的升高而增加。因而介电损耗 P，介质损耗角 $\tan\delta$ 和相对介电常数 ε_r 与温度关系很大，如图 5.26 所示。

① 当温度很低时，质点热运动动能很小，松弛时间 τ 较大，松弛极化完全来不及在外电场半周期内建立，所以 ε_r 较小，由德拜关系式可知 $\tan\delta$ 也较小。此时，由于

$\omega\tau \gg 1$，由式(5.42)和式(5.44)可知 $\tan\delta \propto 1/(\omega\tau)$，同时又有：$\varepsilon_r' \propto 1/(\omega^2\tau^2)$，故在此温度范围内，随温度上升，$\tau$ 减小，因而 ε_r 和 $\tan\delta$ 增大。这时电导上升并不明显，所以 P 主要决定于电导过程，损耗以电导损耗为主。温度很低时，电阻很小，所以 P 也很小。随着温度的升高，电阻按指数式增加，因而 P 也随温度上升而迅速增大。

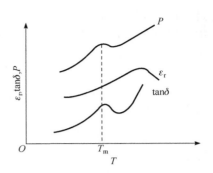

图 5.26　ε_r、$\tan\delta$、P 与 T 的关系

② 当温度逐渐升高时，质点热运动动能增大，松弛时间 τ 逐渐减小，当 τ 较小时，由于 $\omega^2\tau^2 \ll 1$，因而：

$$\tan\delta = \frac{\left[\varepsilon(0)-\varepsilon_\infty\right]\omega\tau}{\varepsilon(0)+\varepsilon_\infty\omega^2\tau^2} = \frac{\left[\varepsilon(0)-\varepsilon_\infty\right]\omega\tau}{\varepsilon(0)} \tag{5.50}$$

在此温度范围内，随温度上升，τ 减小，$\tan\delta$ 减小。这时松弛极化开始产生，但电导上升并不明显，所以 P 主要取决于极化过程，P 随温度上升而减小。在某一温度 T_m 下，P 和 $\tan\delta$ 有极大值。

③ 当温度很高时，质点热运动动能很大，质点在电场作用下的定向迁移受到热运动的阻碍，极化减弱。同时，介质密度减小，即单位体积内松弛质点数目减少，ε_r 下降。温度升高导致电导损耗剧烈上升，此时 P 和 $\tan\delta$ 随温度上升而急剧上升。

由式(5.49)可知，$(\omega\tau)_m = \sqrt{\dfrac{\varepsilon(0)}{\varepsilon_\infty}}$ 为常数，ω_m 增加时，τ 应减小，即 T_m 增加，即高频下，T_m 点向高温方向移动。

根据以上分析可以看出，如果介质的贯穿电导很小，则松弛极化介质损耗的特征是：$\tan\delta$ 在与频率、温度的关系曲线中出现极大值。

5.2.4.3　湿度的影响

介质吸潮后，介电常数会增加，但比电导的增加要缓慢，由于电导损耗及松弛极化损耗增加，而使 $\tan\delta$ 增大。对于极性电介质或多孔材料来说，这种影响格外突出，如纸内水分含量从 4% 增加到 10% 时，其 $\tan\delta$ 可增加 100 倍。但对高压设备而言，由于其绝缘结构复杂，各部分吸潮的性能不一样，测量整体的 $\tan\delta$ 不一定能反映出局部受潮。

5.2.5　无机材料的损耗形式

上面已经分析了无机材料的损耗形式主要有电导损耗和松弛极化损耗。此外，由于无机材料中的气孔和特殊结构，还有两种损耗形式：电离损耗和结构损耗。

5.2.5.1　电离损耗

电离损耗主要发生在含有气相的材料中。含有气孔的固体电介质在外电场强度超过气孔内气体电离所需要的电场强度时，由于气体电离而吸收能量，造成损耗，这种损耗称为电离损耗，其损耗功率可用式(5.51)计算：

$$P_w = A\omega(U - U_0)^2 \tag{5.51}$$

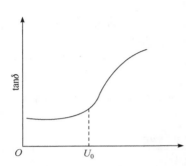

式中，A 为常数；ω 为频率；U 为外加电压；U_0 为气体的电离电压。

只有在 $U > U_0$ 时式(5.51)才适用。当外加电压 $U > U_0$ 时，随着外加电压的增加，$\tan\delta$ 剧烈增大，如图 5.27 所示。利用这一特点，我们可以判断介质是否含有气孔。

当固态绝缘材料含有气孔时，由于在正常条件下气体的耐受电压能力一般比固态绝缘体低，而且电容率也比固态绝缘体小，于是气孔所承受的电场强度比固态绝缘体所承受的要大。气孔中的气体往

图 5.27 含有气孔的介质的 $\tan\delta$ 与电压的关系

往容易产生电离，由于电介质损耗发热膨胀，可能导致整个介质的热破坏或促使介质的化学性质破坏造成老化，因此我们必须尽量减少介质中的气孔率。

陶瓷材料中的气孔和工艺过程有密切关系，在成型制坯过程中要注意排除坯体中的气孔，在烧成过程中，要控制好升温速度和最终的烧结温度，使陶瓷制品烧结良好，具有高度的致密性与极低的气孔率。这样的陶瓷材料才能充分发挥其本身所具备的绝缘性能。否则由于气孔的存在，会降低它的性能指标，限制其使用范围。

5.2.5.2　结构损耗

在高频和低温下，有一类和介质内部结构的紧密程度密切相关的介质损耗称为结构损耗。结构损耗与温度的关系很小，损耗功率随频率升高而增大，但 $\tan\delta$ 则和频率无关。实验证明：结构紧密的晶体或玻璃体的结构损耗都是很小的，但是当某些原因(如杂质的掺入，试样经淬火急冷等的热处理等)使它的内部结构变松散了，会使其结构损耗大为提高。如纯石英玻璃的结构损耗是很小的，但加入少量的碱金属氧化物后，玻璃内部原来的紧密结构受到破坏，不少部位出现较大的空隙，而且排布更凌乱了，这就使得损耗大为增加。另外，以同一组成的玻璃经受不同的热处理条件，如退火(正常的、低温长期的、短期的)和淬火等，后者损耗比前者大。

5.2.6　无机材料的介质损耗及其影响因素

在固体介质中，陶瓷材料是极为重要的一类，特别是在高频、高温的条件下，这是因为陶瓷介质不仅具有机械强度高、化学稳定性好、耐高温等优点，而且优良的陶瓷材料具有很小的介质损耗，因此在电子工业中得到广泛的应用。

陶瓷材料由于组成不同，其性能也有很大的差别。但是就其相组成来说，陶瓷材料主要由晶相(绝大多数是离子晶体)、玻璃相和气相等组成。下面分别讨论离子晶体

与无机玻璃中的损耗情况，然后再综合讨论多晶多相固体材料的损耗。

5.2.6.1 离子晶体的损耗

根据晶体内部结构的紧密程度，可将离子晶体分为两类：一类是结构紧密的晶体，另一类是结构不紧密的晶体。

结构紧密型晶体的离子堆积十分紧密，排列很规则，离子键强度比较大，在常温下热缺陷很少。除非有严重的点缺陷存在，一般紧密型离子晶体在外电场作用下很难发生离子松弛极化，因而损耗也很小，如α-Al₂O₃、镁橄榄石晶体，在外电场作用下只有电子式和离子式的弹性位移极化，所以无极化损耗。其仅有的一点损耗也是由本征电导和少量杂质引起的杂质漏导造成的。这类晶体的介质损耗功率与频率无关。tanδ 随频率的升高而降低，tanδ 随温度的变化呈现出电导损耗的特征。因此以这类晶体为主晶相的陶瓷材料，如刚玉瓷、滑石瓷、金红石瓷、镁橄榄石瓷等，可以用在高频的场合。

非紧密型离子晶体，如莫来石(3Al₂O₃·2SiO₂)、董青石(2MgO·2Al₂O₃·5SiO₂)类晶体的内部含有较多的缺陷或杂质，有较大的空隙或晶格畸变，离子在外电场作用下的活动范围很大。在外电场作用下，晶体中的弱联系离子有可能做贯穿电极的运动(包括接力式运动)，从而产生电导损耗；另一方面，弱联系离子也可能在一定范围内来回运动，形成热离子松弛，出现极化损耗。所以这类晶体的损耗较大，由这类晶体作主晶相的陶瓷材料不适用于高频，只能应用于低频。

另外，当两种晶体生成固溶体时，因各种点阵畸变和结构缺陷的增加，通常有较大的损耗，并且有可能在某一比例时达到很大的数值，远远超过两种原始组分各自的损耗。例如 ZrO₂ 和 MgO 的原始性能都很好，但将两者混合烧结，MgO 溶进 ZrO₂ 中生成氧离子不足的缺位固溶体，使损耗大大增加，当 MgO 含量约为 25%(摩尔分数)时，损耗有极大值。

5.2.6.2 玻璃的损耗

无机材料除了结晶相外，还有含量不等的玻璃相。无机材料的玻璃相是造成介质损耗的一个重要原因。多组分玻璃中的介质损耗主要包括三个部分：电导损耗、松弛损耗和结构损耗。哪一种损耗占优势，取决于外界因素——温度和外加电压的频率。在工程频率和很高的温度下，电导损耗占优势；在高频下，主要是由弱联系的离子在有限范围内移动造成松弛损耗；在高频和低温下，主要是结构损耗，其损耗机理目前还不清楚，大概与结构的紧密程度有关。

玻璃中的各种损耗与温度的关系示于图 5.28。一般单一组分"纯玻璃"的损耗都是很小的，例如石英玻璃在 50Hz 及 10^6Hz 时，tanδ 为 $2 \times 10^{-4} \sim 3 \times 10^{-4}$，硼玻璃的损耗也相当低。这是因为纯玻璃中的"分子"接近规则的排列，结构紧密，没有弱联系的松弛离子。在"纯玻璃"中加入碱金属氧化物后，介质损耗大大增加，并且损耗随碱金属氧化物浓度的增大按指数增大。这是因为碱金属氧化物进入玻璃的点阵结构后，使离子所在处点阵受到破坏，因为碱金属离子是一价的，不能保证相邻结构单元间的联系。因此，玻璃中碱金属氧化物浓度愈大，玻璃结构就愈疏松，离子就有可能发生移动，造成电导损耗和松弛损耗，使总的损耗增大。

与玻璃电导中出现的"双碱效应"和"压碱效应"相仿，在玻璃的介质损耗方面也存在"双碱效应"和"压碱效应"，即当碱离子的总浓度不变时，由两种碱金属氧化物组成的玻璃的 $\tan\delta$ 大大降低，并且有一最佳的比值。图 5.29 表示 Na_2O-K_2O-B_2O_3 系玻璃的 $\tan\delta$ 与组成的关系，其中 B_2O_3 含量为 100，Na^+ 和 K^+ 的总量为 60。当两种碱金属氧化物同时存在时，$\tan\delta$ 总是降低，而最佳比值约为等分子比。可以设想，当两种碱金属氧化物加入后，在一定比值下，玻璃中形成了微晶化合物，在它们的结构中具有碱金属离子，这些离子较强地固定在主体结构上，实际上不参加引起介质损耗的过程；在离开最佳比值的情况下，一部分碱金属离子位于微晶的外面，即在结构不紧密处，使介质损耗增大。

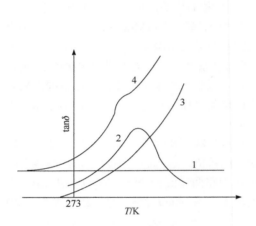

图 5.28 玻璃的 $\tan\delta$ 与温度的关系
1—结构损耗；2—松弛损耗；
3—电导损耗；4—总损耗

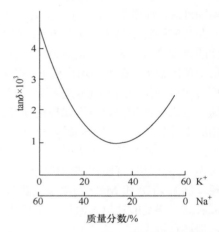

图 5.29 Na_2O-K_2O-B_2O_3 玻璃的 $\tan\delta$ 与组成的关系

在含碱玻璃中加入二价金属氧化物，特别是重金属氧化物时，"压碱效应"特别明显。因为二价离子有两个键，能使松弛的碱玻璃结构网络巩固起来，减少松弛极化的作用，使 $\tan\delta$ 降低。例如制造玻璃釉电容器的玻璃含有大量 PbO 和 BaO，在频率为 1×10^6Hz 时，$\tan\delta$ 为 $6\times10^{-4}\sim9\times10^{-4}$，最多可使 $\tan\delta$ 降低到 4×10^{-4}，并且可使用到 250℃ 的高温。

5.2.6.3　多晶多相固体材料的损耗

多晶多相固体材料的损耗主要是电导损耗、极化损耗及结构损耗。此外由于无机材料表面存在开口气孔，会吸附水分、油污及灰尘等，因此造成的表面电导也会引起较大的损耗。

以结构紧密的离子晶体为主晶相的陶瓷材料，损耗主要来源于玻璃相。为了改善陶瓷的工艺性能，往往在配方中引入了黏土等易熔物质，这些物质在烧结过程中形成玻璃相，这样就使损耗增大，如滑石瓷和尖晶石瓷随黏土含量的增加，损耗也增大。因而一般高频瓷中应避免使用易熔原料，如氧化铝瓷、金红石瓷等就很少含有玻璃相。

大多数电工陶瓷的离子松弛极化损耗较大，主要原因是：主晶相结构松散，生成了缺陷固溶体，出现多晶转变。如果陶瓷材料中含有可变价离子，如含钛陶瓷，往往具有显著的电子松弛极化损耗。

因此，多晶多相固体材料的介质损耗是不能只按照瓷料成分中纯化合物的性能来推测的。在陶瓷烧结过程中，除了基本物理化学过程外，还会形成玻璃相和各种固溶体，结构复杂。固溶体的电性能可能不如各组成成分，在估计陶瓷材料的损耗时必须加以考虑。

5.2.7　降低无机材料介质损耗的方法

上面我们分析了陶瓷材料中的各种损耗形式及其影响因素，总体而言：介质损耗是介质的电导和缓慢极化引起的，是电导和极化过程中带电质点(弱束缚电子和弱联系离子，包括空穴和缺位)的移动，将它在电场中所吸收的能量部分地传给周围"分子"，使电场能量转变为"分子"的热振动，能量消耗在电介质发热效应上。因此降低无机材料的介质损耗应从考虑降低材料的电导损耗和极化损耗入手。

① 选择合适的主晶相。根据要求尽量选择结构紧密的晶体作为主晶相。

② 在改善主晶相性能时，尽量避免产生缺位固溶体或填隙固溶体，最好形成连续固溶体。这样弱联系离子少，可避免损耗显著增大。

③ 尽量减少玻璃相。如果为了改善工艺性能引入较多玻璃相，应采用"双碱效应"和"压碱效应"以降低玻璃相的损耗。

④ 防止产生多晶转变，因为多晶转变时晶格缺陷多，电性能下降，损耗增加。如滑石转变为原顽辉石时析出游离方石英，电性能下降，游离方石英在高温下会发生晶型转变产生体积效应，使材料损耗增大。

$$Mg_3(Si_4O_{10})(OH)_2 \longrightarrow 3(MgO \cdot SiO_2) + SiO_2 + H_2O$$

此时可以加入少量(1%)的 Al_2O_3，使 Al_2O_3 和 SiO_2 生成硅线石($Al_2O_3 \cdot SiO_2$)来减少材料的损耗。

⑤ 注意焙烧气氛，含钛陶瓷不宜在还原气氛中烧成。烧成过程中升温速率要合适，防止产品急冷急热。

⑥ 控制好最终烧结温度，使产品"正烧"，防止"生烧"或"过烧"，以减少气孔率。

⑦ 在工艺过程中应防止杂质的混入，坯体要致密。

在表 5.10、表 5.11 列出一些常用介质材料的损耗数据。表 5.12 对电工介质材料的介电损耗进行了分类。

表 5.10　常用装置瓷的 $\tan\delta$ 值($f=10^6$Hz)

瓷料		莫来石	刚玉瓷	纯刚玉瓷	钡长石瓷	滑石瓷	镁橄榄石瓷
$\tan\delta$ /($\times10^{-4}$)	(293±5)K	30~40	3~5	1.0~1.5	2~4	7~8	3~4
	(353±5)K	50~60	4~8	1.0~1.5	4~6	8~10	5

表 5.11　电容器瓷的 $\tan\delta$ 值($f=10^6$Hz，$T=293$K±5K)

瓷料	金红石瓷	钛酸钙瓷	钛酸锶瓷	钛酸镁瓷	钛酸锆瓷	锡酸钙瓷
$\tan\delta$ /($\times10^{-4}$)	4~5	3~4	3	1.7~2.7	3~4	3~4

表 5.12　电工介质材料损耗的分类

损耗的主要机构	损耗的种类	引起该类损耗的条件
极化介质损耗	离子松弛损耗	① 具有松散晶格的单体化合物晶体，如堇青石、绿宝石 ② 缺陷固溶体 ③ 玻璃相中，特别是存在碱性氧化物
	电子松弛损耗	破坏了化学组成的电子半导体晶格
	共振损耗	频率接近离子(或电子)固有振动频率
	自发极化损耗	湿度低于居里点的铁电晶体
漏导介质损耗	表面电导损耗	制品表面污秽，空气湿度高
	体积电导损耗	材料受热温度高，毛细管吸湿
不均匀结构介质损耗	电离损耗	存在闭口孔隙和高电场强度
	由杂质引起的极化和漏导损耗	存在吸附水分、开口孔隙吸潮以及半导体杂质等

5.3　介电强度

　　无机材料用于工程中做绝缘材料、电容器材料和封装材料时，通常都要经受一定电压梯度的作用。材料的介电性能都是在一定的电压范围内具有的性质，当外电场强度超过某一临界值时，材料就会丧失绝缘性能，介质由介电状态变为导电状态，这种现象称为介电强度的破坏或介质的击穿。发生击穿时的电压称为击穿电压，相应的临界电场强度称为击穿电场强度，或介电强度，也称为绝缘强度。

　　固体介质的击穿同时伴随着材料的破坏，而气体或液体介质击穿后，降低或撤销外电场仍然能恢复材料的绝缘性能。陶瓷介质发生击穿时，基本上有两个过程，一是介质由介电状态变为导电状态；二是介质发生机械破坏，形成贯穿两个电极的直径不大的通道。

无机材料的击穿电压除与材料本身的性质有关，还与一系列的外界因素有关，诸如试样和电极的形状、外界的媒介、环境温度、压力等，因此材料的击穿电场强度不仅表示材质的优劣，同时也反映材料进行击穿试验时的条件。表5.13列出了一些材料及介质的相对介电常数和介电强度。

表 5.13　一些材料及介质的介电性能

材料及介质	相对介电常数	介电强度/(kV/m)	材料	相对介电常数	介电强度/(kV/m)
真空	1.000 00	∞	派热克斯玻璃	4.5	1.30
空气	1.000 54	0.08	电木	4.8	1.20
水	78	—	聚乙烯	2.3	5.00
纸	3.5	1.40	聚苯乙烯	22.6	2.50
红宝石云母	5.4	16.00	特氟隆	2.1	6.00
琥珀	2.7	9.00	氯丁橡胶	6.9	1.20
瓷器	6.5	0.40	吡喃油	4.5	1.20
熔凝石英	3.8	0.80	二氧化钛	100	0.60

电介质的击穿类型分为三种：热击穿、电击穿、化学击穿。击穿的机理可分为热击穿和电击穿两类。对于任一种材料，上述的每一种击穿形式都可能发生，主要取决于试样的缺陷情况及电场的特性(直流或交流、高频或低频、脉冲电场等)以及器件的工作条件等。

5.3.1　热击穿

电介质材料在电场下工作时，由于各种形式的损耗，部分电能转变成热能，使介质发热。当外加电压足够高时，将出现介质内部单位时间内产生的热量大于介质本身散发出去的热量，热平衡状态被打破，热量不断在介质内部积聚，使介质温度升高。温度升高的结果又进一步增大损耗($\tan\delta$ 和 R_v 都随 T 增大)，使发热进一步增加。这样恶性循环的结果使介质温度不断上升。当温度超过一定限度时介质就会出现烧裂、熔融等现象而完全丧失绝缘能力，这就是介质的热击穿。热击穿是各种陶瓷材料，尤其是绝缘性差(如电瓷等)和 ε、$\tan\delta$ 值比较高的铁电陶瓷在高频下的主要击穿形式。热击穿的特点是击穿电压低，作用时间长，击穿电压与温度有密切的关系。

图 5.30 表示介质中发热量 Q_1 和散热量 Q_2 的平衡关系。设介质的电导率为 σ，当施加电

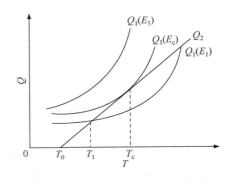

图 5.30　介质中发热与散热平衡关系示意图

场 E 于介质上时，在单位时间内单位体积中就要产生 σE^2 焦耳热。这些热量一方面使介质温度上升，另一方面也通过热传导向周围环境散发，如环境温度为 T_0，介质平均温度为 T，则散热 Q_2 与温差 $(T-T_0)$ 成正比。因为电导 σ 是温度的指数函数，介质由电导产生的热量 Q_1 也是温度的指数函数。加电场 E_1 时，最初发热量大于散热量，介质温度上升至 T_1 达到平衡，此时发热量等于散热量。提高场强至 E_3，则在任何温度下，发热量都大于散热量，热平衡被破坏，介质温度失控，直至被击穿。在临界电场 E_c 时，发热曲线 Q_1 和散热曲线 Q_2 相切于临界温度 T_c 点，击穿刚巧可能发生。如果介质发生热破坏的温度大于 T_c，则只要电场稍高于 E_c 时，介质温度就会持续升高到其破坏温度。所以临界场强 E_c 可作为介质热击穿场强，在 T_c 点满足：

$$Q_1(E_c, T_c) = Q_2(T_c) \tag{5.52}$$

$$\left.\frac{\partial Q_1(E_c, \ T_c)}{\partial T}\right|_{T_c} = \left.\frac{\partial Q_2}{\partial T}\right|_{T_c} \tag{5.53}$$

研究热击穿可归结为建立上述电场作用下的介质热平衡方程，从而求解热击穿电压的问题，但是式(5.52)和式(5.53)的求解往往是比较困难的，通常简化为以下两种极端情况：

① 电压长期作用，介质内温度变化极慢——稳态热击穿。

② 电压作用时间很短，散热来不及进行——脉冲热击穿。

设有厚度为 d，面积相对于厚度可以看作无限大的平板电容器，外加直流电压 U。选取坐标如图 5.31 所示。设介质导热系数为 λ，只考虑 x 方向热流，得热平衡方程：

$$C_V \frac{\mathrm{d}T}{\mathrm{d}t} - \lambda \frac{\mathrm{d}^2 T}{\mathrm{d}x^2} = \sigma E^2 \tag{5.54}$$

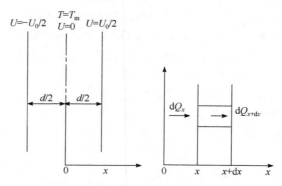

图 5.31 无限大平板介质模型

式中，C_V 为体积热容，$\mathrm{J/(m^3 \cdot K)}$。

当处于热稳定状态时，方程中第一项可略去，于是有：

$$\frac{d}{dx}\left(\lambda\frac{dT}{dx}\right)+\sigma\left(\frac{dU}{dx}\right)^2=0 \tag{5.55}$$

引入电流密度 $J=\sigma E$，则上式可简化为：

$$\frac{d}{dx}\left(\lambda\frac{dT}{dx}\right)-J\left(\frac{dU}{dx}\right)=0 \tag{5.56}$$

解此方程，可求出热击穿电压 U_c(临界电压)。

许多陶瓷材料都在无线电频率下工作，因此有必要研究热击穿场强和频率的关系。当试样形状、尺寸、周围环境条件完全不变条件下，热击穿场强可用下式计算：

$$E_{穿}=\frac{A}{\sqrt{\omega\varepsilon\tan\delta}} \tag{5.57}$$

式中，A 为决定于试样形状、大小和散热条件的常数；ω 为电场频率。

如果在研究范围内 ε、$\tan\delta$ 维持不变(当 ω 变化不大时是可能的)，则 $E_{穿}$ 仅与频率的平方根成反比 $E_{穿}=\frac{B}{\sqrt{\omega}}$。

为了提高热击穿场强，防止器件被击穿，我们必须注意材料的选择和器件的使用两个方面。因为器件的使用条件往往为整机所限制，一般不能改变，所以材料的选择是主要矛盾。由于发热的根源主要是介质的损耗，因此在配方中尽量避免引入高 $\tan\delta$、高 R_V 的组分。在工艺过程中避免引进杂质，保证烧结良好等等。另外，在器件的使用方面，散热条件对于器件的热击穿有很大意义。制品的形状、使用位置周围媒介应尽量有利于散热。如增加散热面积，大功率电容器用水冷、油冷强制冷却，在器件外露面上涂上深色的油漆，提高表面黑度，加强热辐射等。为了避免器件的击穿，必须规定最高工作温度，即规定相应的工作电压。

5.3.2 电击穿

在强电场下，固体材料中可能因冷发射或热激发而存在一些自由电子。这些自由电子一方面在外电场作用下被加速，获得动能；另一方面与晶格相互作用，把电场能量传递给晶体，引起晶格振动。当这两个过程在一定的温度和场强下平衡时，固体介质有稳定的电导。如果介质内部带电质点运动过于剧烈，发生撞击游离，电子从电场中得到的能量大于传递给晶格振动的能量时，电子的动能就越来越大。当电子能量达到一定值时，电子与晶格振动的相互作用导致电离产生新电子，使自由电子数迅速增加，电导进入不稳定阶段，击穿发生。电击穿的特点是击穿电压高，作用时间短，击穿电压与温度关系很小。

5.3.2.1 本征电击穿理论

本征电击穿在室温下即可发生，与介质中自由电子有关，发生时间很短，只有

$10^{-8}\sim10^{-7}$s。介质中的自由电子的来源为杂质和缺陷能级或价带。

设电子从电场 E 中获得的能量为 A：

$$A = \frac{e^2 E^2}{m^*}\overline{\tau} \tag{5.58}$$

式中，e 为电子电荷；m^* 为电子有效质量；E 为外加电场强度；$\overline{\tau}$ 为电子平均自由行程时间，又称电子松弛时间。

电子松弛时间与电子能量有关。高能电子速度快，松弛时间短；反之低能电子速度慢，松弛时间长。由于电子从电场 E 获得的能量 A 与时间有关，则：

$$A = \left(\frac{\partial u}{\partial t}\right)_E = A(E,u) \tag{5.59}$$

式中，u 为电子能量；下标 E 表示电场的作用。

设电子与格波相互作用时，单位时间能量的损失为 B。由于晶格振动与温度有关，则：

$$B = \left(\frac{\partial u}{\partial t}\right)_T = B(T_0,u) \tag{5.60}$$

式中，T_0 为晶格温度。

平衡时：

$$A(E,u) = B(T_0,u) \tag{5.61}$$

当电场上升时，平衡在新的晶格温度条件下再次建立，直到电场上升到平衡破坏，使碰撞电离过程发生。将电离过程发生的起始场强作为介质电击穿场强的理论，即为本征电击穿理论。

本征电击穿理论分为单电子近似和集合电子近似两种。单电子近似方法只在低温时适用。在低温区，由于温度升高引起晶格振动加强，电子散射增加，电子松弛时间变短，因而使击穿场强反而提高。

Fröhlich 利用集合电子近似的方法，即考虑电子间的相互作用，建立了关于杂质晶体电击穿的理论，其击穿场强为：

$$\ln E = C + \frac{\Delta u}{2kT_0} \tag{5.62}$$

式中，C 为常数；Δu 为能带中杂质能级激发态与导带底的距离的一半。

式(5.62)与热击穿的公式相类似，因此本征电击穿可以看成是热击穿的微观理论。根据本征击穿模型可知，本征电击穿场强随温度升高而降低，击穿强度与试样形状和厚度无关。

5.3.2.2 "雪崩"电击穿理论

本征电击穿理论只考虑电子的非稳态，不考虑晶格的破坏过程。将引起非稳态(即平衡方程的破坏)的起始场强定义为介质的电击穿场强。

"雪崩"电击穿理论则以碰撞电离后自由电子数倍增到一定数值(足以破坏介质绝缘状态)作为电击穿判据。

"雪崩"电击穿的理论模型是一种碰撞电离模型，与气体放电击穿理论类似。Seitz 提出以电子传递给介质的能量足以破坏介质晶体结构作为"雪崩"击穿判据，用如下方法来推算介质击穿场强：

设电场强度为 10^8V/m，电子迁移率 $\mu = 10^{-4}$m²/(V·s)。从阴极出发的电子，一方面进行"雪崩"倍增；另一方面向阳极运动。与此同时，也在垂直于电子运动的方向进行扩散，若扩散系数 $D = 10^{-4}$m²/s，则在 $t = 1\mu s$ 的时间中，"崩头"的扩散长度为 $r = \sqrt{2Dt} \approx 10^{-5}$m。近似认为，这个半径为 r、长度为 1cm 的圆柱体所覆盖的范围为 $\pi \times 10^{-12}$m³。该体积中将包含有约 10^{17} 个原子。松散晶格中一个原子电离所需的能量约为 10eV，则上述小体积介质电离总共需 10^{18}eV 的能量。每个电子经过 1cm 距离由电场加速获得的能量约为 10^6eV，则共需要有 10^{12} 个电子就足以破坏介质的晶格。已知碰撞电离过程中，电子数以 2^n 关系增加。设经 a 次碰撞，共有 2^a 个电子，那么当 $2^a = 10^{12}$，$a = 40$ 时，介质的晶格就破坏了。也就是说，由阴极出发的初始电子，在其向阳极运动的过程中，1cm 内的电离次数达到 40 次，介质便击穿。此估计虽然粗糙，但概念明确。

当介质很薄时，碰撞电离不足以发展到 40 代，电子"崩头"已进入阳极复合，此时介质便不能击穿，这时的介质击穿场强将要提高。

"雪崩"电击穿和本征电击穿在理论上有明显的区别：本征电击穿理论中导电电子的增加是继稳态破坏后突然发生的；而"雪崩"击穿是考虑在高场强条件下，导电电子逐渐倍增，最终达到晶格难以忍受的程度。因此"雪崩"击穿理论强调的是介质破坏的过程。

5.3.3 化学击穿

长期运行在高温、高湿、高电压下的陶瓷材料往往发生化学击穿。化学击穿和材料内部的电解、腐蚀、氧化、还原、气孔中气体电离等一系列不可逆变化有很大的关系，并且需要相当长的时间，材料被"老化"，逐渐丧失绝缘性能，最后导致被击穿而破坏。

化学击穿有两种主要机理。其一是在直流和低频交变电压下，由于离子式电导引起电解过程。材料中发生电还原作用，使材料电导损耗急剧上升，最后由于剧烈发热成为热-化学击穿。这种情况以含碱金属氧化物的铝硅酸盐陶瓷为典型。在较高温度和高压直流或低频电场下运行时，银电极能扩散而渗入陶瓷材料内部，还原形成枝蔓使电极距离缩短，甚至短路，器件因此丧失绝缘能力。如用金或铂做电极则不会发生这种现象，这是因为金和铂的逸出功要比银的大得多。

另一种化学击穿的机理是当材料中存在着封闭气孔时，由于气体的电离放出的热量使器件温度迅速上升，变价金属氧化物(如 TiO_2)在高温下金属离子加速从高价还原成低价离子，甚至还原成金属原子，使材料电子式电导大大增加，电导的增加反过来又使器件强烈发热，导致最终击穿。

5.3.4 无机材料的击穿

影响无机材料绝缘强度的因素有很多，除与材料本身的性质有关外，还与施加电压的频率、波形和作用时间，电场强度的均匀性与电极的形状和尺寸，材料的厚度、材料中的杂质与气孔，环境温度和湿度，试样周围媒介的电、热特性等有关。因此，对无机材料的绝缘强度的分析要从多方面考虑。

5.3.4.1 不均匀介质中的电压分配

无机材料常常为不均匀介质，有晶相、玻璃相和气孔存在，这使无机材料的击穿性质与均匀材料不同。不均匀介质的结构最简单的情况是双层介质。设双层介质具有各不相同的电性质，ε_1、σ_1 和 ε_2、σ_2 分别代表第一层、第二层的介电常数、电导率。两层的厚度分别为 d_1 和 d_2。

若在此系统上施加直流电压 U，则各层内的电场强度 E_1、E_2 都不等于平均电场强度 E，当双层介质呈串联状态时，则：

$$\begin{cases} E_1 = \dfrac{\sigma_2\left(d_1 + d_2\right)}{\sigma_1 d_2 + \sigma_2 d_1} E \\ E_2 = \dfrac{\sigma_1\left(d_1 + d_2\right)}{\sigma_1 d_2 + \sigma_2 d_1} E \end{cases} \tag{5.63}$$

式(5.63)表明：在一个外加电场的串联复合体系中，电导率大的介质所承受的场强较低，电导率小的介质所承受的场强较高。如果两者电导率相差很大，则其中电导率小的介质层所承担的电场强度将必然远大于平均场强 E，这一层将首先达到击穿强度而被击穿。当一层被击穿后，外加电场就会由剩余的部分承担，增加了另一层上的场强，结果原来稳定的那一层也随之被击穿。材料的不均匀性就是这样引起击穿场强降低的。

5.3.4.2 电离击穿

无机材料中含有气孔而导致均匀性降低。气体的 ε 及 σ 都很小，因此材料中有气孔时，加上电压后气孔上的电场较高，而气孔本身的抗电强度远低于固体介质(一般空气的 $E_b \approx 33kV/cm$，而陶瓷基体的 $E_b \approx 80kV/cm$)，所以气孔很容易击穿，气孔击穿后内电离放电产生大量的热，在产生热量的同时，还会形成相当高的内应力，材料也易丧失机械强度而被破坏，最终将引起整个介质的击穿，这种击穿也称为电-机械-热击穿。

由于电离击穿产生大量的热量，使局部温度升高，通常气孔附近的温度上升程度是不同的，对于低介电常数的介质材料而言，温度只升高几摄氏度；而对于高介电常数的材料(如铁电材料)则可达 $10^3℃$。很明显，气孔越大，越易引起击穿。

可以把含气孔的介质看成电阻与电容串并联的等效电路。由电路充放电理论分析可以推断，在外加 50Hz 交流电压的情况下，每秒也至少放电 200 次。可想而知，在高频电场作用下，内电离的后果是相当严重的。这对在高频、高压下使用的电容器陶瓷是非常值得重视的。图 5.32 为典型的材料密度和介电强度的关系曲线。

另外，气泡的存在一方面导致介质的电-机械-热击穿；另一方面介质内引起不可逆的物理化学变化，使介质击穿电压下降。这种现象称为电压老化或化学击穿。

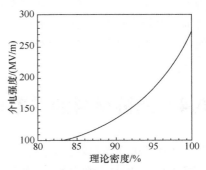

图 5.32 高纯 Al_2O_3 陶瓷介电强度与密度的
关系曲线

5.3.4.3 表面放电和边缘击穿

固体介质常处于周围气体媒介中，有时介质本身并未击穿，但会通过表面气体放电击穿。表面放电与电场畸变有关。电极边缘常常电场集中，因而击穿常在电极边缘发生，即边缘击穿。固体介质的表面击穿电压总是低于没有固体介质时的空气击穿电压，其降低的程度视介质材料的种类、电极接触情况以及电压性质而定。

① 固体介质材料种类不同，表面放电电压也不同。陶瓷介质由于介电常数大、表面吸湿等原因，引起离子式高压极化(空间电荷极化)，使表面电场畸变，降低表面击穿电压。

② 固体介质与电极接触不好，则表面击穿电压降低，尤其当不良接触在阴极处时更是如此。其机理是孔隙的空气介电常数低，根据夹层介质原理，电场畸变，孔隙中的气体易放电。材料介电常数愈大，此效应愈显著。

③ 电场的频率不同，表面击穿电压也不同。随频率升高，击穿电压降低。这是由于气体正离子的迁移率比电子小，形成正的体积电荷。频率高时，这种现象更为突出。固体介质本身也因空间电荷极化导致电场畸变，因而表面击穿电压下降。

总之，表面放电与边缘击穿不仅取决于电极周围媒介以及电场的分布(电极的形状、相互位置)，还取决于材料的介电常数、电导率，因而表面放电和边缘击穿电压并不能表征材料的介电强度，它与装置条件有关。

为了消除表面放电，防止边缘击穿，应选用电导率或介电常数较高的媒介，同时媒介本身介电强度要高，通常选用变压器油。此外，为了消除表面放电，还应注意元件结构、电极形状的设计。一方面要增大表面放电途径；另一方面要使边缘电场均匀。

绝缘子一般由若干部件组合而成，由于高压电场的作用，传输线路绝缘子周围可能出现放电现象，特别在气候恶劣和环境污染比较严重的情况下更为明显。一般电火花现象发生在线路和绝缘子的接触位置，结果将导致电压波动，甚至断电情况发生，为了解决这个问题，可在绝缘子表面涂上一层釉，表面施釉可保持介质表面清洁，而且釉的电导率较大，可使表面电阻控制在 $1\sim100M\Omega/cm^2$ 范围内。绝缘子表面的釉层使介质电压梯度变得平缓，对电场均匀化有好处。如果在电极边缘施以半导体釉，则效果更好。

5.4　无机材料的铁电性

普通的电介质材料，在没有外加电场时极化强度为零。在有外电场作用时，介质的极化强度 P 与宏观电场 E 成正比，所以这类电介质称为线性介质。另外有一类介质，其极化强度与外加电场的关系是非线性的，称为非线性介质。铁电体就是一种典型的非线性介质。

在铁电体中存在一种自发极化机构。所谓自发极化，即这种极化状态并非由外电场所造成，而是由晶体的内部结构特点造成的，晶体中每一个晶胞里存在固有电极矩。这类晶体通常称为极性晶体。铁电体中由于电偶极子的相互作用而产生的自发平行排列，这种过程与铁磁性中的磁偶极子的自发排列类似，由于这种现象及许多特征都与铁磁性相比拟，铁电性由此得名。

铁电体在一定温度范围内具有自发极化，并且自发极化方向可随外电场做可逆转动，因此铁电晶体一定是极性晶体，但并非所有的极性晶体都具有这种自发极化方向可随外电场转动的性质，只有某些特殊的晶体结构，在自发极化改变方向时，晶体构造不发生大的畸变，才能产生以上的反向转动。铁电体就具有这些特殊的晶体结构。根据转动对称性，晶体可分为 32 种类型，在非中心对称的 21 种类型中就有 20 种具有压电性，而这 20 种压电体中具有极性的 10 种又具有热释电性，这 10 种热电体中又有一部分具有铁电性。

5.4.1　铁电体的自发极化机构

铁电体的自发极化状态是由晶体内部结构特点引起的。自发极化机制可以大致分为三大类：第一类是有序-无序型自发极化，它同个别离子的有序化相联系。典型的有序-无序型晶体是含有氢键的晶体，这类晶体中质子的有序化运动引起自发极化，例如 KH_2PO_4 晶体，该晶体具有铁电体的特征。第二类是结构本身具有自发极化性质；第三类是位移型，其自发极化是由同一类离子的亚点阵相对于另一类离子的亚点阵的整体位移引起的。其中位移型铁电体的结构大多数同钙钛矿结构及钛铁矿结构紧密相关。$BaTiO_3$ 是典型的钙钛矿型的铁电体，晶体结构如图 5.33 所示。

钙钛矿型晶体中都有以高价离子为中心的氧八面体，$BaTiO_3$ 的中心离子为 Ti^{4+}。

在 120℃以上为立方结构，a=4.005Å，因为 O^{2-} 的半径为 1.32Å，所以两个 O^{2-} 间的空隙为 $4.005 - 2 \times 1.32 = 1.365$Å，而 Ti^{4+} 的直径为 1.28Å，小于 1.36Å，所以 Ti^{4+} 在 $BaTiO_3$ 氧八面体空腔内有移动的余地。在较高温度时，因为离子热振动能比较大，其振幅也较大，Ti^{4+} 邻近六个 O^{2-} 的概率是相等的，故其平均位置位于氧八面体的中心，并不特别偏向某一个 O^{2-}，因此晶体能保持最高的对称性(立方结构)。此时 Ti^{4+} 离子的平均位置与晶胞中心重合，不出现电矩，即不发生自发极化现象。

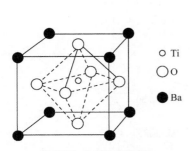

图 5.33 $BaTiO_3$ 晶体结构

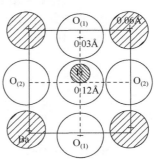

图 5.34 $BaTiO_3$ 元晶胞中离子的位移[在(100)面上的投影]

当温度降低时(120℃以下)，Ti^{4+} 的平均热振动能降低了，某些热振动能特别低的 Ti^{4+} 不足以克服 Ti^{4+} 与 O^{2-} 间的相互作用，此时 Ti^{4+} 就有可能向着某一个 O^{2-} 靠近(发生自发位移)，并使这个 O^{2-} 发生强烈的电子位移极化。结果使晶体顺着这一方向延长，形成了自发极化轴，对其周围晶胞所造成的内电场使得 Ti^{4+} 的这种自发位移可波及周围晶胞平均热振动能量较低的 Ti^{4+}，并进一步影响到其邻近的所有晶胞中的 Ti^{4+}，使它们都同时沿着同一方向发生位移。在出现自发极化的同时，晶胞的形状发生了轻微的畸变，在 Ti^{4+} 位移的方向晶轴伸长，其它方向缩短，使 $BaTiO_3$ 的结构转变为四方结构。图 5.34 为 $BaTiO_3$ 晶胞中几种离子的相对位移情况。

5.4.2 铁电畴

通常情况，铁电体自发极化的方向不相同，但在一个小区域内，各晶胞的自发极化方向相同，这个小区域就称为铁电畴。两畴之间的界壁称为畴壁。若两个电畴的自发极化方向互成 90°，则其畴壁称为 90°畴壁，畴壁厚度为 50～100Å。此外，还有 180°畴壁，如图 5.35 所示。180°畴壁较薄，一般为 5～10Å。为了使体系的能量最低，各电畴的极化方向通常"首尾相连"。

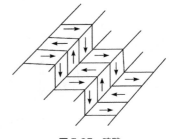

图 5.35 畴壁

电畴结构与晶体结构有关。$BaTiO_3$ 的铁电相晶体结构有四方、斜方、菱面体三种晶系，它们的自发极化方向分别沿[001]、[011]、[111]方向，如图 5.36。这样，除了 90°和 180°畴壁外，在斜方晶系中还有 60°和 120°

畴壁，在菱面体晶系中还有 71°和 109°畴壁。一般来说，如果铁电晶体种类已经明确，则其畴壁的取向就可确定。电畴可用多种实验方法显示，例如采用弱酸溶液侵蚀晶体表面，通过显微观察可以看到，多晶陶瓷中每个小晶粒可包含多个电畴。由于晶粒本身取向无规则，所以各电畴分布是混乱的，因而对外不显示极性。对于单晶体，各电畴间的取向成一定的角度，如 90°、180°。

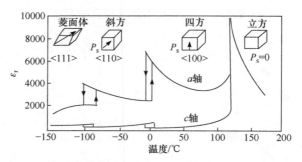

图 5.36 BaTiO₃的介电常数、晶体构造自发极化随温度的变化

铁电畴在外电场作用下，总是要趋向于与外电场方向一致，这形象地称作电畴"转向"。当外加电场撤去后，则有小部分电畴偏离极化方向，恢复原位，大部分电畴则停留在新转向的极化方向上，这称为剩余极化。

实际上，电畴运动是通过在外电场作用下新畴的出现、发展以及畴壁的移动来实现的。如图 5.37 所示，180°畴的运动并不是由于畴发生了转动，而是新畴的出现和发展，例如 180°畴在加入电场后，首先是在试样的边缘生长许多极化方向与外电场一致的针状新畴，这样的新畴在外电场作用下不断出现和向前发展[图 5.37(a)]并逐渐波及整个试样而合并成一个与外电场方向一致的单畴。而对于 90°畴同样会产生一系列与外电场方向一致的新畴，只是这些新畴的发展，并不是沿着外电场的方向，而是与外电场成 45°角的方向发展，因此晶体中出现了许多 90°畴壁[图 5.37(b)]。观察发现，这些 90°畴壁还可通过侧向移动使电畴扩展。这种侧向移动所需要的能量比产生新畴所需要的能量低。

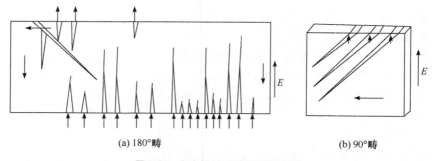

(a) 180°畴　　　　　　　　　　(b) 90°畴

图 5.37 电畴中针状新畴的出现和发展

一般在外电场作用下，180°电畴转向比较充分；同时由于"转向"时结构畸变小，

内应力小，因而这种转向比较稳定。而 90°电畴的"转向"是不充分的，对 $BaTiO_3$ 陶瓷，90°畴只有 13%转向，而且由于转向时会引起较大的内应力，所以这种"转向"不稳定。

铁电畴在外电场作用下的"转向"，使得陶瓷材料具有宏观剩余极化强度，即材料具有"极性"，此工艺过程称为"人工极化"。在很强的人工极化电场的作用下，铁电陶瓷中每个晶粒趋于单畴化，沿电场方向的极化畴长大，逆电场方向的畴消失，其它方向分布的电畴转向电场方向，并且电矩尽可能沿平行于电场的方向。极化强度随外加电场的增加而增大，一直到整个结晶体成为一个单一的极化畴为止。如再继续增加电场只有电子与离子的极化效应，则和一般电介质一样。通常为了使电矩克服各种阻力来完成这种单畴化的趋向，采用人工极化时可以适当加热。当人工极化完成，温度降至室温，铁电体成了具有热电效应的热电陶瓷和压电陶瓷。图 5.38 为铁电陶瓷和热电陶瓷的显微结构示意图。

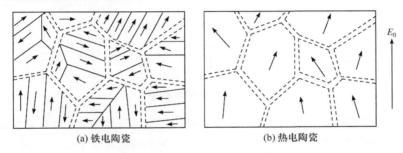

(a) 铁电陶瓷   (b) 热电陶瓷

图 5.38 铁电陶瓷和热电陶瓷的显微结构

5.4.3 电滞回线及影响因素

5.4.3.1 电滞回线

铁电体的自发极化强度可以因外电场的反向而反向，其极化强度 P 和外电场 E 之间的关系构成了电滞回线，如图 5.39 所示。通过电滞回线可以清楚地体会到铁电体的自发极化，而且这种自发极化的电偶极矩在外电场作用下可以改变其取向，甚至反转。因此可以认为铁电体的电滞回线是铁电畴在外电场作用下运动的宏观描述，是铁电体的一个特征。由铁电体的电滞回线可测得材料的饱和极化强度 P_s、剩余极化强度 P_r、矫顽电场 E_c 及相对介电常数 ε_r 等参量。

下面以单晶体的电滞回线为例，设极化强度的取向沿坐标轴的正向或负向，在没有外电场时，晶体能量最低，总电矩为 0。当电场 E 施加于晶体时，沿电场方向的电畴就要扩展变大；而与电场反方向平行的电畴则会收缩变小，极化强度 P 随外电场 E 的增加而增加，如图 5.39 中 OA 段曲线所示。电场强度继续增大，极化强度沿 AB 段曲线变化。当电场强度 E 增大到使晶体内只存在与 E 同向的电畴时，铁电体的极化强度达到饱和，相当于图 5.39 中 C 附近的部分，这类似于单畴的情况。此时再增加电场，P 与 E 成线性关系(这时与一般线性电介质相同)。将 BC 段中的线性部分外推至外电场强度为零时，在纵轴 P 上所得的截距称为饱和极化强度 P_s，对应于 C 点的外加电场强度称为饱和电场强度 E_t。实际上 P_s 是对每个单畴而言的自发极化强度。

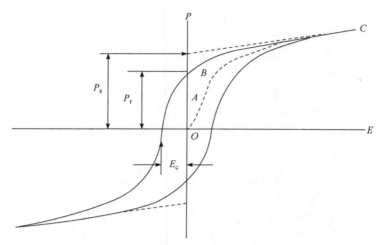

图 5.39 铁电体的电滞回线

如果电场自图中 C 处开始降低，晶体的极化强度亦随之减小。但是电场强度降至零时，晶体的极化强度并不等于零，仍存在一个剩余极化强度 P_r。这是因为当 $E=0$ 时，大部分电畴仍停留在极化方向，所以宏观上还有剩余极化强度，因此剩余极化强度是对整个晶体而言的。当电场反向时，剩余极化强度迅速降低，至反向电场达到 E_c 时，剩余极化全部消失，晶体的极化强度为零，此时的电场强度称为矫顽电场强度 E_c。如果 E_c 大于晶体的击穿场强，那么在极化强度反向前，晶体就被击穿，则不能说该晶体具有铁电性。由于极化的非线性，铁电体的介电常数不是常数。一般以 OA 在原点的斜率来代表相对介电常数。所以在测量相对介电常数时，所加的外电场(测试电场)应很小。

在交变电场作用下，外加电场每变化一周，上述过程就重复一次。在每一周期中都有能量由电场传递给晶体，并表现为热的形式而散失。每一周期的能量损耗称为电滞损耗，它可用电滞回线所围成的面积来衡量。

5.4.3.2 电滞回线的影响因素

铁电材料在外加交变电场作用下都能形成电滞回线，然而不同材料、不同工艺条件对电滞回线的形状都有很大的影响，因而应用也各不相同，所以掌握电滞回线及其影响因素，对研究铁电材料的特性是十分重要的。

(1) 温度对电滞回线的影响

温度对电滞回线的影响分为极化温度和环境温度。极化温度的高低影响电畴运动和转向的难易。在低温时，电滞回线变得比较平坦，矫顽场强变得较大，相应于畴壁重新取向需要较大的能量，即电畴的排列冻结了。在较高温度时，电畴运动容易，矫顽场强和饱和场强随温度升高而降低。由图 5.40 可以看出，在低温时，电滞回线变得比较平坦，随着温度上升，其电滞回线形状比较瘦长。在较高温度下进行"人工极化"可以达到在较低的极化电压下同样的效果，这是因为温度高时电畴运动容易，所以电畴沿电场方向的取向容易进行，因而矫顽场强和饱和场强都小，即要达到饱和极化强度只需要较低的极化电压。

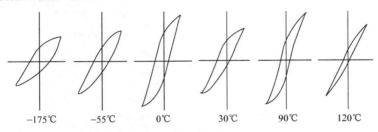

图 5.40 BaTiO₃ 铁电体电滞回线形状随温度的变化

环境温度对电滞回线的影响不仅表现在电畴运动的难易程度上，而且对材料的晶体结构也有影响，可使内部自发极化发生改变，尤其是在晶型转变温度点附近更为显著。例如，$BaTiO_3$ 在居里温度附近，电滞回线逐渐闭合为一直线(铁电性消失)。

(2) 极化时间和极化电压对电滞回线的影响

电畴由于处于应力状态，转向需要一定的时间。适当延长极化时间，电畴定向排列更为完全，即极化更充分。在相同的电场强度 E 作用下，极化时间长，材料具有较高的极化强度，也具有较高的剩余极化强度。

极化场强对电畴的转向有类似的影响。极化场的大小主要取决于材料的矫顽电场和饱和电场。当极化场强大于矫顽电场时电畴才能发生"反转"。因此极化场强增大，电畴转向程度更高，剩余极化变大。所以为使极化充分进行，可以适当提高极化场强。但提高场强容易引起击穿，这限制了极化强度的提高。

(3) 晶体结构对电滞回线的影响

同一种材料，由于晶界的结构特点对电畴定向排列有很大的影响，因此单晶体和多晶体的电滞回线是不同的。图 5.41 反映了 $BaTiO_3$ 单晶和 $BaTiO_3$ 多晶陶瓷的电滞回线差异。单晶体的电滞回线接近于矩形，P_s 和 P_r 很接近，而且 P_r 较高；陶瓷的电滞回线中 P_s 与 P_r 相差较多，表明陶瓷多晶体不易定向排列，即不易成为单畴。

电滞回线的特性在实际中有重要的应用。由于它有剩余极化强度，因而铁电体可用作信息存储或图像显示。已经研制出的透明铁电陶瓷器件有铁电存储和显示器件、光阀、全息照相器件等，就是利用外加电场使铁电畴做一定的取向，应用的材料有掺镧的锆钛酸铅(PLZT)、透明铁电陶瓷以及 $Bi_4Ti_3O_{12}$ 铁电薄膜。

由于铁电体的极化随 E 而改变，因而晶体的折射率也将随 E 改变。这种由于外电场引起晶体折射率的变化称为电光效应。利用晶体的电光效应可制作光调制器、晶体光阀、电光开关等光器件。目前应用到激光技术中的晶体多是铁电晶体，如 LiNbO₃、LiTaO₃、KTN(钽铌酸钾)等。

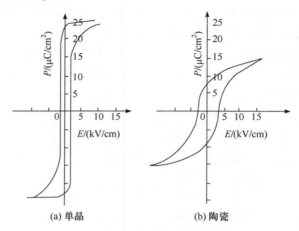

(a) 单晶   (b) 陶瓷

图 5.41 BaTiO₃的电滞回线

5.4.4 反铁电性

具有反铁电性的电介质为反铁电体，反铁电体的晶格结构与同型铁电体相近。由于晶体中每个电畴中存在两个相反方向的自发极化强度，因此不表现出剩余极化强度，即使用较强的电场也观察不到电滞回线，但具有热释电效应和压电效应。

反铁电陶瓷在足够大的电场作用下，反铁电相可以诱导成铁电相，当电场减小或为零时，暂稳态的铁电相又变成稳态的反铁电相；前者是储存电能的过程，而后者是释放电能的过程，并往往伴随有晶体结构和电荷的变化。例如，PbZrO₃ 是一种典型的

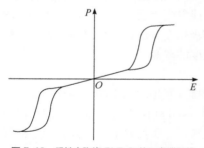

图 5.42 反铁电陶瓷 PbZrO₃的双电滞回线

反铁电体，属钙钛矿型结构，在 E 较小时，极化强度 P 与电场强度 E 成正比，无电滞回线；当 E 很大时，出现了双电滞回线(图 5.42)，结构上由斜方晶系变成菱面体晶系。反铁电体具有较大的应用价值，可以利用储存电能和释放电能的这一变化过程来制造高压大功率储能电容器和非线性元件；同时，反铁电相和铁电相的转变过程必然伴随着体积的变化，可实现电能与机械能之间的转换，制成反铁电换能器。

反铁电体在居里温度 T_c 时发生相变。$T>T_c$ 时为顺电相，$T<T_c$ 时为反铁电相。在相变温度以上，介电常数与温度的关系遵从居里-外斯定律[式(5.64)]。但在相变温度以下，一般并不出现自发极化。

$$\varepsilon_r = \frac{C}{T - T_c} + \varepsilon_\infty \tag{5.64}$$

式中，C 为居里常数；T_c 为居里温度；ε_∞ 代表电子位移极化对介电常数的贡献。由于 ε_∞ 的数量级为1，故居里点附近 ε_∞ 可忽略，式(5.64)可写为 $\varepsilon = C/(T - T_c)$。

5.4.5 介电常数的调整

5.4.5.1 移峰效应

$BaTiO_3$ 一类的钙钛矿型铁电体具有很高的介电常数。纯钛酸钡陶瓷的介电常数在室温时约为1400；在居里点(120℃)附近，介电常数增加很快，可高达 6000～10000，如图 5.43 所示。室温下 ε_r 随温度变化比较平坦的材料可以用来制造小体积、大容量的电容器。为了提高室温下材料的介电常数，可添加其它钙钛矿型铁电体，形成固溶体。在实际制造中需要解决居里点和居里点处介电常数的峰值调控问题，即所谓"移峰效应"和"压峰效应"。在铁电体中引入某种添加物(移峰剂)生成固溶体，改变原来的晶胞参数和离子间的相互联系，使居里点向低温或高温方向移动，这就是"移峰效应"，如在 $BaTiO_3$ 中加入 $PbTiO_3$ 可使 $BaTiO_3$ 居里点升高。

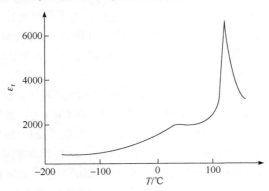

图 5.43 $BaTiO_3$ 陶瓷相对介电常数与温度关系

5.4.5.2 压峰效应

为了降低 ε-T 非线性，即降低居里点处的介电常数的峰值，使工作状态相应于 ε-T 的平缓区，需要在铁电体中掺杂压峰剂(或称展宽剂)，即所谓"压峰效应"。常用的压峰剂为非铁电体，如在 $BaTiO_3$ 中加入 $CaTiO_3$。加入非铁电体后，可以使介电常数的峰值下降，达到"压峰"的目的。其机理为非铁电体的加入破坏了原来的内电场，使自发极化减弱，铁电性减小，显示出直线性的温度特性。

5.4.5.3 非线性调整

从电滞回线也可以看出，一般铁电体的介电常数随外加电场强度呈非线性变化。非线性的影响因素主要是材料结构。这种非线性关系，可以用电畴的观点来进行分析。电畴在外加电场下能沿外电场取向，主要是通过新畴的形成、发展和畴壁的移动等实现的。当所有电畴都沿外电场方向排列定向时，极化达到最大值。所以具有强非线性的材料，其所有的电畴能在较低电场作用下全部定向，这时 ε_r-T 曲线一定很陡。在低电场强度作用下，电畴转向主要取决于 90°和 180°畴壁的位移。但畴壁通常位于晶体缺陷附近，缺陷区存在内应力，畴壁不易移动。因此要获得强非线性，就要选择最佳工艺条件，减少晶体缺陷和防止杂质掺入。此外要选择适当的主晶相材料，要求矫顽场强低，体积电致伸缩小，以免产生应力。

强非线性铁电陶瓷主要用于制造电压敏感元件、介质放大器、脉冲发生器、稳压器、开关、频率调制等方面。已获得应用的材料有 $BaTiO_3$-$BaSnO_3$、$BaTiO_3$-$BaZrO_3$ 等。

5.4.5.4 晶界效应

陶瓷材料晶界特性的重要性不亚于晶粒本身特性的重要性。例如 $BaTiO_3$ 铁电材料，由于晶界效应，可以表现出各种不同的半导体特性。

在高纯度 $BaTiO_3$ 原料中添加微量稀土元素 La，然后用普通陶瓷工艺烧成，可得到室温下体电阻率为 $10 \sim 10^3 \Omega \cdot cm$ 的半导体陶瓷。这是因为 La^{3+} 占据晶格中 Ba^{2+} 的位置。每添加一个 La^{3+}，便多一个一价正电荷，为了保持电中性，Ti^{4+} 获得一个电子，这个电子只处于束缚状态，容易激发，可参与导电，使陶瓷具有 n 型半导体的性质。把 $BaTiO_3$ 陶瓷(不添加稀土元素)放在真空中或还原气氛中烧成，使之"失氧"，材料也会具有弱 n 型半导体特性。

利用半导体陶瓷的晶界效应，可制造出边界层(或晶界层)电容器。如在上述两种半导体 $BaTiO_3$ 陶瓷表面涂以金属氧化物，如 Bi_2O_3 和 CuO 等，然后在 $950 \sim 1250$℃氧化气氛下热处理，使金属氧化物沿晶体边界扩散。则晶界变成绝缘层，而晶粒内部仍为半导体。晶粒边界厚度相当于电容器的介质层，这样制作的电容器介电常数可达 $20000 \sim 80000$。用很薄的这种陶瓷材料就可以做成击穿电压 45V 以上、容量达 $0.5\mu F$ 的电容器。它除了体积小，容量大外，还适合于 100MHz 以上高频电路使用，在集成电路中很有前途。

5.5 压电性

1880 年人们首次在石英晶体上发现了压电效应，即在石英晶体的一定方向上施加压力或拉力，则在晶体的一些对应的表面上分别出现数量相等、符号相反的束缚电荷，在一定范围内其电荷密度与所施加的外力的大小成正比。反之，石英晶体在一定方向的电场作用下，则会产生外形尺寸的变化，同样，在一定范围内形变与电场强度成正比。前者称为正压电效应，后者称为逆压电效应，统称为压电效应。

5.5.1 压电效应与晶体结构

晶体按其晶胞中有无固有电矩可以分为极性晶体和非极性晶体。如果晶体在外力作用下，由于应变使其中的电矩发生改变，则表面呈现的电性就会变化，例如使非极性晶体中出现了电矩(极化)或极性晶体中电矩加大(或减小)，则表面就呈现电性或所呈现的电性加强(或减弱)，呈现出压电效应。因此晶体的压电效应是与其结构密切相关的。具有对称中心的晶体受到应力作用后，内部发生均匀形变，仍然保持质点间对称排列规律，也就不产生极化，电矩还是为零，因此晶体表面不显示电性，这类晶体都不具有压电效应。假如晶体不具有对称中心，质点的排列并不对称，在应力作用下，它们就受到不对称的内应力，使质点间产生不对称的相对位移，结果就产生了新的电矩，呈现出压电效应。

由此可知，压电效应与晶体结构密切相关。另外，对于一定结构的晶体，作用力的方向不同，往往会产生不同的效应。对于石英晶体，因沿 a 轴方向施加应力能产生最显著的压电效应，故命名 a 轴为"电轴"。而沿 c 轴方向施加应力，则无压电效应，但沿此方向晶体不产生光的双折射现象，故称为"光轴"。垂直于 a 平面的轴向定为 b 轴，因沿此方向施加应力虽然产生最大形变，但不呈现出 b 轴方向的压电效应，故称为"机械轴"。

逆压电效应最初是由李普曼在 1881 年从理论上预先推知的，他根据热力学的方法，从能量守恒和电量守恒证明了压电体必同时具有正、逆压电效应，且正、逆压电效应的压电常数相等，同年逆压电效应的存在也得到了实验的证实。其实，逆压电效应是压电晶体在外电场的作用下，引起了晶胞内正、负电荷中心的位移，以致有了新的电矩。与此同时，在内电场的作用下，晶胞参数沿极化轴方向就要发生改变，从而也引起了其它方向上晶胞参数的改变，宏观上就表现为晶体外形尺寸的变化，呈现出逆压电效应。因此，正、逆压电效应都是晶体中极化强度的变化与晶格形变间相关性的反映，是同一事物本质的两个方面，所以，凡是具有正压电效应的材料，必然具有逆压电效应，反之亦然。

压电效应可用图 5.44 形象地加以解释。图(a)表示非中心对称的晶体中正、负离子在某平面上的投影，此时晶体不受外力，正、负电荷中心重合，电极化强度为零，晶体表面不带电。图(b)表示在某方向对晶体施加压力，这时晶体发生形变导致正、负电荷中心分离，晶体对外显示电偶极矩，电极化强度不再为零，表面出现束缚电荷，这就是力致电极化。图(c)表示施加拉力的情况，其表面带电情况与(b)相反。如果在晶体的施力面镀上金属电极，就可检测到这种电位差的变化，只是金属电极上由静电感应产生的电荷与晶体表面出现的束缚电荷符号相反，如图(d)、(e)所示，它们分别对应图(b)、(c)的情况。这时电位差的方向与压力或拉力的方位一致，称为纵向压电效应。而有些压电材料，也可能出现图(f)、(g)的情形，即电位差的方位与施力的方位垂直，称为横向压电效应。

值得注意的是逆压电效应不同于电致伸缩效应，后者是指电介质在外电场中因诱导极化而引起的形变，此应变与极化强度的平方成正比，所以形变性质(伸或缩)与外电场极性无关。而逆压电效应的弹性形变与外电场是呈线性关系，且当电场反向时，伸或缩的形变也改变。另外，逆压电效应只出现在无对称中心的晶体中，电致伸缩则

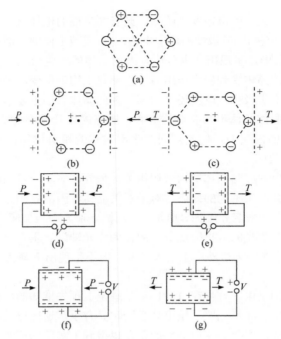

图 5.44　压电效应

是所有的电介质都具有，但一般都很微弱，对于压电体可以忽略此效应，只是某些高介电常数的材料，会有较大的电致伸缩效应而应引起注意。

5.5.2　压电效应的性能参数

　　具有压电效应的压电陶瓷是一种各向异性的材料，需要较多的参数来描述其性能。除介电常数 ε 和介质损耗 $\tan\delta$ 两个十分重要的参数外，还需其它参数来表征其特征。

5.5.2.1　压电系数 d

　　压电系数是压电介质单位机械应力 T 所产生的极化强度 P；或者单位电场强度 V/x 所产生的应变 $\Delta x/x$，则：

$$d = P/T \tag{5.65}$$

或

$$d = (\Delta x/x)/(V/x) = \Delta x/V \tag{5.66}$$

　　式中，d 的单位为 C/N(或 m/V)。最常用的为横向压电系数 d_{31} 和纵向压电系数

d_{33}(下标中第一位数字表示压电陶瓷的极化方向，第二位数字表示机械振动方向)。

5.5.2.2 压电系数 g

压电系数 g 表示为单位应力 T 所产生的电场强度 ΔE，则：

$$g = \Delta E / T \tag{5.67}$$

式中，g 的单位为 V·m/N。

d 与 g 都叫压电系数，它们从不同的角度反映了材料的压电特性；d 用得比较普遍，但在接收型换能器、拾音器、高压发生器等场合则使用 g，g 又称为压电电压系数。

5.5.2.3 机械品质因数 Q_m

多种压电元件如压电滤波器、谐振换能器、压电音叉、超声波清洗机等，主要是利用压电体的谐振效应。如果外加电场的频率与压电体的固有频率 f 一致时，就会由于逆压电效应而产生显著的机械谐振，将电能转变为机械能。或者再通过压电效应而在压电体的另一端输出该特定频率的电信号。当压电体受到电场作用而产生机械谐振时，由于克服晶格形变时产生的内摩擦要消耗一部分能量，因而造成机械损耗，机械品质因数 Q_m 反应压电振子在谐振时的损耗程度，Q_m 定义为：

$$Q_m = 2\pi \frac{\text{谐振时振子贮存的机械能}}{\text{每一谐振周期振子所消耗的机械能}} \tag{5.68}$$

不同压电器件对压电陶瓷材料的机械品质因数有不同的要求。多数陶瓷滤波器要求压电陶瓷 Q_m 值要高，而音响器件及接收型换能器的 Q_m 值要低。

5.5.2.4 机电耦合系数 K

机电耦合系数是综合反映压电陶瓷的机械能与电能之间耦合关系的物理量，是衡量压电陶瓷材料进行机-电能量转换的能力反映。它与材料的压电系数、介电常数和弹性模量等常数有关。机电耦合系数的定义为：

$$K^2 = \frac{\text{通过逆压电效应转换所得的机械能}}{\text{转换时输入的总电能}} \tag{5.69}$$

或

$$K^2 = \frac{\text{通过正压电效应转换所得的电能}}{\text{转换时输入的总机械能}} \tag{5.70}$$

由于压电振子的机械能与振子的形状和振动模式有关，因此对不同模式有不同的耦合系数。机电耦合系数无量纲，它是综合反映压电材料性能的参数。

5.5.3 压电效应的应用

5.5.3.1 压电振荡器

把一适当切割的石英晶体镀上两个电极，其在电路中等效于一个 LC 电路，把它接入图 5.45 的电路中，便能产生频率高度稳定(频率稳定度高达 10^{-14})的正弦振荡。石英晶体振荡器之所以有高的频率稳定度，是因为它的机械品质因数(Q_m 值)很高($10^5 \sim 10^7$)以及它的机电耦合系数(K 值)很低(K^2 值小于 1%)。

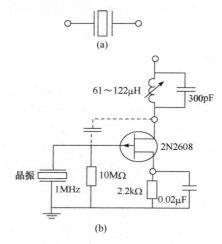

图 5.45 1MHz 石英晶体振荡器

利用石英晶体元件能产生几千赫到几千兆赫的电振动。作为标准信号源，它广泛用于石英钟、石英手表、计算机的时钟脉冲发生等诸多场合。

5.5.3.2 超声发射器和接收器

用压电系数大和机电耦合系数大的压电材料做成换能器可在水中、地下和固体中发射和探测超声波。这种超声换能器被广泛地用于潜水艇探测水下目标的声呐、鱼探仪、地下结构探测仪、医学上的超声成像仪(如 B 超)，工业上使用的超声探伤仪、超声清洗、焊接、切割机中，还可做成次声、声、超声检测用的传感器，军事上用的压电陀螺等。

5.5.3.3 信号处理器

用压电材料的压电效应可以制作滤波器、鉴频器、延迟线、衰减器、放大器等，它们广泛应用于雷达、军事通信、导航设备上。

5.5.3.4 压电发电机、压电马达

利用压电陶瓷的压电效应可以产生脉冲高压，用来制作压电打火机、汽车点火器、

压电引信、高压电源等。利用逆压电效应制成压电马达可用于扫描电镜、带动探针描绘表面原子结构，超声行波马达已应用于电镜的自动聚焦系统中。

5.6 热释电性

5.6.1 热释电效应与晶体结构

某些晶体当温度变化时，产生电极化现象并且电极化强度随温度变化而发生变化，这一现象称为热释电效应，具有这种效应的晶体称作热释电晶体。热释电效应最初是在电气石上发现的，当电气石被加热时，晶体一端出现正电荷，另一端出现负电荷。当晶体被冷却后，两端的电荷反号。除电气石外，还有硫酸三甘肽(TGS)、蔗糖、铁电钛酸钡等。一般情况下，电极化强度随着温度升高，出现某方向极化增强，随着温度下降，沿此方向的极化减弱。

热释电效应的强弱可用热释电系数来表示：

$$\Delta P_s = P_s \Delta T \tag{5.71}$$

式中，P_s 称作热释电晶体的热释电常数，C/(cm² · K)。由上述可知，晶体中存在热释电效应的首要条件是具有自发极化，即晶体结构在某些方向的正、负电荷中心不重合(存在固有电矩)；其次有温度变化，热释电效应是反映材料在温度变化条件下的性能。

我们已经知道，压电晶体的结构特征是无对称中心，热释电晶体首先是压电晶体，故热释电效应只发生在非中心对称并具有极性的晶体中。在 32 类点群晶体中只有 10 类满足此条件。在常温常压下，由于热电体的分子具有极性，其内部存在着很强的未被抵消的电偶极矩，故它的宏观电极化强度不为零。这种自发极化几乎不受外电场影响，但却很容易受温度的影响。常温下，一般热电体温度变化 1℃ 产生的极化强度约为 10^{-5} C/m²，而在恒温下，需 70kV/m 的外电场才能产生同样大的极化强度。

虽然热电体内存在着很强的电场，但通常对外却不显电性，这是因为在热电体宏观电偶极矩的正端表面吸附了一些负电荷，而在其负端表面吸附了一些正电荷，直到它形成的电场被完全屏蔽为止。吸附电荷是一层自由电荷，其来源有两种：一是晶体的微弱导电性导致一些自由电子堆积在表面，二是从大气中吸附的异号离子。如图 5.46

图 5.46　热释电效应的示意图

所示，一旦温度升高，极化强度减小，屏蔽电荷跟不上极化电荷的变化，而显示极性；温度下降后，极化强度增大，屏蔽响应一时来不及，故显示相反的极性。

具有热释电效应的晶体可分为两类：一类是具有自发极化，但自发极化不能为外电场所转向的晶体；另一类是自发极化可为外电场所转向的晶体，即铁电晶体。这些铁电晶体中的大多数经强直流电场的极化处理后，能从各向同性体变成各向异性体，并具有剩余极化，就像单晶体一样呈现热释电效应。在居里温度 T_c 附近，自发极化急剧下降，而远低于居里温度时，自发极化随温度的变化就相对比较小，即在居里温度附近，热释电晶体具有较大的热释电效应。

5.6.2 热释电效应的应用

热释电晶体有许多方面的应用，其中在高新技术领域的应用主要是作为热释电探测仪和热释电摄像仪，其原理如图 5.47 所示。用热释电晶片制作光源接收器，并将热释电晶片与电极连接。热释电晶体受光源照射，可以转换为电流。采用信号转换器，将此电流转换为图像，就是热释电成像的器件。如果热释电晶体所能进行电光转换的光源波长处在红外光范围，则可以制作为红外探测仪或红外成像仪。这些技术已应用在医疗检测和军事、民用等领域。

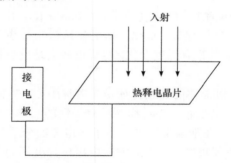

图 5.47 热释电晶片制作光源接收器

热释电材料对温度的敏感性已被用来测量 $10^{-6} \sim 10^{-5}$℃这样微小的温度变化，目前性能较好且获得广泛应用的热释电材料有：TGS 及其衍生物、氧化物单晶、高分子压电材料等。

第6章

无机非金属材料的磁学性能

随着现代科学技术和工业的发展，磁性材料的应用越来越广泛，如无线电电子学、自动控制、电子计算机、信息存储、激光调制等方面。金属和合金磁性材料的电阻率低($10^{-8}\sim10^{-6}\Omega\cdot m$)、损耗大，已不能满足应用的需要，尤其在高频范围。而磁性无机非金属材料除了有高电阻、低损耗等优点以外，不同种类的磁性无机非金属材料又分别具有各种不同的磁学性能，因此它们具有更广阔的应用前景。磁性无机非金属材料一般是含铁及其它元素的复合氧化物，通常称为铁氧体，它的电阻率为$10\sim10^6\Omega\cdot m$，属于半导体范畴。

本章介绍磁性材料的一般磁性能，着重讨论铁氧体材料的磁性能及其应用。

6.1 物质的磁性

6.1.1 基本磁性参数

6.1.1.1 磁矩

带电粒子的运动产生电流，环电流可以产生磁矩(磁偶极矩)，如图 6.1 所示。磁矩μ_m是表征物质磁性强弱和方向的基本物理量，它只与物质本身有关，与外磁场无关。磁矩越大，磁性越强，即物质在磁场中所受的力越大。磁矩 μ_m 可表示为：

$$\mu_m = IS \tag{6.1}$$

式中，I 为环形电流的电流强度；S 为环形电流的面积；μ_m 为磁矩，其方向为它本身在圆心所产生的磁场方向，$A\cdot m^2$。

6.1.1.2 磁化强度

一般磁介质在外磁场作用下，其内部取向不一的磁矩开始沿磁场有规则地取向，使磁介质宏观显示磁性，这就叫磁化。可以说任何材料在外加磁场作用下都会或大或小地显示出磁性。为了表示磁介质本身的磁化程度，我们引进磁化强度这一物理量。在外磁场的作

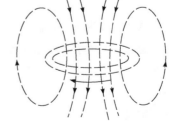

图 6.1 封闭电流引起的磁矩

用下，在磁介质内任取一个体积单元 ΔV，要求这个体积单元在微观上要足够大，即包含足够数量的磁偶极子，但在宏观上要足够小，即能表征该处的磁化强度。设体积元 ΔV 内磁矩的矢量和为 $\sum \mu_{\mathrm{m}}$，则磁化强度 M 为：

$$M = \frac{\sum \mu_{\mathrm{m}}}{\Delta V} \tag{6.2}$$

磁化强度 M 的物理意义是单位体积的磁矩矢量和，单位为 A/m，即与磁场强度 H 的单位一致。

6.1.1.3 磁感应强度

磁感应强度 B 是指物质内单位面积中通过的磁力线数，是描述磁极周围任一点磁场力大小，或磁极周围磁场效应的物理量。磁感应强度可以写成如下形式：

$$B = \mu_0 H + \mu_0 M \tag{6.3}$$

式中，B 为磁感应强度，T 或 Wb/m²；μ_0 为真空中的磁导率，约为 1.26×10^{-6}N/A²(或 H/m)；M 为材料的磁化强度；

由式(6.3)可以看出，材料内部的磁感应强度 B 可看成是由两部分叠加而成：一部分是材料对自由空间磁场的反应 $\mu_0 H$；另一部分是材料对磁化引起的附加磁场的反应 $\mu_0 M$。

6.1.1.4 磁化率与磁导率

从宏观来看，材料的磁化强度 M 与引起磁化的磁场强度 H 密切相关：

$$M = \chi_{\mathrm{m}} H \tag{6.4}$$

式中，χ_{m} 为磁化率(又称体积磁化率)，无量纲。

磁化率 χ_{m} 是指单位磁场强度 H 在单位体积中所感生出的磁化强度 M 大小的物理量，它是表明物质被磁化能力的大小和性质的物理量。χ_{m} 大表示物质容易磁化，反之则表示物质难被磁化。χ_{m} 可以取正，也可以取负，取决于材料本身的特性。由 χ_{m} 可以得到质量磁化率(或称比磁化率) χ_{mass}：

$$\chi_{\mathrm{mass}} = \frac{\chi_{\mathrm{m}}}{\rho} \tag{6.5}$$

式中，ρ 为密度，kg/m³。所以 χ_{mass} 的单位是 m³/kg。

磁导率 μ 是指单位磁场强度 H 在物质中所感生出的磁感应强度 B 大小的物理量。

$$\mu = \frac{B}{H} = \frac{\mu_0 (H + M)}{H} = \mu_0 (1 + \chi_{\mathrm{m}}) \tag{6.6}$$

定义 $\mu_{\mathrm{绝}} = \mu_0 (1 + \chi_{\mathrm{m}})$，为绝对磁导率，H/m；定义 $\mu_{\mathrm{相}} = 1 + \chi_{\mathrm{m}}$，为相对磁导率，单位为 1。

6.1.1.5 退磁场和退磁场能

材料的磁化状态，不仅依赖于它的磁化率，也依赖于样品的形状。当一个有限大小的样品被外磁场磁化时，在它两端出现的自由磁极将产生一个与磁化强度方向相反的磁场，该磁场被称为退磁场。当铁磁体处于开路状态时，即有磁极存在时，就会有退磁场的存在。退磁场的表达式为：

$$H_d = -NM \tag{6.7}$$

式中，N 为退磁因子，仅与材料的形状有关。例如，对一个沿长轴磁化的细长样品，N 接近于 0；而对于一个粗而短的样品，N 就很大。对于一般形状的磁体，很难求出 N 的大小，能严格计算其退磁因子的样品形状只有椭球体。

铁磁体的磁化强度与自身退磁场的相互作用能，被称为退磁场能，退磁场能的计算公式为：

$$E_d = \frac{1}{2}\mu_0 NM^2 \tag{6.8}$$

6.1.2 磁性材料的分类

物质按在外加磁场中被磁化的程度，即根据磁化率大小和符号不同，可以分成五个主要类别：抗磁体、顺磁体、铁磁体、反铁磁体和亚铁磁体。

6.1.2.1 抗磁性物质

物质受到外磁场 H 作用后，电子轨道运动感生出与其相反的磁化强度 M，即 $M = \chi_m H$，$\chi_m < 0$，这种磁性称为抗磁性，这种磁化率 χ_m 为负值的物质称为抗磁性物质。

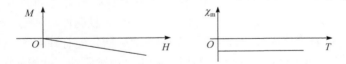

图 6.2 抗磁性物质的磁化率及其与温度的关系

抗磁性现象存在于一切物质中，但大多数物质的抗磁性被较强的顺磁性所掩盖而不能表现出来，只有在抗磁性物质中才能表现出来。抗磁性物质的特征是原子为满壳层，无原子固有磁矩，它的磁化率绝对值也很小，一般为 10^{-5} 数量级。典型抗磁性物质有惰性气体、有机化合物、若干金属(Bi、Zn、Ag、Mg 等)、非金属(Si、P、S 等)和陶瓷材料，这些物质的磁化曲线为一条直线，如图 6.2，正常情况下 χ_m 与温度、磁场无关。

6.1.2.2 顺磁性物质

这种物质在受到外磁场 H 作用后，感生出与磁场 H 同方向的磁化强度 M，其磁化率 $\chi_m > 0$，但数值很小，仅显示微弱磁性，这种磁性称为顺磁性。具有顺磁性的物

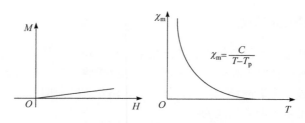

图 6.3　顺磁性物质的磁化率及其与温度的关系

质称为顺磁体。它的磁化率 χ_m 室温下在 $10^{-6} \sim 10^{-3}$ 数量级。顺磁性物质很多，典型的有稀土金属和铁族元素的盐类等。大多数顺磁物质的磁化率与温度 T 有密切关系，服从居里定律：

$$\chi_m = \frac{C}{T} \tag{6.9}$$

式中，C 为居里常数；T 为热力学温度。

另一些顺磁物质服从居里-外斯定律(图 6.3)：

$$\chi_m = \frac{C}{T - T_p} \tag{6.10}$$

式中，T_p 为顺磁性居里点。

6.1.2.3　铁磁性物质

铁磁性物质的原子具有固有磁矩，原子磁矩自发磁化按区域呈平行排列，这类固体在较弱的磁场作用下，就能进行强烈的磁化，所以其磁化率是很大的正值，$\chi_m \gg 0$，在 $10 \sim 10^6$ 数量级。铁磁性物质的磁化强度 M 与外磁场 H 之间的关系是非线性的复杂函数关系，如图 6.4 所示。这类材料的特点是具有铁磁性与顺磁性临界温度，称为居里温度(T_p)。在温度 $T < T_p$ 时，物质呈现铁磁性，即使没有外磁场，材料中也会存在许多具有磁化强度的小区域；$T > T_p$ 时，物质呈现顺磁性，并服从居里-外斯定律[式(6.10)]。在 T_p 附近铁磁性物质的许多性质出现反常现象。

另外，铁磁体也不像抗磁体、顺磁体那样，磁化强度只是外磁场的简单函数，而是二者之间存在较为复杂的关系，且磁化也是不可逆的，即存在磁滞现象。Fe、Co、Ni 及其合金都是铁磁体，通常讲的磁性材料即是指这一类材料。

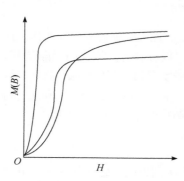

图 6.4　铁磁性物质的磁化曲线

6.1.2.4　反铁磁性物质

反铁磁性物质在同一子晶格中有自发磁化强

度，电子磁矩是同向排列的；在不同子晶格中，电子磁矩反向排列。两个子晶格中自发磁化强度大小相同，方向相反，整个晶体 $M = 0$。

当 $T > T_N$ 时，这种物质与正常顺磁物质一样，磁化率随温度的变化关系服从居里-外斯定律。

当 $T < T_N$ 时，随温度 T 的降低，χ_m 降低，并趋于定值；所以在 $T = T_N$ 处，χ_m 值极大，这一现象称为反铁磁性现象，这种磁性称为反铁磁性。T_N 是反铁磁性与顺磁性转变的临界温度，称为奈尔温度。$T < T_N$ 时，物质呈反铁磁性，$T >$

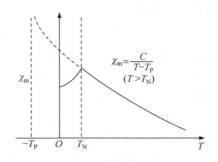

$$\chi_m = \frac{C}{T - T_P}$$
$$(T > T_N)$$

图 6.5　反铁磁性物质磁化率与温度的关系

T_N 时，物质呈顺磁性，如图 6.5 所示。过渡族元素的盐类和化合物具有反铁磁性，如 MnO、Cr_2O_3、CoO 等，它们不显示宏观磁性，只有在很强的外磁场下才显示出微弱磁性。

6.1.2.5　亚铁磁性物质

亚铁磁性物质的宏观磁性与铁磁性相同，仅仅是磁化率稍低一点，数量级约为 $10 \sim 10^3$，但它们的内部结构却与反铁磁体相同。而亚铁磁体中相反排列的磁矩不等量，矢量和不为零，即晶胞中仍具有未抵消的合成磁矩。具有这种特性的物质称为亚铁磁体物质或铁氧体磁性材料。

亚铁磁性与铁磁性相同之处在于具有强磁性，所以亚铁磁性物质有时也被统称为铁磁性物质。和铁磁性物质的不同点在于其磁性来自于两种方向相反、大小不等的磁矩之差。图 6.6 描述了各类物质的磁矩的排列状态。

具有亚铁磁性的材料除铁氧体外，尚有周期表中第Ⅴ、Ⅵ、Ⅶ三族的一些元素与过渡金属的化合物(如 MnSb、MnAs 等)。

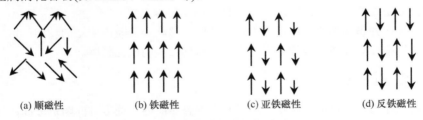

　　(a) 顺磁性　　　　　　(b) 铁磁性　　　　　　(c) 亚铁磁性　　　　　(d) 反铁磁性

图 6.6　各类物质的磁矩的排列状态

6.2　磁畴和磁滞回线

磁性材料在居里温度以下，在单晶体或多晶体中晶粒内形成很多小区域，每个小区域的原子磁矩按照特定方向排列，呈现均匀的自发磁化，这种自发磁化的小区域称为磁畴。1907 年韦斯首次提出磁畴的概念。韦斯设想的磁畴很快就得到了实验验证，1931 年比特用金属粉纹图像法直接观察到磁畴。

6.2.1 磁畴

通过前面内容我们知道，铁磁体在很弱的外加磁场作用下能显示出强磁性，这是由于物质内部存在着自发磁化的小区域——磁畴。如不考虑温度效应($T > 0K$)，则从热力学原理出发，磁畴的出现必须满足系统能量最小的条件，下面对几种情况的能量进行简单的介绍。

假设整个晶体均匀磁化，如图 6.7(a)所示，退磁场能(简称退磁能)最大；如果晶体分为两个或四个平行反向的自发磁化的区域[图 6.7(b)和(c)]，则散布在空间的磁场减小，相应地退磁能可以大大减少；如果磁畴按图 6.7(d)和(e)的形式组合起来，各个磁畴之间彼此取向不同，首尾相接，形成闭合的磁路。这时磁感应线都封闭于晶体之内，而在晶体表面不显示有磁性，则退磁能最小。但这并不一定是最佳的情况，因为还有其它能量因素起作用。

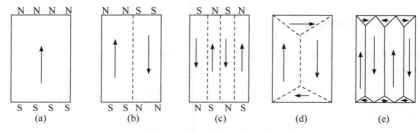

图 6.7　单轴晶体内磁畴的形成

为了保持自发磁化的稳定性，必须使强磁体的能量达到最低值，因而就分裂成无数微小的磁畴，每个磁畴大约为 $10^{-9}cm^3$，分割各个磁畴领域的界面就称为磁畴壁。畴壁实质是相邻磁畴间的过渡层，为了降低交换能，在这个过渡层中，磁矩不是突然改变方向，而是逐渐地改变，因此过渡层有一定厚度。

铁磁体在外磁场中的磁化过程主要为畴壁的移动和磁畴内磁矩的转向。这一磁化过程使得铁磁体只需在很弱的外磁场中就能得到较大的磁化强度。

6.2.2 磁滞回线

铁磁体在未经磁化或退磁状态时，其内部磁畴的磁化强度方向随机取向，彼此相互抵消，总磁化强度为零。当将其放入外磁场 H 中，其磁体内部的磁感应强度 B 随外磁场 H 的变化是非线性的，磁化曲线见图 6.8。

图 6.8 表示磁畴壁的移动和磁畴的磁化矢量的转向及其在磁化曲线上起作用的范围。从图中可以看出，随着外加磁场的增加，样品由退磁状态经畴壁移动，最终达到饱和状态，即磁感应强度由①经②到达③区域，并在(c)点达到饱和，此时饱和磁感应强度用 B_s 表示，饱和磁化强度用 M_s 表示，对应的外磁场为 H_s。此后，H 再增加，B 增加极其缓慢，与顺磁物质磁化过程类似。磁化强度 M 与磁场强度 H 也有同样的关系。

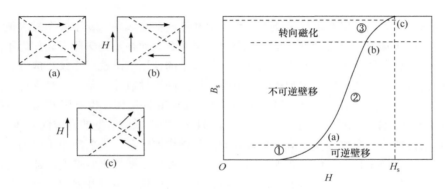

图 6.8　磁化曲线对应主要磁化过程
(a) 退磁状态；(b) 壁移磁化；(c) 转向磁化
(在右方的磁化曲线上标明了对应的阶段)

如果外磁场 H 为交变磁场，则与电滞回线类似，可得磁滞回线，如图 6.9。图中 B_r 为剩余磁感应强度(剩磁)。为了消除剩磁，需加反向磁场 H_c，H_c 称为矫顽磁场强度，亦称"矫顽力"。加 H_c 后，磁体内 $B=0$。和电滞回线一样，磁滞回线表示铁磁材料的一个基本特征。它的形状、大小均有一定的实用意义。比如材料的磁滞损耗就与磁滞回线面积成正比。

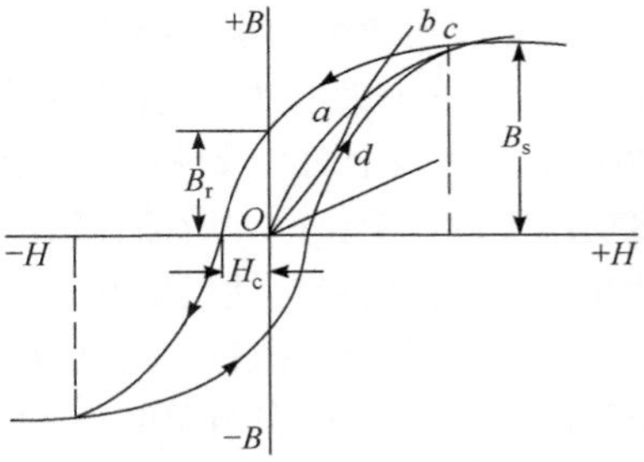

根据磁滞回线可以得到磁性材料的磁导率。

图 6.9　磁滞回线

图 6.9 磁化曲线 $Oabc$ 上各点斜率即为磁导率，图中 Oa 切线的斜率表示起始磁导率 μ_0。当 $H \ll H_c$ 时，在 ΔH 很小的范围内，μ 与 μ_0 接近。

生产上为了获得高磁导率的材料，一方面要提高材料的 M_s 值，这由材料的成分和原子结构决定；另一方面要减少磁化过程中的阻力，这主要取决于磁畴结构和材料的晶体结构。因此必须严格控制材料成分和生产工艺。

6.3　磁性材料

磁性材料是一种重要的功能材料，磁功能材料科研水平和需求量已成为衡量一个国家工业化水平的标准之一。按照实际应用，铁磁材料可以被分成五个主要类别，即软磁材料、硬磁材料、矩磁材料、旋磁材料和压磁材料。

6.3.1　软磁材料

这类材料要求磁导率高、饱和磁感应强度大、电阻高、损耗低(特别是在高频情况下截止频率高)、稳定性好等。其中以高磁导率和低损耗最重要。起始磁导率 μ_0 高，即使在较弱的磁场下也有可能储存更多的磁能。损耗(多用损耗角正切 $\tan\delta$ 来代表)低，当然要求电阻率高，也要求尽可能小的矫顽力和高的截止频率 f_c(μ 下降至最大值一半时的频率)。但磁导率和截止频率的要求往往是矛盾的，而在不同频段下和作为不同器件使用时又有不同要求，因此通常根据不同频段下的使用情况选用系统、成分、性能不同的铁氧体。如在音频、中频和高频范围选用尖晶石铁氧体，基本上是含锌的尖晶石，最主要的是 Ni-Zn 铁氧体、Mn-Zn 铁氧体、Li-Zn 铁氧体，也有用 Ca-Zn 铁氧体和 Mg-Zn 铁氧体等系统。在超高频范围($> 10^8$Hz)，则用磁铅石型的六方铁氧体。

软磁材料的生产数量和产值都是最大的，品种也比较多，主要应用于电力工业、电信工业、自动化和计算机工业等领域。如电力工业中主要用来制造变压器、电动机和发动机；在电信工业中，用于制造继电器、小型变压器、电表和磁放大器等；软磁材料也可在计算技术中用作开关元件和存储元件等。

6.3.2 硬磁材料

硬磁材料也称为永磁材料，其饱和磁化需要很大的外磁场，剩磁 B_r 大(保存的磁能多)且有一个大的矫顽力(畴壁的移动较为困难)，不容易退磁。因此用最大磁能积 $(BH)_{max}$ 就可以全面地反映硬磁材料储存磁能的能力。最大磁能积 $(BH)_{max}$ 越大，则在外磁场撤去后，单位面积所储存的磁能也越大，即性能也越好。此外对温度、时间、振动和其它干扰的稳定性也要好。

前面指出，磁化过程包括畴壁移动和磁畴转向两个过程，据研究，如果晶粒小到全部都只包括一个磁畴(单畴)，则不可能发生壁移而只有畴转过程，这就可以提高矫顽力，因此在生产铁氧体的工艺过程中，通过延长球磨时间，使粒子小于单畴的临界尺寸和适当提高烧成温度(但不能太高，否则使晶粒由于重结晶而重新长大)，可以比较有效地提高矫顽力。另外，用所谓磁致晶粒取向法，即把已经过高温合成和通过球磨的钡铁氧体粉末，在磁场作用下进行模压，使得晶粒更好地择优取向，形成与外磁场基本一致的结构，可以提高剩磁。这样，虽然使矫顽力稍有降低，但总的最大磁能积 $(BH)_{max}$ 还是有所增加，从而改善了材料的性能。

硬磁材料的应用范围很广，在各种电子电工仪表、记录仪、通信设备、发电机、电动机、电声电视中均占重要地位。用硬磁材料制成的元器件无需再加能量就可提供恒定的磁场，因此其与电磁铁或螺线管相比具有突出的特点。

最重要的铁氧体硬磁材料是钡恒磁 $BaFe_{12}O_{19}$，它与金属硬磁材料相比的优点是电阻大、涡流损失小、成本低。工程上对硬磁材料的主要要求是：不但要具有高矫顽力、大的磁滞回线面积和恒定的磁性，而且要具有一定的硬度和其它力学性能。在这些要求当中，最关键的是要求具有高的最大磁能积 $(BH)_{max}$，以向外部提供大的静磁能。

6.3.3 旋磁材料

有些铁氧体会对作用于它的电磁波发生一定角度的偏转，这就是旋磁现象，具有旋磁特性的材料就称为旋磁材料。如平面偏振的电磁波投射到磁性物质表面上时，反射波发生了一定程度旋转的现象，称为克尔效应。而平面偏振的电磁波透过磁性物质传播时其偏振面发生一定程度的旋转(转动了一个角度)的现象,称为法拉第旋转效应,图 6.10 为其示意图。

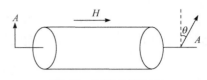

图 6.10　法拉第旋转示意图

金属磁性材料虽然也具有旋磁性,但由于电阻率较小,涡流损耗太大,电磁波不能深入内部,而只能进入厚度不到 1μm 的表层(称之为趋肤效应),所以无法利用。因此,磁性材料旋磁性的应用成为铁氧体独有的领域。

旋磁现象实际上被应用的波段在 $10^2 \sim 10^5$MHz(或米波到毫米波的范围内),因而铁氧体旋磁材料也称为微波铁氧体。在微波领域应用的铁氧体材料中,早期多用尖晶石,目前常用的有镁锰铁氧体 $Mg\text{-}MnFe_2O_4$、镍铜铁氧体 $Ni\text{-}CuFe_2O_4$、镍锌铁氧体 $Ni\text{-}ZnFe_2O_4$ 以及钇石榴石铁氧体 $3Me_2O_3 \cdot 5Fe_2O_3$(Me 为三价稀土金属离子,如 Y^{3+}、Sm^{3+}、Gd^{3+}、Dy^{3+}等)。

利用旋磁铁氧体的非线性,可制作倍频器、混频器、振荡器、放大器等。如对铁氧体输入一线偏振电磁波,可激发出倍频成分并通过辐射产生倍频的电磁波,如用倍频器联级还可得到四倍频、八倍频、十六倍频等高频波。两种频率不同的高频波通过铁氧体产生耦合就可以出现混频(和频或差频)效应。由倍频效应出现的二倍频波与输入波本身也可以产生混频,从而获得三倍频波。旋磁材料大都与输送微波的波导管或传输线等组成各种微波器件,主要用于雷达、通信、导航、遥测、遥控等电子设备中。

6.3.4　矩磁材料

有些磁性材料的磁滞回线近似矩形,也有不少种类的铁氧体有矩形的磁滞回线。

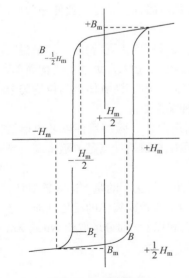

图 6.11　矩形磁滞回线

图 6.11 表示了比较典型的矩形磁滞回线。我们可用 B_r / B_m 的比值来表征磁滞回线的矩形度,称为剩滞比。另外,也可用 $B_{-\frac{1}{2}H_m} / B_m$(或简写为 $B_{-\frac{1}{2}} / B_m$)来描述磁滞回线的矩形度,其中 $B_{-\frac{1}{2}H_m}$ 表示静磁场达到 H_m 一半时的 B 值。可以看出前者是描述Ⅰ、Ⅲ象限的矩形程度,后者是描述Ⅱ、Ⅳ象限的矩形程度。因为 B_r / B_m 在开关元件中是重要参数,因此又称为开关矩形比;而 $B_{-\frac{1}{2}} / B_m$ 在记忆元件中是重要参数,故也可称为记忆矩形比。

利用$+B_r$ 和 $-B_r$ 的剩磁状态,可使磁芯作为记忆元件、开关元件或逻辑元件。如以$+B_r$代表"1",$-B_r$代表"0",就可得到表示二进制电子计算机中的"1"和"0"的记忆元件。如令 V_s 代表"关",V_n 代表"开",便可得到无触点的开关元件。另外,把磁芯绕上不同的线圈并按一定的方式连接起来，可以得到能完成各种逻辑功能的逻辑元件。对磁芯输入信号，从其感应电流上升到最大值的 10%时算起，到感应电流又下降到最大值的 10%时的时间间隔定义为开关时间 t_s。它与外磁场 H_a 之间的关系如下：

$$(H_a - H_0)t_s = S_w \tag{6.11}$$

式中，$H_0 \approx H_c$(矫顿力)；S_w 称为开关常数。对常用的矩磁铁氧体材料，S_w 在 $2.4 \times 10^{-5} \sim 12 \times 10^{-5}$C/m 之间。

从应用的观点看，对于矩磁铁氧体材料有以下的一些主要要求：① 高的剩磁比 B_r/B_m，在特殊情况下还要求有高的 $B_{-\frac{1}{2}}/B_m$；② 矫顽力 H_c 小；③ 开关常数 S_w 小；④ 损耗低；⑤ 对温度、振动和时间稳定性好。对于大型高速电子计算机，运算率在一定程度上受磁芯存取速率所制约，除前面所说的开关常数 S_w 外，磁芯尺寸的小型化将大大降低驱动电流，因而是高速开关所必需的。

除少数几种石榴石型以外，有矩形磁滞回线的铁氧体材料都是尖晶石结构。根据出现矩形磁滞回线的条件，一类是自发出现，另一类是需经磁场退火后才出现。自发矩磁铁氧体主要是 Mg-Mn 铁氧体，在 $MgO-MnO-Fe_2O_3$ 三元系统中有一个较宽广的范围(在 12%～56% MgO，7%～46% MnO，28%～50% Fe_2O_3 所包围的区域内)。为了改善性能，还可适量加入少许其它氧化物，如 ZnO、CaO 等。

6.3.5　压磁材料

压磁性是指应力引起磁性的改变或磁场引起的应变，狭义的压磁性是指已磁化的强磁体中一切可逆的与叠加的磁场近似成线性关系的磁弹性现象，而不包括未磁化强磁体中不可逆的与磁场成近似关系的磁弹性现象。广义的压磁性也就是磁致伸缩效应，它包括了上述的两种现象。

由于晶体内存在各向异性(如在不同方向上磁化的难易程度不同等)，一般来说，在不同方向上磁致伸缩的程度也不同。定义磁致伸缩系数 $\lambda_s = dl/l$，可导出结构简单、对称程度高的晶体(如尖晶石型)的磁致伸缩系数的计算式。由于铁氧体是晶粒均匀分布的多晶材料，可用统计平均的方法来算出饱和磁致伸缩系数。

压磁材料主要用于电磁能和机械能相互转换的超声器件、磁声器件以及电信器件、电子计算机、自动控制器件等应用领域。铁氧体压磁材料的优点是电阻率高、频率响应好、电声效率高。

铁氧体压磁材料目前应用的都是含 Ni 的铁氧体系统，最主要的是 Ni-Zn 铁氧体，其它还有 Ni-Cu、Ni-Cu-Zn 和 Ni-Mg 铁氧体等系统。为了改善铁氧体的压磁性能，必须设法提高密度和温度稳定性。前者可用提高烧成温度和以 Cu 部分地取代 Ni(或 Zn)来实现；后者可加入 Co 以调整性能来达到。

第 **7** 章

无机非金属材料的光学性能

　　无机非金属材料的光学性能是材料对外来光源所做出的选择性和特异性反应，包括材料对光传播的影响以及在光吸收或光激发后的光发射。材料对可见光的反射和吸收性能使其具有丰富的色彩；光的折射、透射、色散现象更多应用在各种光学透镜、光学仪器中；多数无机非金属材料并不像晶体、玻璃体那样透光，这主要是由光的散射引起的。

　　目前，越来越多的无机非金属材料因其独特的光学性能获得广泛应用，如用作窗口、透镜、棱镜、滤光镜等的透明材料；用于信息存储和传输的激光材料、光导纤维材料；荧光灯、阴极射线管、荧光屏、夜光仪表等使用的荧光材料。此外，随着激光技术、光通信、光机电一体化技术等新技术的飞速发展，对无机非金属材料的光学性能也提出了更高的要求。

　　本章将简要地介绍与无机非金属材料实际应用有关的一些基本光学性能。

7.1　光与材料的相互作用

　　众所周知，光的物理本质是电磁波，具有波粒二象性和一定的能量、动量。当光从一种介质进入另一种介质时，会发生光的反射、折射、透射、吸收、色散、散射等。无机非金属材料中的各种光学现象本质上就是光与材料相互作用的结果，从微观上看，实际上就是光子与固体材料中原子、离子、电子之间的相互作用。

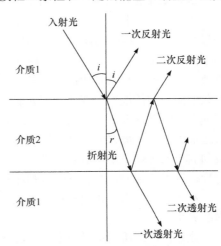

图 7.1　反射、折射与透射的光路

7.1.1　光的反射与折射

　　当光线由一种介质入射到另一种介质中时，光在两种介质的界面上分成了反射光和折射光，光的反射服从反射定律的镜面反射和方向随机的漫反射，光的折射服从折射定律。如图 7.1 所示，这种反射和折射，可以连续发生，反射光强度是各次反射光的总强度。例如当光线从空气进入介质时，一部分反射出来，另一部分折射进入介质。当遇到另一界面时，又有一部分发生反射，另一部分折射再进入空气，成为透射光。

当光从真空进入较致密的透明材料时，其传播的速度会有所降低。光在真空和材料中的速度之比定义为材料的折射率 n：

$$n = \frac{v_{真空}}{v_{材料}} = \frac{c}{v_{材料}} \tag{7.1}$$

式中，$c = 2.998 \times 10^8$ m/s 为真空中的光速。

如果光从材料 1 通过界面传入材料 2，入射角 i_1、折射角 i_2 与两种材料的折射率 n_1 和 n_2 有如下关系：

$$\frac{\sin i_1}{\sin i_2} = \frac{n_2}{n_1} = n_{21} = \frac{v_1}{v_2} \tag{7.2}$$

式中，v_1 及 v_2 分别表示光在材料 1 和材料 2 中的传播速度；n_{21} 为材料 2 相对于材料 1 的相对折射率。

介质的折射率永远是大于 1 的正数，如空气的 $n = 1.0003$，固体氧化物的 $n = 1.3 \sim 2.7$，硅酸盐玻璃的 $n = 1.5 \sim 1.9$。不同组成、不同结构的介质折射率不同。影响折射率的因素主要包括四方面：构成材料元素的离子半径，材料的结构、晶型和非晶态，材料所受的内应力，同质异构体。

一般说来，当离子半径增大时，材料的介电常数 ε 增大，折射率 n 也随之增大。可以用大离子制备高折射率的材料(如 PbS 的 $n = 3.912$)，而用小离子制备低折射率的材料(如 $SiCl_4$ 的 $n = 1.412$)。

折射率和离子的排列也密切相关。对于各向同性的材料，只有一个折射率时，称之为均质介质。除立方晶体以外的其它晶型都是非均质介质。当光进入非均质介质时，一般分为两个波(振动方向相互垂直、传播速度不等)，它们分别构成两条折射光线，称为双折射现象。其中，平行于入射面的光线的折射率称为常光折射率 n_0，n_0 始终为一常数，严格服从折射定律；另一条与之垂直的光线的折射率则不遵守折射定律，而是随入射线方向的改变而变化，称为非常光折射率 n_e，通常沿着晶体密堆程度较大的方向 n_e 较大。当光沿晶体光轴方向入射时，只有 n_0 存在；而光与光轴方向垂直入射时，n_e 达最大值，此最大值为材料的特性，记为 n_{em}。石英的 $n_0 = 1.543$，$n_{em} = 1.552$；方解石的 $n_0 = 1.658$，$n_{em} = 1.486$；刚玉的 $n_0 = 1.760$，$n_{em} = 1.768$。双折射是非均质晶体的特性，这类晶体的所有光学性能都和双折射有关。

对于有内应力的透明材料，垂直于受拉主应力方向的 n 大，平行于受拉主应力方向的 n 小。

此外，在同质异构材料中，高温下稳定的晶型折射率较低，低温下稳定的晶型折射率较高。例如常温下的石英玻璃，$n = 1.46$，数值最小。常温下的石英晶体，$n = 1.55$，数值最大；高温时的鳞石英，$n = 1.47$；方石英，$n = 1.49$。普通钠钙硅酸盐玻璃，$n = 1.51$，比石英的折射率小。为了提高玻璃的折射率，可采取的有效措施是掺入铅和钡的氧化物。例如铅玻璃(含体积分数为 90% 的 PbO)的折射率可达 2.1。

表 7.1 列出了一些玻璃和晶体的折射率。

表 7.1　一些玻璃和晶体的折射率

玻璃/晶体材料	平均折射率	双折射	玻璃/晶体材料	平均折射率	双折射
氧化硅玻璃	1.458		钠长石	1.529	0.008
钠钙硅玻璃	1.51~1.52		钙长石	1.585	0.008
硼硅酸盐玻璃	1.47		硅线石	1.65	0.021
重燧石光学玻璃	1.6~1.7		莫来石	1.64	0.010
硫化钾玻璃	2.66		金红石	2.71	0.287
氟化钙	1.434		碳化硅	2.68	0.043
刚玉	1.76	0.008	方解石	1.65	0.17
方镁石	1.74		硅	3.49	
石英	1.55	0.009	钛酸锶	2.49	
尖晶石	1.72		铌酸锂	2.31	
锆英石	1.95	0.055	氧化钇	1.92	
正长石	1.525	0.007	钛酸钡	2.40	

显然，光的反射会使透过部分的光强度减弱。在垂直入射的情况下，光在界面上反射的多少取决于两种介质的相对折射率 n_{21}。如果 n_1 和 n_2 相差很大，则界面反射损失就严重。由于陶瓷、玻璃等材料的折射率较空气的大，反射损失严重。若透镜系统由许多块玻璃串联组成，则反射损失更大。为了减小这种界面损失，常采用折射率和玻璃相近的胶将它们粘起来，这样，除了最内、外表面是玻璃和空气的相对折射率外，内部各界面都是玻璃和胶之间较小的相对折射率，从而将大大减小界面的反射损失。

7.1.2　光的吸收、色散与散射

(1) 光的吸收

光通过材料时，会引起其中的价电子跃迁或使原子振动而消耗能量。此外，材料中的价电子会吸收光子能量而受到激发，当其尚未退激而发出光子时，在运动中可能会与其它分子碰撞，此时电子的能量转变成分子的动能即热能，从而构成光能的衰减。光的强度随通过材料的深度而减弱的现象称为光的吸收。

设有一平板材料厚度为 x(图 7.2 所示)，入射光强度为 I_0，通过此材料后光强度衰减为 I'。取其中一薄层 dx，并认为光通过此薄层的吸收损失 $-dI$ 正比于在此处的光强度 I 以及 dx，即：

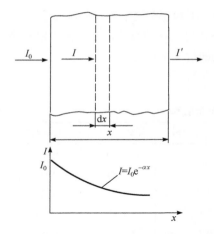

图 7.2　光通过材料时的衰减规律

$$-\mathrm{d}I = \alpha I \mathrm{d}x \qquad (7.3)$$

式中，α 为比例系数，称为材料对光的吸收系数，cm^{-1}；负号表示光强度随着 x 的增加而减弱。

对式(7.3)两边积分：

$$\int_{I_0}^{I} \frac{\mathrm{d}I}{I} = -\alpha \int_{0}^{x} \mathrm{d}x \qquad (7.4)$$

展开后可得：

$$I = I_0 \exp(-\alpha x) \qquad (7.5)$$

式(7.5)称为朗伯定律，表明光强度随厚度的变化符合指数衰减规律。α 与光强度无关，取决于材料的性质和光的波长。材料越厚 α 就越大，相应地，光就被吸收得越多，因而透过材料后光强度就越小。不同材料的 α 差别很大，空气的 $\alpha \approx 10^{-5}\mathrm{cm}^{-1}$，玻璃的 $\alpha \approx 10^{-2}\mathrm{cm}^{-1}$，金属的 α 则高达几万到几十万，所以金属实际上是不透明的。

由图 7.3 可见，在电磁波谱的可见光区，金属和半导体的吸收率很大，这是因为它们的禁带宽度为零或很窄，在低频时光子的能量足够使价电子跃迁而引起能量的吸收。而电介质材料包括玻璃、陶瓷等无机非金属材料的大部分在可见光区的吸收率很低，可能具有良好的透光性，这是因为电介质材料的价电子所处的能带是填满的，它不能吸收光子而自由运动，而光子的能量又不足以使价电子跃迁到导带。

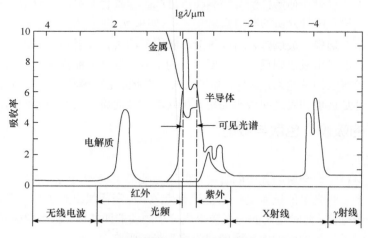

图 7.3　不同材料对电磁波(光)的吸收率与波长的关系

图 7.3 中还显示电介质材料在电磁波谱区有三个吸收峰，一个是在红外区，它是由于红外频率的光波引起材料中离子或分子共振而发生的；另一个在紫外区，出现的

无机非金属材料物理性能

吸收峰是由于紫外光频率的光子足够使电子从价带跃迁到导带或其它能级上从而发生吸收；第三个吸收峰是由 X 射线使原子内层电子跃迁到导带所导致的。其紫外吸收端相应的波长λ可根据材料的禁带宽度E_g求得：

$$E_g = h\nu = h \times \frac{c}{\lambda} \tag{7.6}$$

$$\lambda = \frac{hc}{E_g} \tag{7.7}$$

式中，$h = 6.626 \times 10^{-34} \text{J} \cdot \text{s}$，为普朗克常数；$\nu$为频率，$\text{s}^{-1}$；$c$为光速，m/s。

式(7.7)表明，禁带宽度大的材料，紫外吸收端的波长比较小。若希望材料在可见光区的透光范围大，就必须要求紫外吸收端的波长小，即E_g要大。如果E_g小，则在可见光区可能会因吸收而不透明。

常见材料的禁带宽度差异较大，如硅的$E_g = 1.2\text{eV}$，锗的$E_g = 0.75\text{eV}$，其它半导体材料的E_g约为 1.0eV。电介质材料的E_g一般在 10eV 左右。

此外，透光材料的热振动频率应该尽可能小，使谐振点的波长远离可见光区。无机非金属材料的热振动频率ν与其它常数呈如下关系：

$$\nu^2 = 2\beta\left(\frac{1}{M_c} + \frac{1}{M_a}\right) \tag{7.8}$$

式中，β为与离子间作用力有关的常数；M_c和M_a则分别为阳离子和阴离子的质量。

表 7.2 列出了一些材料(厚度为 2mm)的透光波长范围，其透光率超过 10%。为了有较宽的透明频率范围，材料最好有高的电子能隙值和弱的原子间结合力以及大的离子质量。对于原子质量大的一价碱金属卤化物，上述条件都是最佳的。

表 7.2 一些材料的透光波长范围

材料	能透过的波长范围$\lambda/\mu m$	材料	能透过的波长范围$\lambda/\mu m$
熔融石英	0.18~4.2	硒化锌	0.48~22
铝酸钙玻璃	0.4~5.5	单晶硅	1.2~15
偏铌酸锂	0.35~5.5	单晶锗	1.8~23
方解石	0.2~5.5	氯化钠	0.2~25
二氧化钛	0.43~6.2	氯化钾	0.21~25
钛酸锶	0.39~6.8	氯化银	0.4~30
氧化铝	0.2~7	溴化钾	0.2~38
氧化钇	0.26~9.2	溴化铯	0.2~55
单晶氧化镁	0.25~9.5	碘化钠	0.25~25
多晶氧化镁	0.3~9.5	碘化钾	0.25~47
硫化锌	0.6~14.5	碘化铯	0.25~70

光的吸收还可分为选择吸收和均匀吸收。若一材料对某种波长具有强烈的吸收，而对另一波长的吸收系数非常小，这种现象就称为选择吸收。选择吸收使透明材料呈现出不同的颜色。如果材料在可见光范围对各种波长的吸收程度相同，则称为均匀吸收。在此情况下，随着吸收程度的增加，颜色由灰变到黑。

(2) 光的色散

材料的折射率随入射光频率的减小(或波长λ的增加)而减小的性质，称为折射率的色散。几种材料的色散如图 7.4 所示。

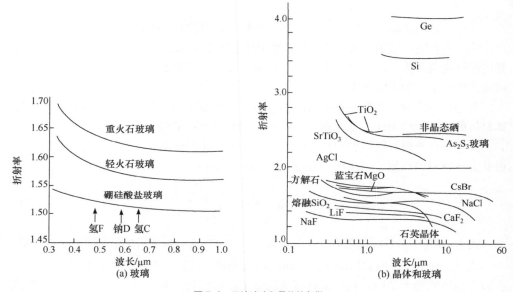

图 7.4　几种玻璃和晶体的色散

材料的折射率 n 随波长λ的变化率称为色散率，即：

$$色散 = \frac{dn}{d\lambda} \tag{7.9}$$

通过图 7.4 可以直接确定色散值。然而，最实用的方法是用固定波长下的折射率来表达，而不是去确定完整的色散曲线。最常用的数值是倒数相对色散，即色散系数：

$$\gamma = \frac{n_D - 1}{n_F - n_C} \tag{7.10}$$

式中，n_D、n_F 和 n_C 分别为以钠的 D 谱线($\lambda = 589nm$)、氢的 F 谱线($\lambda = 486nm$)和 C 谱线($\lambda = 656nm$)为光源测得的折射率。描述光学玻璃的色散还可用平均色散(平均色散$= n_F - n_C$)。由于光学玻璃一般都或多或少地具有色散现象，若使用这种材料制成单片透镜，则会导致成像不够清晰，透过自然光时，在像的周围出现一圈色带环绕。通常采用不同牌号的光学玻璃，分别磨成凸透镜和凹透镜组成复合镜头，就可以消除色差，这叫作消色差镜头。

（3）光的散射

无机非金属材料中散射产生的原因是光波遇到不均匀结构产生的次级波与主波方向不一致，并与主波合成出现干涉现象，使光偏离原来的折射方向。由于散射，光在前进方向上的强度减弱了。对于相分布均匀的材料，其减弱的规律与吸收规律具有相同形式：

$$I = I_0 \exp(-Sx) \tag{7.11}$$

式中，I_0 为光的原始强度；I 为光束通过厚度为 x 的材料后，由于散射在光前进方向上的剩余强度；S 称为散射系数，与散射(质点)的大小、数量以及散射质点与基体的相对折射率等因素有关，cm^{-1}。

如果将吸收定律与散射定律结合，则可得到：

$$I = I_0 \exp\left[-(a+S)x\right] \tag{7.12}$$

以 Na 的 D 谱线入射含有 1%(体积比)的 TiO_2 散射质点的玻璃，其散射系数 S 与质点尺寸的关系见图 7.5。从图中可以看出，随质点尺寸的增大，散射系数先增大后减小，散射系数最大时质点的直径 d_{max} 与入射光的波长 λ 有如下关系：

$$d_{max} = \frac{4.1\lambda}{2\pi(n_{21}-1)} \tag{7.13}$$

式中，相对折射率 $n_{21} = 1.8$，所以 $d_{max} = 0.481\mu m$。

质点尺寸不同时起主要作用的散射机制亦不同。当 $d > \lambda$ 时，反射、折射引起的总体散射起主导作用。此时，由于散射质点和基体的折射率存在差别，当光线遇到质点与基体的界面时，就要产生反射和折射，由于连续的反射和折射，总的效果相当于光线被散射。可以认为其散射系数 S 正比于散射质点的投影面积：

$$S = KN\pi R^2 \tag{7.14}$$

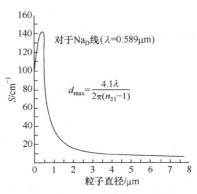

图 7.5 含有 1% 的 TiO_2 散射质点的玻璃的 S-质点尺寸关系曲线

式中，N 为单位体积内的散射质点数；R 为散射质点的平均半径，μm；K 为散射因素，取决于基体与散射质点的相对折射率。

当两者的折射率相近时，由于无界面反射，$K \approx 0$。假设散射质点的体积分数为 V，则有：

$$V = \frac{4}{3}\pi R^3 N \tag{7.15}$$

则式(7.14)变为：

$$S = \frac{3KV}{4R} \tag{7.16}$$

由式(7.16)可知，$d > \lambda$时，V一定，R越小，则S越大。同时S随相对折射率的增大而增大。

当$d < \lambda / 3$时，可近似认为是瑞利(Rayleigh)散射，其散射系数为：

$$S = \frac{32\pi^4 R^3 V}{\lambda^4}\left(\frac{n_{21}^2 - 1}{n_{21}^2 + 2}\right)^2 \tag{7.17}$$

综上所述，无论何种情况下，散射质点的折射率与基体的折射率相差越大，产生的散射越严重。而$d \approx \lambda$的情况属于米氏(Mie)散射为主的散射，这里不做讨论。

7.2 无机非金属材料的透光性

无机非金属材料是一种多晶多相体系，内含杂质、气孔、晶界、微裂纹等缺陷，光通过无机非金属材料时会遇到阻碍，所以多数无机非金属材料看上去不透明，这主要是由散射引起的。

7.2.1 透光性

透光性是指光通过无机非金属材料后剩余光能所占的百分比。图 7.6 所示的是光通过材料时的各种能量损失。

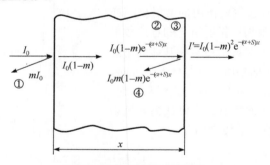

图 7.6 光通过材料时的能量损失

假设透明材料(介质 2)厚度为x，介质 1 中强度为I_0的光从左表面垂直入射，经反射、折射、散射后一部分光又从右表面透射出来进入介质 1，则在材料左表面上有反射损失为：

$$I_① = mI_0 = \left(\frac{n_{21} - 1}{n_{21} + 1}\right)^2 I_0 \tag{7.18}$$

式中，m为反射率；n_{21}为两种介质的相对折射率。

此时，透进材料中的光强度为 $I_0(1-m)$。这一部分光穿过厚度为 x 的材料后，又消耗于吸收损失②和散射损失③。到达材料右表面时，光强度剩下 $I_0(1-m)\exp\left[-(a+S)x\right]$。再经过表面后，一部分光能反射进入材料内部，损失为：

$$I_{④} = I_0 m(1-m)\exp\left[-(a+S)x\right] \tag{7.19}$$

另一部分从右表面透射出来，其光强度为：

$$I' = I_0(1-m)^2 \exp\left[-(a+S)x\right] \tag{7.20}$$

此时 I'/I_0 才是近似的透光率，其中未考虑 $I_{④}$ 反射回去的光再经左、右表面进行二三次反射，之后，仍然会有从右表面传出的一部分光能。这部分光能显然与材料的吸收系数、散热系数有密切关系，也和材料表面光洁度、材料厚度以及光的入射角有关。实际测得的透光率往往略高于理论计算值。

无机非金属材料的吸收率或吸收系数在可见光范围内是比较低的，所以，其可见光吸收损失相对较小，吸收对透光率影响不大。

当材料中的第二相粒子、夹杂物、气孔、孔洞、晶界等与主晶相的折射率不同时，在相界面上会形成相对折射。相对折射率越大，则界面上的反射率越大，散射系数也变大。其中气孔和孔洞的折射率近似为 1，与基体的相对折射率就是基体的折射率，由于相对折射率大，引起的散射损失就大。一般陶瓷材料的气孔直径大约在 $1\mu m$，大于可见光的波长 $(\lambda = 0.39 \sim 0.79\mu m)$，计算散射系数时可应用式(7.16)。

例如一材料含体积分数为 0.2%的气孔，平均气孔直径为 $4\mu m$，实验测得散射因子 $K = 2 \sim 4$，则散射系数 $S = K \times \dfrac{3V}{4R} = 2 \times \dfrac{3 \times 0.002}{4 \times \dfrac{4 \times 10^{-4}}{2}} = 15\text{cm}^{-1}$。如果此材料厚为 3mm，则 $I = I_0 \mathrm{e}^{-15 \times 3 \times 0.1} = 0.011 I_0$，即剩余光能只为 1%左右，可认为该材料不透光。

制备光学陶瓷时一般都要采用特殊的工艺，如真空热压、热等静压等工艺消除较大的气孔，可获得好的透光性。以 Al_2O_3 陶瓷$(n = 1.76)$为例，使气孔的直径减小到 $0.01\mu m$，如果其晶粒尺寸 $\bar{d} < \lambda/3$ $(\lambda$ 为可见光的波长，在这里取 $0.6\mu m)$，即使气孔体积含量增加到 0.63%，根据式(7.17)：

$$S = \frac{32\pi^4 \left(\dfrac{0.01}{2} \times 10^{-4}\right)^3 \times 0.0063}{\left(0.6 \times 10^{-4}\right)^4} \times \left(\frac{1.76^2 - 1}{1.76^2 + 2}\right)^2 = 0.032\text{cm}^{-1}$$

假设材料厚 2mm，则 $I = I_0 \mathrm{e}^{-0.032 \times 2 \times 0.1} = 0.994 I_0$，散射损失不大，陶瓷仍是透明的。

如果材料为各向异性，则存在双折射现象，与晶轴成不同角度的方向上的折射率均不相同。无机非金属材料的晶粒与晶粒之间，由于结晶取向可能不一致会产生折射率不同，从而引起晶界处的反射及散射损失。

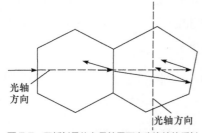

光轴方向

光轴方向

图7.7 双折射晶体在晶粒界面产生连续的反射和折射

图7.7所示为一个典型的双折射引起的不同晶粒取向的晶界损失。图中两个相邻晶粒的光轴互相垂直。当光线沿左晶粒的光轴方向射入时，在左晶粒中只存在常光折射率 n_0；右晶粒的光轴垂直于晶界处的入射光，会发生双折射现象，即同时存在常光折射率 n_0 和非常光折射率 n_e。左晶粒的 n_0 与右晶粒的 n_0 相对折射率为 $n_0/n_e = 1$，晶界上的反射率 $m = 0$，无反射损失，但左晶粒的 n_0 与右晶粒的 n_e 的相对折射率 $n_0/n_e \neq 1$，在晶界上的反射率 $m \neq 0$，即产生反射损失，形成散射系数。因此对于多晶无机非金属材料，影响透光率的主要因素在于组成材料的晶体的双折射率。

例如，$\alpha\text{-}Al_2O_3$ 晶体的 $n_0 = 1.760$，$n_e = 1.768$。假设相邻晶粒的取向彼此垂直，则晶界上的反射率：

$$m = \left(\frac{1.768/1.760 - 1}{1.768/1.760 + 1}\right)^2 = 5.14 \times 10^{-6}$$

对一般的晶粒尺寸和材料厚度，即使经过晶界的多次反射，其反射损失也不大，即晶界散射引起的损失也很小，所以氧化铝陶瓷有可能制成透光率很高的耐高温灯管。

又如金红石晶体的 $n_0 = 2.854$，$n_e = 2.567$，可计算出其晶界反射率：

$$m = \left(\frac{2.854/2.567 - 1}{2.854/2.567 + 1}\right)^2 = 2.8 \times 10^{-3}$$

如果材料厚度为3mm，平均晶粒直径为3μm，理论上具有1000个晶界，则透过率只有 $(1-m)^{1000} = 0.06$。加之散射损失也较大，导致金红石瓷不透光，不能制成透明陶瓷。

同样可以证明，无论是石英玻璃，还是微晶玻璃，透光率都很高。MgO、Y_2O_3 等立方晶系材料因没有双折射现象，透明度也较高。

若要提高无机非金属材料的透光性，可以采用高纯原料，既能避免生成异相使散射增强，又能防止引入杂质能级使吸收率提高。通过掺杂微量成分可以降低气孔率，并形成与主晶相折射率相近的固溶体以减少散射，也可提高透光性，如向 Al_2O_3 中加入少量 MgO、Y_2O_3、La_2O_3 等均可提高其透光性。此外，采用热压、热锻、热等静压等工艺方法降低气孔率的同时也可提高材料的透光性。

7.2.2 不透明性

很多无机非金属材料是不透明的，即呈乳浊态。如陶瓷釉具有较高的表面光泽和不透明性，用于修饰陶瓷坯体；不透明的搪瓷珐琅可遮掩底层的铁皮；乳白玻璃则是利用光的散射效果，使光线柔和。它们的外观和用途在很大程度上取决于它们的反射和透射性能。

图 7.8 所示为釉或搪瓷以及玻璃板或瓷体中小颗粒散射的总效果。影响该效果的

光学特性是：镜面反射光的分数(它决定光泽)；直接透射光的分数；入射光漫反射的分数以及透射光漫透射的分数。

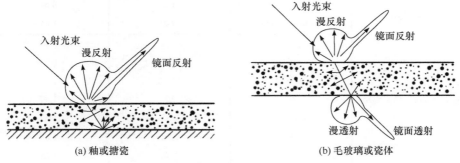

图7.8　镜面反射和漫反射

镜面反射是指材料表面光洁度非常高的情况下的反射，反射光线具有明确的方向性。在光学材料中利用这个性能可达到各种应用目的。例如雕花玻璃器皿，含铅量高，折射率高，反射率约为普通钠钙硅酸盐玻璃的2倍，可达到装饰效果。同样，宝石的高折射率使之具有强折射和高反射性能。而玻璃纤维作为通信的光导管时，依赖于光束总的内反射，这是用一种可变折射率的玻璃或涂层来实现的。

由于材料表面粗糙，在局部地方的入射角不同，反射光的方向也各式各样，致使总的反射能量分散在各个方向上，形成漫反射。材料表面越粗糙，镜面反射所占的能量分数越小。材料的光泽与镜面反射和漫反射的相对含量密切相关，主要由折射率和表面光洁度决定。如在日用瓷的生产过程中，为了获得高的表面光泽，通常采用铅基的釉或搪瓷组分，烧到足够高的温度，使釉铺展而形成完整的光滑表面。为了减小表面光泽，则可以采用低折射率玻璃相或增加表面粗糙度。

若要获得高度乳浊(不透明性)和覆盖能力，就要求光在达到具有不同光学特性的底层之前被漫反射掉。为了得到最大的散射效果，颗粒及基体材料的折射率相差要大，颗粒尺寸应当和入射波长近似相等，并且颗粒的体积分数也要大。

乳浊剂可以是与玻璃完全不起反应的材料，但必须具有和硅酸盐玻璃基体显著不同的折射率以及在基体中形成小颗粒。釉、搪瓷和玻璃中常用的乳浊剂及其平均折射率见表7.3。

表7.3　适用于硅酸盐玻璃介质($n_玻$ = 1.5)的乳浊剂

乳浊剂		$n_分散$	$n_晶/n_玻$
惰性添加剂	SnO_2	1.99~2.09	1.33
	$ZrSiO_4$	1.94	1.30
	ZrO_2	2.13~2.20	1.47
	ZnS	2.4	1.6
	TiO_2	2.50~2.90	1.8

乳浊剂		$n_{\text{分散}}$	$n_{\text{晶}}/n_{\text{玻}}$
熔制反应的惰性产物	气孔	1.0	0.67
	As_2O_5 和 $Ca_4Sb_4O_{13}F_2$	2.2	1.47
玻璃中成核、结晶物质	NaF	1.32	0.87
	CaF_2	1.43	0.93
	$CaTiSiO_5$	1.9	1.27
	ZrO_2	2.2	1.47
	$CaTiO_3$	2.35	1.57
	TiO_2(锐钛矿)	2.52	1.68
	TiO_2(金红石)	2.76	1.84

氟化物和磷灰石是釉和玻璃常用的乳浊剂。由于氟化物的折射率较低，磷灰石的折射率与玻璃相近，在与其它乳浊剂合用时，其中所含的氟或磷酐有促进其它晶体在玻璃中析出的作用，因而显示乳浊效果。

SnO_2是一种广泛应用的优质乳浊剂，在釉及珐琅中普遍使用。在多种不同组成的釉中，含量一定的 SnO_2 都能保证良好的乳浊效果。其缺点是还原气氛下烧成时易还原成 SnO 而溶于釉中，乳浊效果消失。又由于 SnO_2 比较稀少，价格较贵，这使其应用受到一定的限制。

含锌的釉也可能达到较好乳浊效果，这可能是析出了锌铝尖晶石晶粒的缘故。由于含锌化合物在釉中溶解度高，即使有乳浊作用，烧成温度范围也较窄。ZnS 在高温时易溶于玻璃中，降温时从玻璃中析出微小的 ZnS 结晶而具乳浊效果，在某些乳白玻璃中常使用。

TiO_2 的折射率特别高，在搪瓷中是良好的乳浊剂，但在釉和玻璃中不能用作乳浊剂，这是由于高温时，特别是在还原气氛下，会使釉着色。而烧搪瓷的温度仅为 973～1073K 的低温范围，不会出现变色情况。

Sb_2O_5 是搪瓷的主要乳浊剂之一，但在釉和玻璃中有较大的溶解度，一般也不作为它们的乳浊剂。

CeO 也是效果良好的乳浊剂，但由于稀有而昂贵，限制了它的推广使用。

此外，锆化合物乳浊剂的优点是乳浊效果稳定，不受气氛影响。通常使用天然的锆英石($ZrSiO_4$)而不用 ZrO_2，这样成本要低得多。

改善无机非金属材料的乳浊性能可通过生成尺寸与入射光波长接近、体积分数大、与基体折射率相差大的颗粒，从而增强散射，提高不透明性。例如，向硅酸盐玻璃($n \approx 1.5$)中加入乳浊剂，加入气孔等使玻璃中结晶析出细小颗粒，都可以达到良好的乳浊效果。

7.2.3 半透明性

乳白玻璃和半透明瓷器(包括半透明釉)的一个重要光学性质是半透明性，即除了由玻璃内部散射引起的漫反射之外，入射光中漫透射的分数对于材料的半透明性起着决定作用。为了达到半透明性，仅要求内部散射光产生的漫透射最大，吸收最小。

如在乳白玻璃中掺入 NaF 和 CaF$_2$，其折射率与基质玻璃相相近。这两种乳浊剂的主要作用不是其本身的析出，而是起矿化作用，促进其它晶体从熔体中析出。含氟乳白玻璃中析出的主要晶相是方石英，有时也会析出失透石(Na$_2$O·3CaO·6SiO$_2$)和硅灰石，这些细小晶粒起着乳浊作用。为了提高熔体的高温黏度，在析晶过程中生成大量晶核，使分散相的尺寸得以控制，有时在使用氟化物乳浊剂的同时，增加组成中 Al$_2$O$_3$ 等的含量，可达到良好的乳浊性。

单相氧化物陶瓷的半透明性几乎只取决于气孔的含量。例如，氧化铝瓷的折射率比较高，而气相的折射率接近 1，相对折射率 $n_{21} \approx 1.80$。气孔的尺寸一般为 0.5~2.0μm，通常和原料的原始颗粒尺寸相当，接近于入射光的波长，所以散射最大。如图 7.9 所示，当气孔率增加到 3%左右时，透射率只有 0.01%；而当气孔率降低到 0.3%时，透射率仍然只有完全致密瓷件的 10%。对于含有小气孔率的高密度单相陶瓷，半透明度是衡量残留气孔率的一种敏感的尺度，因而也是瓷品的一种良好的质量标志。此外，由于气孔的存在会降低半透明性，只有把制品烧到足够高的温度，完全排除由黏土颗粒间的孔隙形成的细孔，才能得到半透明的瓷件。

半透明性也是骨灰瓷和硬瓷等工艺瓷的主要鉴定指标。它们的主要原料是长石、石英

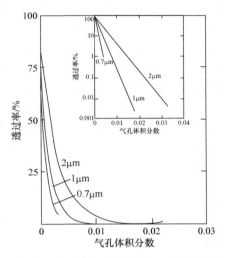

图 7.9　含有少量气孔的单晶氧化铝瓷的透射率

和高岭土，微观结构致密且玻璃化。在玻璃相基质中残留未完全熔化好的石英晶体，细针状莫来石结晶分布于其内。一般玻璃相的折射率接近 1.5、莫来石的折射率为 1.64，石英的折射率为 1.55。由于石英颗粒较大，针状莫来石晶粒尺寸在微米级范围，接近入射光波长，二者的折射率和晶粒尺寸相差较大，因此散射主要来自莫来石相，其量增多可降低透明性。提高半透明性的主要方法是增加玻璃相和减少莫来石相，这可通过增加长石的配料量来实现。

另一方面，为获得高度半透明体，则要调整各个相的折射率，使之有较好的匹配。石英和莫来石的折射率相差较大，有人通过改变玻璃的折射率使之接近细颗粒的莫来石的折射率。有一种骨灰瓷，含有折射率约为 1.56 的液相(几乎等于所出现的晶相的数值)，同时降低气孔率，可使骨灰瓷具有很好的半透明性。液相折射率对陶瓷(厚 1mm)半透明性的影响见图 7.10。

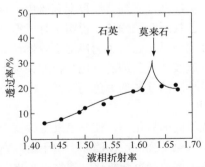

图 7.10　液相折射率对陶瓷半透明性的影响(含 20%石英、20%莫来石和 60%液相)

7.3 颜色

在陶瓷、玻璃、搪瓷、水泥等硅酸盐工业中，经常使用各种颜料，如陶瓷色釉、色料和色坯中使用的颜料，玻璃工业中用于彩色玻璃以及作为物理脱色剂的颜料，搪瓷上用的彩色珐琅罩粉和水泥生产中用于彩色水泥的颜料等。

无机非金属材料的颜色取决于其对光线的选择性吸收。不透明材料的颜色由选择性吸收后的反射光的波长决定，透明材料的颜色由反射和选择性吸收后的透射光波长决定。从本质上说，某种物质对光的选择性吸收是吸收了连续光谱中特定波长的光量子，以激发吸收物质本身原子的电子跃迁。在固体中，由于原子的相互作用、能级分裂，使得发射光谱谱线变宽。同样，吸收光谱的谱线也会宽化，成为吸收带或有较宽的吸收区域，剩下的则是较窄的(即色调较纯的)反射或透射光。

对陶瓷、玻璃、搪瓷、水泥等无机非金属材料，通常采用分子着色剂和胶体着色剂改变其颜色。分子着色剂通过加入不同的离子在基体材料的禁带中形成杂质能级而选择性吸收某些波长的光而改变颜色。例如，过渡元素 Co^{2+} 吸收橙、黄和部分绿光而呈现蓝紫色；Cu^{2+} 吸收红、橙、黄、紫光而呈现蓝绿色；Cr^{2+} 呈黄色；Cr^{3+} 吸收橙、黄光而呈现鲜艳的紫色。锕系与镧系放射性元素，如 U^{6+}，吸收紫、蓝光，呈带绿荧光的黄绿色。有些不显色的简单离子，形成复合离子后由于离子间的相互作用强烈而产生较大的极化，使电子轨道变形，改变能级结构，而对光发生选择性吸收。如 V^{5+}、Cr^{6+}、Mn^{7+}、O^{2-} 均无色，但 VO_3^- 呈黄色，CrO_4^{2-} 也呈黄色，MnO_4^- 显紫色。化合物的颜色多取决于离子的颜色。通常为使高温色料(如釉下彩料等)的颜色稳定，一般都先将显色离子合成到人造矿物中。最常见的是形成尖晶石结构，只要离子的尺寸合适，则二价三价离子均可固溶进去。由于堆积紧密，结构稳定，所制成的色料稳定性高。此外，也可以把显色离子固溶进钙钛矿型矿物载体中而制成陶瓷高温色料。

胶体着色剂最常见的有胶体金(红色)、银(黄色)、铜(红色)等金属着色剂，其颜色与胶体粒子大小有关。例如，粒径小于 20nm 的胶体金水溶液为弱黄色，粒径为 20～50nm 时则为强烈的红色，粒径为 50～100nm 时，依次从红变到紫红再变到蓝色，粒径为 100～150nm 时则透射呈蓝色，反射呈棕色，已接近金的颜色，说明这时已形成晶态金的颗粒。因此，以金属胶体着色剂着色的玻璃或釉，它的色调决定于胶体粒子的大小，而颜色的深浅则决定于粒子的浓度。非金属胶体着色剂的颜色与粒度关系不大，主要决定于它的化学组成。例如，硫硒化镉胶体总能使玻璃着色为大红，但当颗粒的尺寸增大至 100nm 或以上时，玻璃变得不透明。

此外，在不同温度和气氛下烧制陶瓷可能形成不同的氧化物，使颜色发生改变。如钧红釉是我国一种著名的传统铜红釉，在强还原气氛下烧成，便能获得由于金属铜胶体粒子析出而呈现的红色。但若控制不好，还原不够或又重新氧化，偶然也会出现红蓝相间，杂以多种中间色调的"窑变"制品，绚丽斑斓，异彩多姿，其装饰效果反而更好。

7.4 其它光学性能的应用

近年来，在高科技领域中一些新材料的光学性能也得到了广泛应用，出现了半导体光电子材料、激光材料、红外探测器材料、光学薄膜材料、信息显示材料、光盘存储材料、光导纤维材料等。下面仅对几种常见的应用做简单介绍。

7.4.1 发光材料

材料中激发态的电子释放能量跃迁回低能级同时发出可见光的现象称为发光。使电子受激发的能量可以是热激发、高能辐射如 X 射线、紫外线照射、电子轰击等，也可能是短波长的可见光照射。

材料中的电子被热激发再跳回低能级可发射光子。在温度较低时，电子能量低，跳回时发射长波光量子，其波长处于红外线的范围，即发生红外辐射，例如在 500℃以下的材料可明显感受到红外线的热辐射。温度升高，电子能量升高，高能量的电子跳回时发射的光子能量增大，产生不同颜色可见光，例如在 500~600℃的材料即可发出能量较低的红光。温度继续升高，电子能量进一步增大，跳回时发射所有颜色的可见光，呈现白光，即高温下所见到的白炽光，根据这一原理可制造白炽灯。

另一方面，某些材料可以发射冷光，即材料中的电子在低温下受激发而发光。荧光灯、阴极射线管、荧光屏、X 射线闪烁计数器、公路夜视路标、夜光仪表等都是冷光应用的例子。不同应用场合需要不同的冷光余辉时间，如夜视路标就需要长余辉。余辉时间一般规定为激发去除后发光强度降低到初始强度的 1/10 所用的时间。

冷光可分为荧光和磷光，其区别在于材料吸收能量发光时的延迟时间，延迟时间短于 10^{-8}s 的称为荧光，长于 10^{-8}s 的称为磷光。由于延迟作用，激发去除后磷光材料仍可在一定时间内发光。

发光材料是指用来发出荧光或磷光的材料。例如，在灯罩涂上特制的钨酸盐或硅酸盐作为荧光物质，利用水银辉光放电产生的紫外线激发出荧光，可制成荧光灯。在真空管中涂磷光体，通过输入信号控制电子束的扫描特性，使一定强度的电子束射到磷光体上形成图像，即可制成显示器、显像管。能发出荧光的材料主要是具有共轭键(π 电子)的以苯环为基的芳香族和杂环化合物；能发出磷光的材料主要是具有缺陷的某些复杂无机晶体，其基体通常是金属硫化物，激活剂一般是重金属，基体与激活剂适当配合可获得合适的磷光颜色。对发光材料的一般性能要求包括高的发光效率，希望的发光色彩、适当的余辉时间和与基体较强的结合力。

7.4.2 固体激光工作物质

激光器(laser)发射的激光具有亮度极高、单色性好、方向性好的特点。激光工作物质对激光器的发展起着决定性的作用。激光器按其工作物质可分为气体激光器、液体激光器和固体激光器。固体激光器通常在晶体或玻璃基质中掺杂发光中心离子作为工作物质，通过一个激发中心的发射，激发其它中心做同位相的发射而产生激光。

常用的激活中心包括过渡金属离子(如 Cr^{3+}、Ti^{3+}、Co^{3+}、Ni^{3+}等)和稀土离子(如 Nd^{3+}、Ho^{3+}、Tm^{3+}、Er^{3+}、Ce^{3+}等)。基质使用最多的是钇铝石榴石(YAG)、红宝石晶体和光学玻璃。固体激光器体积小、结构紧凑，使用方便，通常采用光激励(Xe 灯、Kr 灯、卤钨灯等)。

此外，利用半导体的特殊能级结构可制成半导体激光工作物质，使半导体激光器具有重要的应用，其特点是体积小、效率高、运行简单、成本低，但单色性差。采用不同的半导体激光器，几乎能够产生从近紫外到红外的全部波段的激光。

7.4.3　光导纤维

从 20 世纪 90 年代开始已经实现的大规模的光导纤维(光纤)运输，现已被广泛应用于通信、传感、医学等领域。光纤的基本结构是用低折射率材料制成的包层包覆高折射率材料制成的芯，为了保持机械强度并使传输材料不受机械损伤，光纤包层外还常带有保护层，保护层一般用尼龙制成，其折射率高于包层。

当光线在玻璃内部传播时，遇到纤维的表面产生光的折射，出射到空气中。改变光的入射角，折射角也跟着改变。当入射角大于某一临界值时，折射角将大于 90°，光线全部向玻璃内部反射回来，即发生全反射。在光纤中只要入射角小于临界值，光线即可经多次全反射传输到远处的光纤另一端，因而一玻璃纤维能围绕各个弯曲之处传递光线而不必顾虑能量损失。

对于光纤材料则要求其在一定波段(红外线、可见光、紫外线)透明性好，有足够的力学性能，如抗拉、抗弯等性能，对光的吸收率低，信号的衰减损耗、失真小。光纤材料可分成玻璃光纤和塑料光纤两大类，玻璃光纤又可分为石英质玻璃光纤和多组分玻璃光纤两类。石英光纤以 SiO_2 为主要原料，掺杂 CeO_2、P_2O_5 等以提高折射率或掺杂 B_2O_3 以降低折射率，其优点是损耗小、抗拉强度高、频带宽。多组分玻璃光纤由 SiO_2 和 Na_2O、K_2O、CaO、B_2O_3 等多种原料制成，其优点是熔点低、易加工、易获得大芯径和大折射率差值的光纤，但其损耗大。

光纤中的损耗主要有吸收损耗和散射损耗两种。吸收损耗又分为本征吸收和杂质吸收。本征吸收来自离子或原子的电子跃迁所产生的光吸收和分子振动所产生的红外吸收，由材料的物理结构决定，无法克服。杂质吸收来自杂质能级决定的选择性吸收，可通过提高纯度予以降低。散射损耗来自瑞利散射和缺陷所产生的散射，可通过改善制备工艺以降低气泡、杂质颗粒、内应力等所引起的散射。

[1] 王秀峰, 史永胜, 宁青菊, 等. 无机材料物理性能[M]. 北京: 化学工业出版社, 2007.

[2] 关振铎, 张中太, 焦金生. 无机材料物理性能[M]. 北京: 清华大学出版社, 2011.

[3] 宁青菊, 谈园强, 史永胜主编. 无机材料物理性能[M]. 北京: 化学工业出版社, 2019.

[4] 熊兆贤. 材料物理导论[M]. 北京: 科学出版社, 2007.

[5] 耿桂宏. 材料物理与性能学[M]. 北京: 北京大学出版社, 2010.

[6] 连法增. 材料物理性能[M]. 沈阳: 东北大学出版社, 2005.

[7] 陈文, 吴建青, 许启明. 材料物理性能[M]. 武汉: 武汉理工大学出版社, 2010.

[8] 李志林. 材料物理[M]. 北京: 化学工业出版社, 2014.

[9] 宗祥福, 翁渝民. 材料物理基础[M]. 上海: 复旦大学出版社, 2001.

[10] 吴清仁, 刘振群. 无机功能材料热物理[M]. 广州: 华南理工大学出版社, 2003.

[11] 胡志强. 无机材料科学基础教程[M]. 北京: 化学工业出版社, 2011.

[12] 孙占波, 梁工英. 材料的结构、组织与性能[M]. 西安: 西安交通大学出版社, 2010.

[13] 王惜宝. 材料加工物理[M]. 天津: 天津大学出版社, 2011.

[14] 刘恩科, 朱秉升, 罗晋生. 半导体物理学[M]. 北京: 电子工业出版社, 2008.

[15] 田莳. 材料物理性能[M]. 北京: 北京航空航天大学出版社, 2001.

[16] 陈騑騢. 材料物理性能[M]. 北京: 机械工业出版社, 2017.

[17] 邱成军, 王元华, 曲伟. 材料物理性能[M]. 哈尔滨: 哈尔滨工业大学出版社, 2012.

[18] 晁月盛, 张艳辉. 功能材料物理[M]. 沈阳: 东北大学出版社, 2006.

[19] 付华, 张光磊. 材料性能学[M]. 北京: 北京大学出版社, 2017.

[20] 彭小芹. 无机材料性能学基础[M]. 重庆: 重庆大学出版社, 2020.

[21] 陈玉清, 陈云霞. 材料结构与性能[M]. 北京: 化学工业出版社, 2013.

[22] 卢安贤. 无机非金属材料导论[M]. 长沙: 中南大学出版社, 2010.

[23] 周静. 功能材料制备及物理性能分析[M]. 武汉: 武汉理工大学出版社, 2012.

[24] 陈与德, 幸忠农. 无机化合物性质的规律性[M]. 上海: 复旦大学出版社, 1991.

[25] 杨秋红, 陆神洲, 张浩佳, 等. 无机材料物理化学[M]. 上海: 同济大学出版社, 2013.

[26] 陈泉水, 郑举功, 任广元. 无机非金属材料物性测试[M]. 北京: 化学工业出版社, 2012.

[27] 林宗寿. 无机非金属材料工学[M]. 武汉: 武汉理工大学出版社, 2006.

[28] 陆佩文. 无机材料科学基础[M]. 武汉: 武汉理工大学出版社, 2005.

[29] 李丽霞, 贾茹. 硅酸盐物理化学[M]. 天津: 天津大学出版社, 2009.

[30] [美] Charles Kittel. 固体物理导论[M]. 项金钟, 吴兴惠, 译. 北京: 化学工业出版社, 2020.

[31] 李懋强. 热学陶瓷: 性能·测试·工艺[M]. 北京: 中国建材工业出版社, 2013.

[32] 曲远方. 功能陶瓷的物理性能[M]. 北京: 化学工业出版社, 2007.

[33] 徐廷献. 电子陶瓷材料[M]. 天津: 天津大学出版社, 1993.

[34] 费维栋. 固体物理[M]. 哈尔滨: 哈尔滨工业大学出版社, 2014.

[35] 曹全喜, 雷天民, 黄云霞, 等. 固体物理基础[M]. 西安: 西安电子科技大学出版社, 2017.

[36] 许小红, 武海顺. 压电薄膜的制备、结构与应用[M]. 北京: 科学出版社, 2002.

[37] 马瑞廷, 赵海涛. 纳米铁氧体及其复合材料[M]. 北京: 化学工业出版社, 2017.

[38] 车如心. 纳米复合磁性材料制备、组织与性能[M]. 北京: 化学工业出版社, 2013.

[39] 刘涛, 于景坤. ZrO_2基固体电解质及其应用[M]. 北京: 科学出版社, 2015.

[40] 肖奇. 纳米半导体材料与器件[M]. 北京: 化学工业出版社, 2013.